"智慧职教" 服务指南

"智慧职教"(www.icve.com.cn)是由高等教育出版社建设和运营的职业教育数字教学资源共建共享平台和在线课程教学服务平台,与教材配套课程相关的部分包括资源库平台、职教云平台和 App 等。用户通过平台注册,登录即可使用该平台。

- 资源库平台:为学习者提供本教材配套课程及资源的浏览服务。

登录"智慧职教"平台,在首页搜索框中搜索"电气控制与 PLC 技术应用",找到对应作者主持的课程,加入课程参加学习,即可浏览课程资源。

- 职教云平台:帮助任课教师对本教材配套课程进行引用、修改,再发布为个性化课程(SPOC)。

1. 登录职教云平台,在首页单击"新增课程"按钮,根据提示设置要构建的个性化课程的基本信息。

2. 进入课程编辑页面设置教学班级后,在"教学管理"的"教学设计"中"导入"教材配套课程,可根据教学需要进行修改,再发布为个性化课程。

- App:帮助任课教师和学生基于新构建的个性化课程开展线上线下混合式、智能化教与学。

1. 在应用市场搜索"智慧职教 icve"App,下载安装。

2. 登录 App,任课教师指导学生加入个性化课程,并利用 App 提供的各类功能,开展课前、课中、课后的教学互动,构建智慧课堂。

"智慧职教"使用帮助及常见问题解答请访问 help.icve.com.cn。

高等职业教育
智能制造专业群
"德技并修 工学结合"
系列教材

电气控制与PLC
技术应用（三菱FX系列）

主 编 徐瑞霞 刘红艳

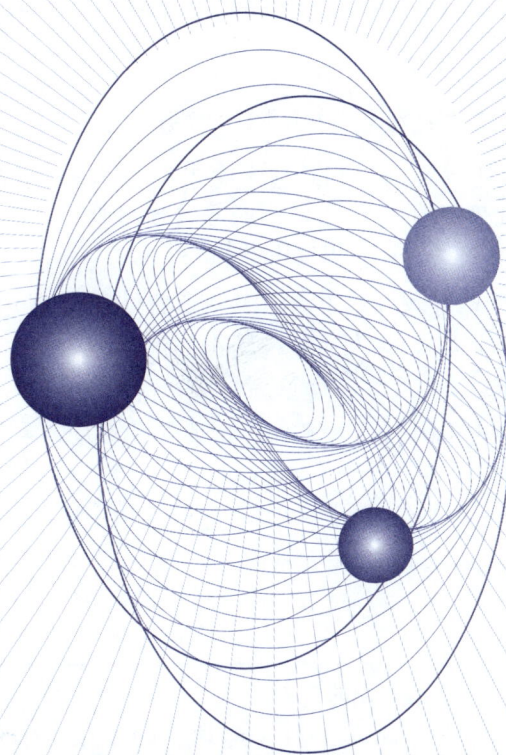

INTELLIGENT MANUFACTURING

中国教育出版传媒集团
高等教育出版社·北京

内容简介

本书是高等职业教育智能制造专业群"德技并修 工学结合"系列教材之一。

本书采用理论与实践相结合的编写方法来安排教学内容，将理论知识由浅入深、逐级渗透到各项目中，主要包括电气控制技术与 PLC 控制技术两大部分内容，共十个项目，其中电气控制技术部分包括认识电动机、常用低压电器、三相异步电动机的控制和设备控制线路设计与调试四个项目；PLC 控制技术部分包括 PLC 指挥单台电动机点动和连续运行、PLC 指挥单台电动机正反转运行、PLC 指挥电动机按时间要求运行、交通信号灯的 PLC 控制、多种液体混合装置的 PLC 控制、利用 PLC 和变频器实现皮带的多段速控制六个项目。每个项目都有一个实际应用案例作为案例引导，每个项目又分为若干个任务。每个任务根据内容不同设置任务描述、知识储备、任务实施、知识拓展和知识巩固等部分，将理论学习和实践训练等环节结合起来，实现"学中做、做中学"的一体化教学。

本书实现了互联网与传统教育的深度融合，采用"纸质教材＋数字课程"的出版形式，以留白编排方式，突出资源导航，扫描二维码即可观看动画、微课等视频类数字资源，随扫随学，突破传统课堂教学的时空限制，激发学生自主学习的兴趣，打造高效课堂。课程获取方式详见"智慧职教"服务指南。选用本书授课的教师可发送电子邮件至 gzdz@ pub. hep. cn 获取部分教学资源。

本书可作为高等职业院校机电一体化技术、电气自动化技术、工业机器人技术、机电设备技术、数控技术、机械制造及自动化等智能制造相关专业的教学用书，也可作为相关专业工程技术人员的岗位培训教材和参考用书。

图书在版编目（ＣＩＰ）数据

电气控制与 PLC 技术应用：三菱 FX 系列 / 徐瑞霞，刘红艳主编. -- 北京：高等教育出版社，2023.7
ISBN 978-7-04-059611-3

Ⅰ.①电… Ⅱ.①徐… ②刘… Ⅲ.①电气控制-高等职业教育-教材②PLC 技术-高等职业教育-教材 Ⅳ.①TM571.2②TM571.6

中国国家版本馆 CIP 数据核字（2023）第 007969 号

DIANQI KONGZHI YU PLC JISHU YINGYONG(SANLING FX XILIE)

策划编辑	曹雪伟	责任编辑	曹雪伟	封面设计	姜　磊	版式设计	徐艳妮
责任绘图	邓　超	责任校对	刘娟娟	责任印制	存　怡		

出版发行	高等教育出版社	网　　址	http://www.hep.edu.cn
社　　址	北京市西城区德外大街 4 号		http://www.hep.com.cn
邮政编码	100120	网上订购	http://www.hepmall.com.cn
印　　刷	三河市潮河印业有限公司		http://www.hepmall.com
开　　本	787 mm× 1092 mm　1/16		http://www.hepmall.cn
印　　张	16.5		
字　　数	390 千字	版　　次	2023 年 7 月第 1 版
购书热线	010-58581118	印　　次	2023 年 7 月第 1 次印刷
咨询电话	400-810-0598	定　　价	46.80 元

前　言

党的二十大报告强调,坚持把发展经济的着力点放在实体经济上,推进新型工业化,加快建设制造强国、质量强国。智能制造是制造强国建设的主攻方向,其发展程度直接关乎我国制造业质量水平。发展智能制造对于巩固实体经济根基、建成现代产业体系、实现新型工业化具有重要作用。

随着制造业的发展,三相交流异步电动机、各种控制电动机、PLC 控制技术以及变频技术越来越多地应用在现代设备上,如数控机床、自动生产线、工业机器人、电梯和动车组等。

对于高职智能制造专业群的学生而言,机电设备中常用的 PLC 控制系统、电动机与拖动系统的设计、安装与调试能力是必备的一项基本技能。为了满足新时期人才的需求,编写团队根据教育部高等职业教育"电气控制与 PLC 技术""电机及电气控制"课程教学大纲的要求,选定了本书的基本理论内容,并根据高等职业教育的特点,注重理论联系实际,力求通俗易懂,深入浅出,突出专业知识与技能的实际应用环节。

本书中的各项目融合了电动机、电气控制、PLC 控制技术、变频技术等课程的基本教学内容,并根据实际应用将其有机地结合在一起,既突出了机电一体化专业所需核心内容,提高了教学功效,还能够适应课程改革的新需求。

本书的内容选取及编写具有以下特点。

① 贯彻国家标准,对接"1+X"证书要求。电气与 PLC 控制技术是装备制造大类机电一体化技术、电气自动化技术、工业机器人技术、机电设备技术、数控技术、机械制造及自动化等专业的专业基础课或专业核心课。在内容选取、项目划分等方面都严格遵守专业教学标准对本课程知识、技能和素养的基本要求,着眼于培养学习者的技术应用能力、工程设计能力和创新能力,将理论与实践融为一体,互相渗透。除满足专业教学标准要求外,教材内容还积极与工业机器人应用编程、工业机器人操作与运维、工业机器人集成应用、运动控制系统开发与应用、数控设备维护与维修等装备制造大类"1+X"证书对接,满足相关"1+X"证书对电气与 PLC 控制技术和技能的要求。

② 融入新技术、新工艺和新应用。以企业新产品、新技术为载体,体现低压电器元件、低压电气控制系统、PLC 控制在智能制造生产线、工业机器人工作站中的应用,体现新产品、新工艺的工程实际应用,紧跟技术发展前沿。

③ 有机融入科技强国、工匠精神等思政教育元素。将知识点抽丝剥茧,从不同的角度,多渠道、多形式地挖掘并梳理蕴藏在课程之中的思政元素;将科技强国、工匠精神、民族品牌自豪感、安全环保意识等思政元素与电动机、低压电器元件、变频器、PLC 等知识、技能高效融合,德技并修。

④ 坚持能力本位导向,发挥职教"学中做,做中学"特色。以电气安装与调试和可编程控制程序员、设备装调、智能产线系统集成等工作岗位能力要求为依据选取内容,以岗位工作过程为依据制定教学任务实施流程。在编写过程中,与正泰电器、北京赛育达科教有限公司合作,校企"双元"合作开发,工学结合、学做合一,以真实的工作过程、职业活动为逻辑主线,以能力、任务、实施、评价为基本构成进行编写,突出学生的主体中心地位。

本书由徐瑞霞、刘红艳担任主编,宋嘎、徐晓丹、张为宾、赵振参与编写。其中徐瑞霞负责全书内容和框架结构的总体把握,并编写了项目一~项目四,刘红艳编写了项目五~项目十,宋嘎、徐晓丹、张为宾、赵振参与了本书配套资源制作及任务资料整理。在教材编写过程中,参考并引用了许多专家、学者的论著及有关专业网站的内容,在此谨向这些资料的作者表示衷心感谢!

由于编者水平有限,本书难免存在错误和不足之处,恩请广大读者批评指正。

编者

2023 年 4 月

目 录

绪论

国家职业技能标准对电工(职业编码 6-31-01-03)的职业定义为:使用工具、量具和仪器、仪表,安装、调试与维护、修理机械设备电气部分和电气系统及器件的人员。职业技能标准对电工初、中级工的部分要求如下。

① 能识别刀开关、熔断器、接触器、热继电器、漏电保护器等常用低压电器的图形符号、文字符号,能正确选用低压电器,并对这些电器元件进行安装与维护。

② 能根据安全载流量和导线规格、型号选用电线、电缆,能根据使用场合选用电线管、桥架和线槽等,能够熟练使用各种电工工具进行电缆连接。

③ 能对三相异步电动机起动、运行和制动等控制环节进行原理图设计、安装与调试,能够对多台电动机进行顺序控制设计、安装与调试。

④ 能掌握 C6140 型车床、X62W 型万能铣床、T68 型镗床等常用机械加工设备的电气控制电路的组成及控制原理,并对这些机床电路进行调试和故障排除。

⑤ 能根据可编程序控制器电路接线图连接可编程序控制器及其外围电路,能够使用编程软件从可编程序控制器中读写程序,能够使用可编程序控制器基本指令编写、修改三相异步电动机的控制程序。

随着制造业向智能制造方向转型升级,工业机器人和智能生产线越来越多地应用在了工业现场,产业的转型升级对电气系统和 PLC 技术综合应用能力的要求越来越高。自 2019 年起,教育部先后遴选出了多个"1+X"职业技能等级试点项目,与"电气控制与 PLC 技术应用"课程相关的有工业机器人操作与运维、工业机器人应用编程、工业机器人集成应用、运动控制系统开发与应用、数控设备维护与维修等。这些"1+X"职业技能等级要求中,对低压电气系统和 PLC 技术都有以下共性的要求。

① 能识读工业机器人系统电气线路图,选择合适的电气元件,并能进行安装与调试。

② 能够正确选择工具,结合标准电工操作流程,对工业机器人控制系统、控制柜电气系统进行拆装与调试,并能检测工业机器人电气控制线路。

③ 能够使用 PLC 编程软件完成工程创建、硬件组态等工作,能使用 PLC 基本指令完成顺序逻辑控制程序的编译与下载,并完成设备的调试。

在考取电工、工业机器人操作与运维、工业机器人应用编程、工业机器人集成应用、运动控制系统开发与应用、数控设备维护与维修、工业机器人等职业资格证书和"1+X"职业技能等级证书的知识中,电气控制与 PLC 技术都能提供必要的基础知识和技能支撑;在国家专业教学标准中,电气控制与 PLC 技术是机电一体化技术、电气自动化技术、工业机器人技术、智能控制技术等装备制造类专业的专业核心课。

微课:电气类工作岗位流程及岗位认知

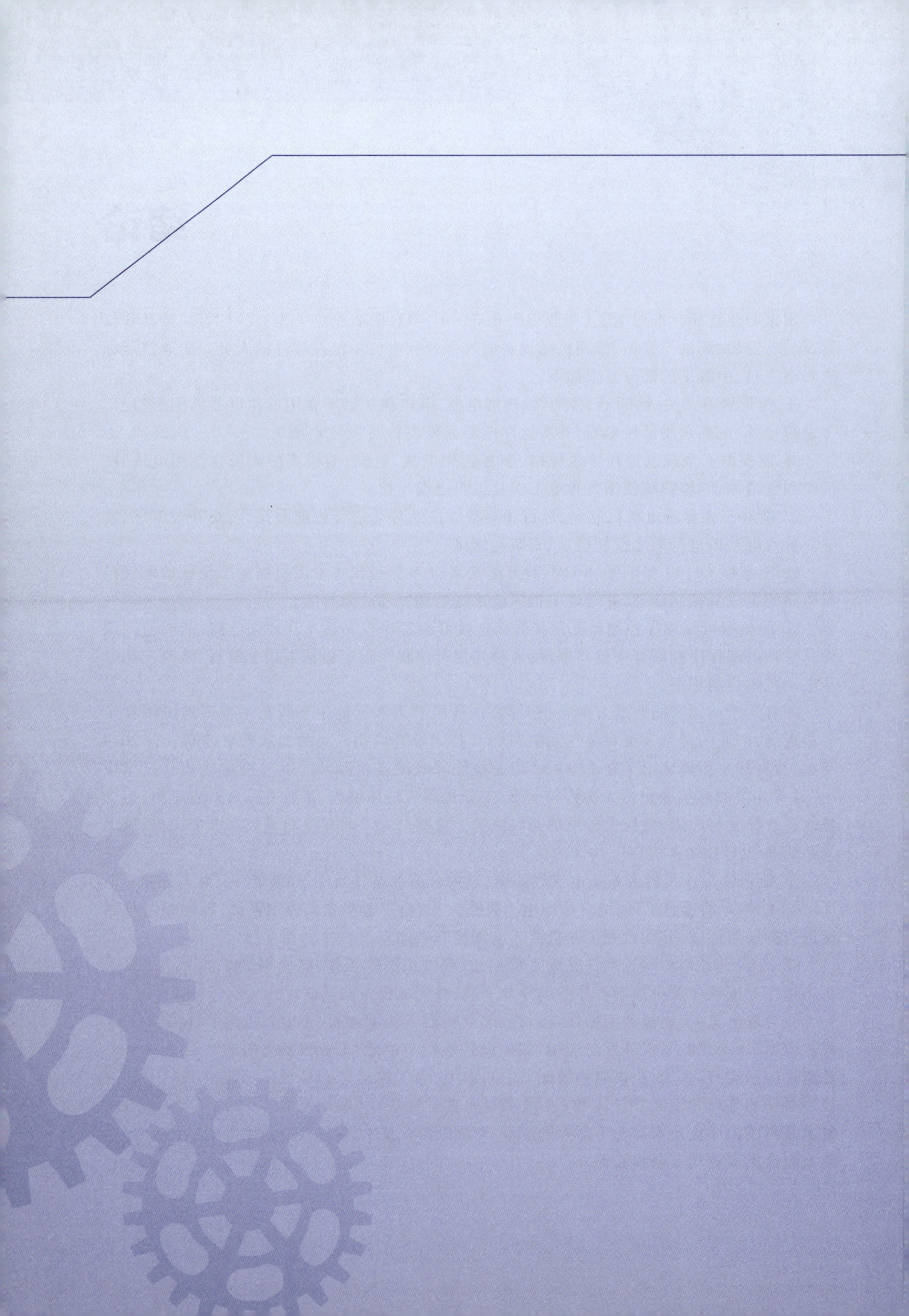

认识电动机

⚙ 学习目标

【知识目标】

1. 掌握三相异步电动机的作用、结构及工作原理。
2. 了解步进电动机的作用、结构及工作原理。
3. 了解伺服电动机的作用、结构及工作原理。

【能力目标】

1. 能够根据控制要求，合理选用三相异步电动机。
2. 能够根据控制要求，合理选用步进电动机。
3. 能够根据控制要求，合理选用伺服电动机。
4. 能够判断出电动机常见故障的原因，并进行排除。

【素质目标】

1. 能够遵章守纪，爱护公共财产。
2. 具有安全意识和环境保护意识。
3. 具有劳模精神、工匠精神和爱国意识。
4. 具有一定的创新能力、敏锐的观察力、准确的判断力、丰富的想象力。
5. 具有积极向上的学习新技术和新工艺的精神。
6. 具有百折不挠的意志力和科技强国的决心。

🔧 案例导入

电力拖动系统具有方便远距离传输、工作效率高、电动机种类和形式多、各种运行特性可以满足不同类型生产机械的需要等优点，因而被广泛应用于各种电气化、自动化和智能化设备中。电力拖动系统的设计、安装、调试和维护等工作任务需要由专业的电气系统设计人员、系统安装人员、系统调试人员及维修人员来完成，具体包括进行电力拖动系统的设计、电气工艺文件的制定、电动机选型、各类电器元件的选用、电气系统的安装、调试及维护等工作。在电力拖动系统中，起执行作用的就是电动机，作为一名电气岗位工作人员，你会如何根据控制要求选择合适的电动机呢？

电动机（Motor）是把电能转换成机械能的一种设备，它利用通电线圈（绕组）产生旋转磁场并作用于转子形成磁电动力旋转扭矩。电动机按使用电源不同可分为直流电动机和交流电动机。电力系统中的电动机大部分是交流电动机，可以是同步电动机或者是异步电动机（电动机定子磁场转速与转子旋转转速不保持同步速）。

任务 **1**
认识三相异步电动机

【任务描述】

　　某机床厂要生产一批 C650 型卧式车床,根据控制要求选择合理的拖动电动机,包括主运动驱动电动机、冷却泵电动机和快速移动电动机。

　　C650 型卧式车床属中型车床,是机械加工中的常用加工设备,加工工件回转半径最大可达 1 020 mm,长度可达 3 000 mm。其结构主要由床身、主轴变速箱、进给箱、溜板箱、刀架、尾架、丝杆和光杆等部分组成。C650 型卧式车床的主运动是卡盘或顶尖带动工件的旋转运动,进给运动是溜板带动刀架的纵向或横向直线运动,刀架的快速进给与快速退回是辅助运动。车床的主运动驱动电动机要求采用直接起动连续运行方式,并有点动功能以便调整,能够实现正反转,停车时带有电气反接制动;冷却泵电动机,要单方向旋转,与主运动驱动电动机实现顺序起停,可单独操作;快速移动电动机要求单向点动、短时工作方式。

【知识储备】

　　三相异步电动机是利用电磁感应原理将电能转换为机械能的一种异步电动机,是现代化生产中应用最广泛的一种动力设备。它具有结构简单、制造方便、坚固耐用、维护容易、运行效率高及工作特性好等优点。与相同容量的直流电动机相比,异步电动机的重量仅为直流电动机的一半,其价格仅有直流电动机的1/3 左右;并且异步电动机的交流电源可直接取自电网,用电方便经济。所以,大部分工业、农业生产机械和家用电器都用异步电动机作为原动机,其单机容量从几十瓦到几千千瓦不等。我国总用电量的 2/3 左右是被异步电动机消耗掉的。异步电动机的应用如图 1-1 所示。

微课:三相异步电动机基本知识

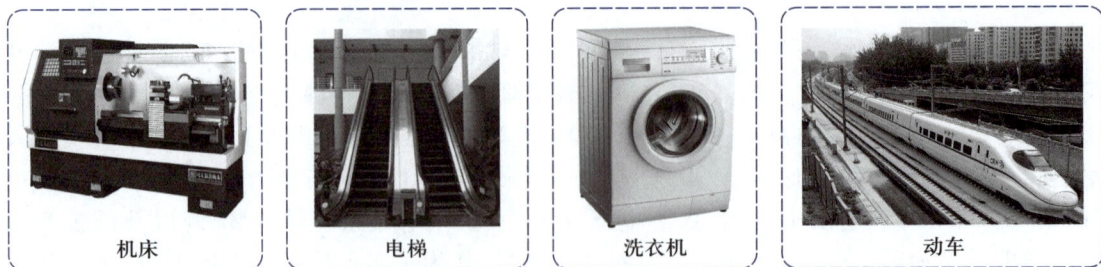

| 机床 | 电梯 | 洗衣机 | 动车 |

图 1-1　异步电动机的应用

　　C650 型卧式车床的控制要求相对简单,本着经济方便的原则,可以选择三相异步电动机作为机床各运动的驱动电动机。如何选择三相异步电动机呢? 这就需要我们对三相异步电动机的结构、基本工作原理、如何选择等知识有所了解。

一、三相异步电动机的结构

三相异步电动机的两个基本组成部分为定子(固定部分)和转子(旋转部分),此外还有端盖、风扇等附属部分,其外形和结构图如图 1-2 所示。

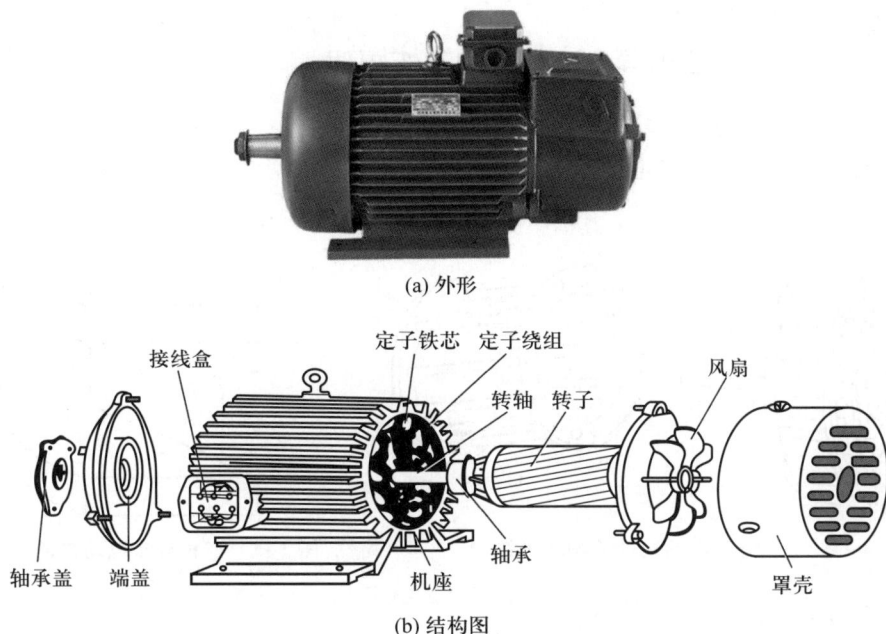

(a) 外形

(b) 结构图

图 1-2　三相异步电动机的外形和结构图

(一) 定子

三相异步电动机的定子由定子铁芯、定子绕组和机座三部分组成。定子铁芯由厚度为 0.5 mm 相互绝缘的硅钢片叠成,硅钢片内圆上有均匀分布的槽,嵌放定子三相绕组。定子三相绕组对称地嵌入定子铁芯槽内,三相绕组可接成星形或三角形。机座用铸铁或铸钢制成,其作用是固定铁芯和绕组。三相异步电动机定子的结构如图 1-3 所示。

(二) 转子

三相异步电动机的转子由转子铁芯、转子绕组和转轴三部分组成。转子铁芯由厚度为 0.5 mm 的相互绝缘的硅钢片叠成,硅钢片外圆上有均匀分布

图 1-3　三相异步电动机定子的结构

的槽,其作用是嵌放转子三相绕组。转子绕组有笼型转子和绕线式转子两种形式。转轴上加机械负载。

笼型转子的绕组是在铁芯槽内放置铜条,铜条的两端用短路环焊接起来,绕组的形状如图 1-4 所示,其形状像个鼠笼,故称之为笼型转子。

绕线式转子绕组和定子绕组一样,也是一个用绝缘导线绕成的三相对称绕组,被嵌放在

转子铁芯槽中,接成星形。绕组的三个出线端分别接到转轴端部的三个彼此绝缘的铜制滑环上。通过滑环与支持在端盖上的电刷构成滑动接触,把转子绕组的三个出线端引到机座上的接线盒内,以便与外部变阻器连接,故绕线式转子又称滑环式转子。

由于笼型电动机构造简单,价格低廉,工作可靠,使用方便,因此成了生产上应用得最广泛的一种电动机。

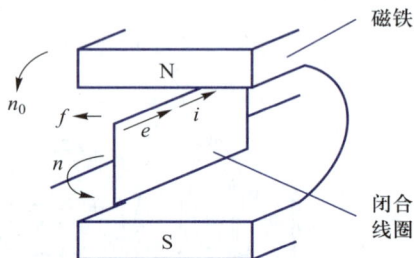

二、三相异步电动机的工作原理

（一）基本工作原理

三相异步电动机的工作原理如图 1-5 所示。为了说明其工作原理,进行以下演示实验。

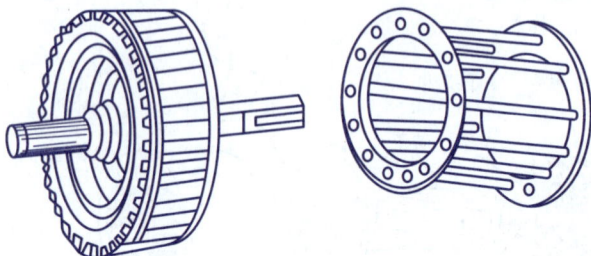

动画：三相异步电动机的工作原理

图 1-4　三相异步电动机的笼型转子结构　　图 1-5　三相异步电动机的工作原理

1. 演示实验

在装有手柄的蹄形磁铁的两极间放置一个闭合导体,当转动手柄带动蹄形磁铁旋转时,导体也将跟着旋转;若改变磁铁的转向,则导体的转向也跟着改变。

2. 现象解释

当磁铁旋转时,磁铁与闭合的导体发生相对运动,笼型导体切割磁力线而在其内部产生感应电动势和感应电流。感应电流又使导体受到一个电磁力的作用,于是导体就沿磁铁的旋转方向转动起来,这就是异步电动机的基本原理。转子转动的方向和磁极旋转的方向相同。

3. 结论

欲使异步电动机旋转,必须有旋转的磁场和闭合的转子绕组;线圈跟着磁铁旋转,且两者转动方向一致。由于线圈比磁场转得慢,因此这样的电动机称为异步电动机。

（二）旋转磁场

1. 磁场的产生

图 1-6 所示为三相异步电动机定子绕组及其电流波形图。三相定子绕组 AX、BY、CZ 在空间按互差 120°的规律对称排列,并接成星形联结与三相电源 U、V、W 相连,则三相定子绕组便通过了三相对称电流。随着电流在定子绕组中通过,在三相定子绕组中就会产生旋转磁场,如图 1-7 所示,则有

$$\begin{cases} i_A = I_m \sin \omega t \\ i_B = I_m \sin (\omega t - 120°) \\ i_C = I_m \sin (\omega t + 120°) \end{cases}$$

可见,当定子绕组中的电流变化一个周期时,合成磁场也按电流的相序方向在空间旋转

一周。随着定子绕组中的三相电流不断地周期性变化,产生的合成磁场也不断地旋转,因此称为旋转磁场,旋转磁场的旋转速度称为同步转速 n_0。

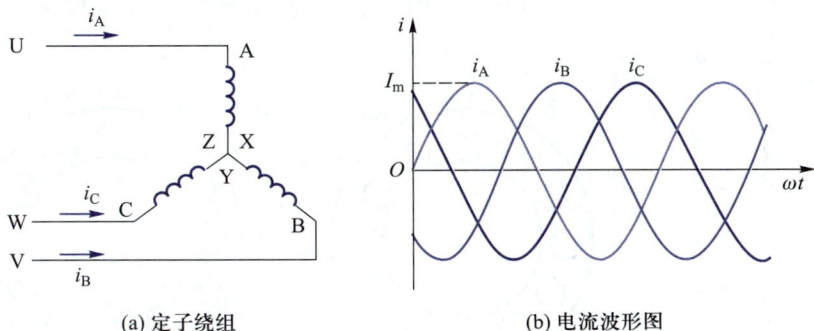

(a) 定子绕组　　　　　　　　　　(b) 电流波形图

图 1-6　三相异步电动机定子绕组及其电流波形图

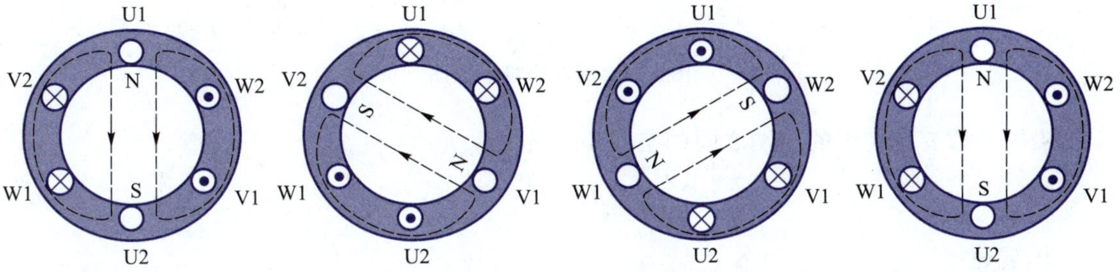

(a) $\omega t=0°$ 时, $i_A=0$, $i_B<0$, $i_C>0$　(b) $\omega t=120°$ 时, $i_A>0$, $i_B=0$, $i_C<0$　(c) $\omega t=240°$ 时, $i_A<0$, $i_B>0$, $i_C=0$　(d) $\omega t=360°$ 时, $i_A=0$, $i_B<0$, $i_C>0$

图 1-7　旋转磁场的形成

2. 旋转磁场的方向

旋转磁场的方向是由三相绕组中的电流相序决定的,若想改变旋转磁场的方向,只要改变通入定子绕组的电流相序,即将三根电源线中的任意两根对调即可。这时,转子的旋转方向也会随之改变,如图 1-8 所示。

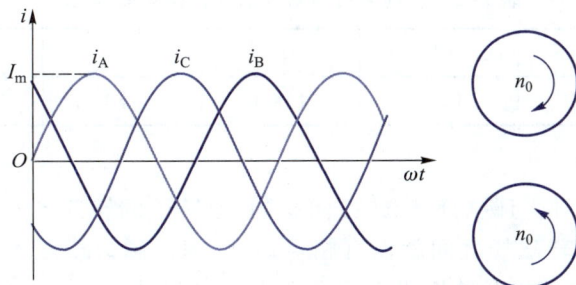

图 1-8　旋转磁场的方向

(三) 三相异步电动机的极数与转速

1. 极数(磁极对数 p)

三相异步电动机的极数就是旋转磁场的极数,旋转磁场的极数和三相绕组的安排有关。当每相绕组只有一个线圈,绕组的始端之间相差 120° 空间角时,产生的旋转磁场具有一对磁极,即 $p=1$;当每相绕组为两个线圈串联,绕组的始端之间相差 60°空间角时,产生的旋转磁场具有两对磁极,即 $p=2$(见图 1-9);同理,如果要产生三对磁极,即 $p=3$ 的旋转磁场,则每相绕组必须有三个均匀分布的串联线圈,绕组的始端之间相差 40°($=1\ 200/p$)的空间角。

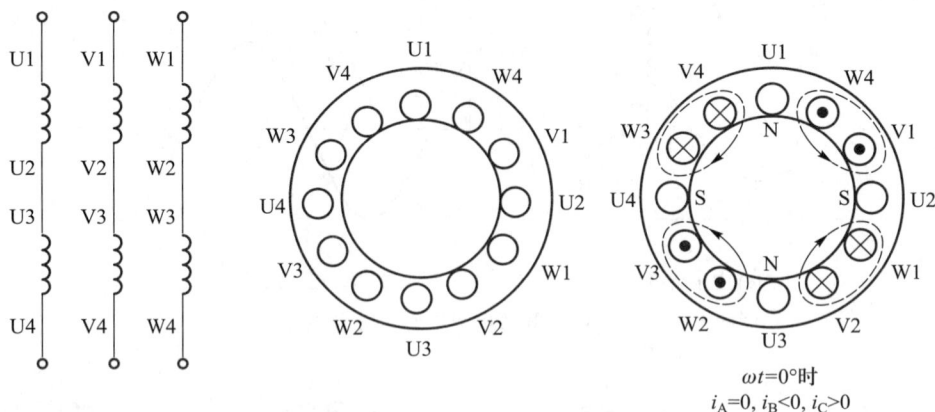

图 1-9 两对磁极示意图

磁极对数 p 与绕组的始端之间的空间角 θ 的关系为

$$\theta = \frac{120°}{p}$$

2. 转速 n

三相异步电动机旋转磁场的转速 n_0 与电动机磁极对数 p 有关,它们的关系是

$$n_0 = \frac{60f_1}{p} \tag{1-1}$$

由式(1-1)可知,旋转磁场的转速 n_0 取决于电流频率 f_1 和磁场的磁极对数 p。对某一异步电动机而言,f_1 和 p 通常是一定的,所以磁场转速 n_0 是个常数。

在我国,工频 $f_1=50$ Hz,对应于不同磁极对数 p 的旋转磁场转速 n_0 见表 1-1。

表 1-1 不同磁极对数 p 的旋转磁场转速 n_0

p	1	2	3	4	5	6
$n_0/(\text{r/min})$	3 000	1 500	1 000	750	600	500

3. 转差率 s

电动机转子转动方向与磁场旋转的方向相同,但转子的转速 n 不能与旋转磁场的转速 n_0 相等,否则转子与旋转磁场之间就没有相对运动,因而磁力线就不会切割转子导体磁力线,转子电动势、转子电流以及转矩也就不会存在。也就是说,旋转磁场与转子之间存在转速差,因此这种电动机称为异步电动机;又因为这种电动机的转动原理是建立在电磁感应基础上的,故又称为感应电动机。旋转磁场的转速 n_0 常称为同步转速。

转差率 s 是用来表示转子转速 n 与磁场转速 n_0 相差程度的物理量,即有

$$s = \frac{n_0 - n}{n_0} = \frac{\Delta n}{n_0} \tag{1-2}$$

转差率是异步电动机的一个重要的物理量。当旋转磁场以同步转速 n_0 开始旋转时,转

子因机械惯性尚未转动,转子的瞬间转速 $n=0$,这时转差率 $s=1$。转子转动起来之后,$n>0$,(n_0-n) 差值减小,电动机的转差率 $s<1$。如果转轴上的阻转矩加大,则转子转速 n 降低,即异步程度加大,才能产生足够大的感应电动势和电流,产生足够大的电磁转矩,这时的转差率 s 增大;反之,s 减小。异步电动机运行时,转速与同步转速一般很接近,转差率很小,在额定工作状态下转差率为 $0.015\sim0.06$。

根据式(1-2),可以得到电动机的转速常用公式为

$$n=(1-s)n_0 \tag{1-3}$$

例 1-1 有一台三相异步电动机,其额定转速 $n=975$ r/min,电源频率 $f=50$ Hz,求电动机的磁极对数和额定负载时的转差率 s。

解:由于电动机的额定转速接近而略小于同步转速,而同步转速对应于不同的磁极对数有一系列固定的数值。显然,与 975 r/min 最相近的同步转速为 $n_0=1\ 000$ r/min,与此相应的磁极对数 $p=3$。因此,额定负载时的转差率为

$$s=\frac{n_0-n}{n_0}\times100\%=\frac{1\ 000-975}{1\ 000}\times100\%=2.5\%$$

三、三相异步电动机的铭牌数据和性能参数

三相异步电动机厂家有很多,如何分辨电动机的性能参数,就需要会看电动机的铭牌数据。尽管厂家有很多,但每个厂家的电动机铭牌所包含的数据都要按照国家标准制定,以表明电动机的型号及相关技术数据,如图 1-10 所示。

三相异步电动机			
型号: Y112M-4		编号	
4.0　　kW		8.8　　A	
380 V	1 440　　r/min	LW	82dB
接法　△	防护等级　IP44	50 Hz	45 kg
标准编号	工作制　SI	B级绝缘	2000年8月
××电机厂			

图 1-10　三相异步电动机的铭牌

(一)型号表示

三相异步电动机的型号表示如图 1-11 所示。

① 电动机产品名称代号:Y 为三相异步电动机;YR 为绕线式异步电动机;YB 为防爆型异步电动机;YQ 为高起动转矩异步电动机。

② 基座长度代号:L 为长基座;M 为中基座;S 为短基座。

(二)性能参数

① 额定功率 P_N:是指电动机在制造厂所规定的额定情况下运行时,其输出端的机械功率,单位一般为千瓦(kW)。

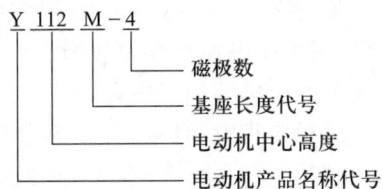

Y 112 M-4

磁极数
基座长度代号
电动机中心高度
电动机产品名称代号

图 1-11　三相异步电动机的型号表示

② 额定电压 U_N:是指电动机额定运行时,外加于定子绕组上的线电压,单位为伏(V)。一般规定电动机的工作电压不应高于或低于额定值的 5%。当工作电压高于额定值时,磁通将增大,将使励磁电流大大增加,电流大于额定电流,使绕组发热。同时,由于磁通增大,因此铁损耗(与磁通平方成正比)也增大,会使定子铁芯过热;当工作电压低于额定值时,会引起输出转矩减小,转速下降,电流增加,也会使绕组过热,这对电动机的运行也是不利的。

在我国生产的 Y 系列中、小型异步电动机中,额定功率在 3 kW 以上的,额定电压为 380 V,绕组为三角形联结;额定功率在 3 kW 及以下的,额定电压为 380/220 V,绕组为Y/△联结(即电源线电压为 380 V 时,电动机绕组为星形联结;电源线电压为 220 V 时,电动机绕组为三角形联结)。

③ 额定电流 I_N:是指电动机在额定电压和额定输出功率时,定子绕组的线电流,单位为安(A)。

当电动机空载时,转子转速接近于旋转磁场的同步转速,两者之间相对转速很小,所以转子电流近似为零,这时定子电流几乎全为建立旋转磁场的励磁电流。当输出功率增大时,转子电流和定子电流都随之相应增大。

④ 额定转速 n_N:是指电动机在额定电压、额定频率下,输出端有额定功率输出时转子的转速,单位为转/分(r/min)。

由于生产机械对转速的要求不同,需要生产不同磁极对数的异步电动机,因此有不同的转速等级。最常用的是四极异步电动机($n_0 = 1\ 500$ r/min)。

⑤ 额定频率 f_N:我国电力网的频率为 50 Hz,因此除外销产品外,国内用的异步电动机的额定频率均为 50 Hz。

⑥ 接法:指定子三相绕组的接法。一般笼型电动机的接线盒中有 6 根引出线,标有 U1、V1、W1、U2、V2、W2。其中,U1、U2 是第一相绕组的两端;V1、V2 是第二相绕组的两端;W1、W2 是第三相绕组的两端。

连接方法有星形(Y)联结和三角形(△)联结两种,如图 1-12 所示。通常三相异步电动机功率在 3 kW 以下者,接成星形联结;4 kW 以上者,接成三角形联结。

⑦ 额定效率 η_N:是指电动机在额定情况下运行时的效率,是额定输出功率与额定输入功率的比值。异步电动机的额定效率 η_N 为 75% ~ 92%。

⑧ 额定功率因数 $\cos\varphi$:因为电动机是电感性负载,定子相电流比相电压滞后一个角度,$\cos\varphi$ 就是异步电动机的功率因数。

图 1-12 定子绕组Y和△联结

三相异步电动机的功率因数较低,在额定负载时为 0.7 ~ 0.9,而在轻载和空载时更低,空载时甚至只有 0.2 ~ 0.3。因此,必须正确选择电动机的容量,防止"大马拉小车",并力求缩短空载的时间。

⑨ 绝缘等级:它是按电动机绕组所用的绝缘材料在使用时允许的极限温度来分级的。所谓极限温度,是指电动机绝缘结构中最热点的最高允许温度。其技术数据见表 1-2。

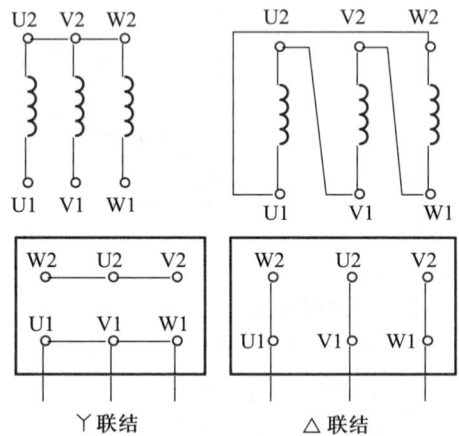

表 1-2　绝缘等级与极限温度表

绝缘等级	极限温度/℃
A	105
E	120
B	130
F	155
H	180

⑩ 工作方式:反映异步电动机的运行情况,可分为三种基本工作方式:连续运行、短时运行和断续运行。

四、三相异步电动机的特性

(一) 交流电动机拖动系统

1. 交流电动机拖动系统的基本组成

交流电动机拖动系统由电源、电动机、控制设备和工作机构组成。例如,C650 型卧式车床由三相交流电源、三相异步电动机、电气控制系统、变速箱、主轴及四方刀架等组成。

2. 交流电动机拖动系统的几种运动状态

① $T=T_L$ 时系统处于静止不动或匀速运动的稳定状态。

② $T>T_L$ 时系统处于加速状态。

③ $T<T_L$ 时系统处于减速状态。

其中,T 为拖动转矩;T_L 为负载转矩。

3. 交流电动机拖动系统负载的机械特性

① 恒转矩负载的机械特性:负载转矩大小不变但方向始终与工作机械运动的方向相反,总是阻碍电动机的转动。

② 恒功率负载的机械特性:转矩与转速成反比。

③ 泵、风机类负载的机械特性:转矩与转速的平方成正比。

(二) 三相异步电动机的起动

起动是指电动机通电后转速从零开始逐渐加速到正常运转的过程。异步电动机的起动要求如下。

(1) 电动机应具有足够大的起动转矩。

(2) 在保证足够大的起动转矩的前提下,电动机的起动电流应尽量小。

(3) 起动所需的控制设备应尽量简单,力求价格低廉、操作及维护方便;

(4) 起动过程中的能量消耗应尽量小。

三相异步电动机的常用起动方式如图 1-13 所示。

(三) 三相异步电动机的调速

调速就是用人为的方法来改变异步电动机的转速。常用的调速方法有三种:变极调速、变频调速和变转差率调速。

1. 变极调速

改变定子绕组的接线方式,就能改变磁极对数。当每相定子绕组中有电流方向改变时,磁极对数减半。变极调速的优点是所需设备简单;缺点是绕组引出头较多、调速技术少,因此只用于笼型异步电动机。

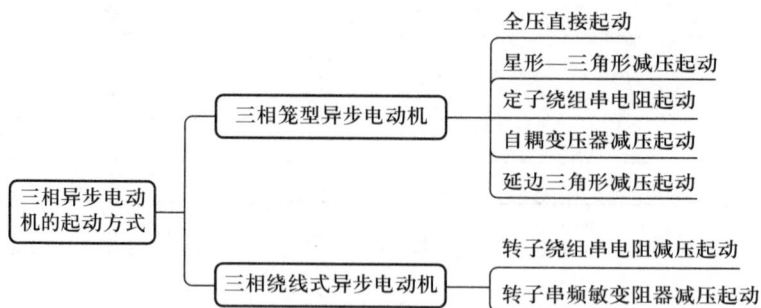

三相异步电动机的起动方式
- 三相笼型异步电动机
  - 全压直接起动
  - 星形—三角形减压起动
  - 定子绕组串电阻起动
  - 自耦变压器减压起动
  - 延边三角形减压起动
- 三相绕线式异步电动机
  - 转子绕组串电阻减压起动
  - 转子串频敏变阻器减压起动

图 1-13　三相异步电动机的常用起动方式

2. 变频调速

变频调速具有调速范围宽、平滑性好、机械特性较硬等优点,有很好的调速性能,是异步电动机最理想的调速方法。变频调速主要有两种控制方式,即恒转矩变频调速和恒功率变频调速。

3. 变转差率调速

变转差率调速包括改变定子电压调速和转子串电阻调速。转子串电阻调速适用于绕线型异步电动机,改变定子电压调速适用于笼型异步电动机。

(四)三相异步电动机的制动

电动机的制动是指在电动机的轴上加一个与其旋转方向相反的转矩,使电动机减速或停转。

根据制动转矩产生的方法不同,制动可分为机械制动和电气制动两类。机械制动通常是靠摩擦方法产生制动转矩,如电磁抱闸制动;电气制动是通过产生与电动机的旋转方向相反的电磁转矩来实现的。三相异步电动机的电气制动有反接制动(包括倒拉反转制动、电源反接制动)、能耗制动和再生制动(又称回馈制动)三种。

1. 机械制动

机械制动最常用的装置是电磁抱闸,它主要由制动电磁铁和闸瓦制动器两部分组成。制动电磁铁包括铁芯、电磁线圈和衔铁,闸瓦制动器包括闸轮、闸瓦、杠杆和弹簧。正常运行时,电磁线圈通电产生电磁力,闸瓦离开转轴,电动机正常运行;进行制动时,电磁线圈断电电磁力消失,在弹簧的作用下闸瓦抱住转轴,电动机开始制动。

2. 电气制动

(1)反接制动

断开定子绕组三相交流电,通入反转相序,使转子绕组在旋转磁场内受到和旋转方向相反的电磁转矩,电动机迅速停止。为了限制反接制动电流,在进行反接制动时,定子绕组应串入限流电阻。

(2)能耗制动

能耗制动就是在断开电动机三相电源的同时接通直流电源,此时直流电流流入定子的两相绕组,产生恒定磁场。这种制动方法是利用转子转动时惯性切割恒定磁场的磁通而产生制动转矩,把转子的动能消耗在转子回路的电阻上,所以称为能耗制动。

（3）再生制动

电动机在额定工作状态下运行时,由于某种原因,使电动机的转速超过了旋转磁场的同步转速,导致转子导体切割旋转磁场的方向与电动机运行状态时相反,从而使转子电流所产生的电磁转矩改变方向,成为与转子转向相反的制动转矩,电动机即在制动状态下运行,这种制动称为再生制动。它可以将机械能转变为电能反送回电网,因此又称为回馈制动。

【任务实施】

查找 C650 型卧式车床相关性能参数等资料,根据 C650 型卧式车床的最大加工能力、切削参数、常用加工工件材料、常用刀具、车床传动机构传动比及传动效率等,结合机床设计手册中机床切削扭矩计算公式,可推算出 C650 型卧式车床主运动驱动电动机功率为 75 kW。液压泵电动机只需拖动液压泵单方向连续运行即可,负载较小,功率为 2.2 kW;快速移动电动机只需带动刀架做快速调整,负载小,功率选择为 0.75 kW。

【知识拓展】

变频电动机(YVP)又称为变频调速电动机。那么,怎样的电动机才是变频调速电动机呢?

其实,除了变频电动机外,普通的电动机,如齿轮减速电动机通过加装变频和冷却风扇装置也可以作为变频调速电动机来使用;又或者普通的三相异步电动机,通过加配变频器来调速也可以实现变频调速电动机的功能。

相比普通型的没有变频调速功能的电动机,变频电动机的好处有很多,变频调速电动机的特点是可以根据负荷调整频率来改变转速,电压低的场合变频电动机可以降低频率,让电动机可靠起动;负荷轻的场合变频电动机可以降低频率,减小转速和电流,从而节约电能;电压正常,经常满负荷的场合也可以用变频电动机。

① 节能:变频调速电动机的最大优点就是节能,其能耗可以减少 20% ~ 30%。

② 噪声低:变频调速电动机噪声低,振动小,电动机工作频率范围宽,转速变化范围大,各种电磁波的频率很难避开电动机各构件的固有振动频率,变频电动机就可以有效解决这些问题。

③ 可频繁起动:变频电动机可应对频繁起动、制动,可解决普通异步电动机效率、温升、绝缘强度、噪声与振动和冷却,以及频繁起动、制动给机械结构和绝缘结构带来疲劳和加速老化等问题,还可有效降低电动机在起动时的瞬间电压。

④ 使用寿命更长久:电动机在运行时载波频率为几千到十几千赫,这就使得电动机定子绕组要承受很高的电压上升率,相当于电动机施加陡度很大的冲击电压,使电动机匝间绝缘承受较为严酷的考验,而变频电动机可以工作在整流滤波之后的电压下,性能可以更加稳定,而且寿命更长久。

在选择使用电动机时,变频电动机与普通异步电动机一样,都可以按材质分为铁壳电动机与铝壳电动机,极数上分为 2 极、4 极、6 极、8 极;安装方式上可分为卧式与立式,卧式带法兰,立式带大或小法兰等。用户在选择使用前要加以区分。

【知识巩固】

一、填空

1. 电动机是将_____能转换为_____能的设备。

2. 三相异步电动机主要由_____和_____两部分组成。

3. 三相异步电动机的定子铁芯是用薄的硅钢片叠装而成,它是定子的_____路部分。

4. 三相异步电动机的三相定子绕组是定子的_____部分,空间位置相差 $120°/p$。

5. 三相异步电动机的转子有_____式和_____式两种形式。

6. 三相异步电动机的三相定子绕组通以_____,则会产生_____。

7. 三相异步电动机旋转磁场的转速称为同步转速,它与_____和_____有关。

8. 三相异步电动机旋转磁场的转向是由_____决定的,运行中若旋转磁场的转向改变了,则转子的转向也随之改变。

9. 一台三相四极异步电动机,如果电源的频率 $f_1 = 50\ \text{Hz}$,则定子旋转磁场每秒在空间转过_____rad。

10. 三相异步电动机的转速取决于_____、_____和电源频率 f。

二、选择

1. 异步电动机旋转磁场的转向与( )有关。

   A. 电源频率　　　　　　　B. 转子转速　　　　　　　C. 电源相序

2. 当电源电压恒定时,异步电动机在满载和轻载下的起动转矩是( )。

   A. 完全相同的　　　　　　B. 完全不同的　　　　　　C. 基本相同的

3. 当三相异步电动机的机械负载增加时,如定子端电压不变,则其旋转磁场速度( )。

   A. 增加　　　　　　　　　B. 减少　　　　　　　　　C. 不变

4. 当三相异步电动机的机械负载增加时,如定子端电压不变,则其转子的转速( )。

   A. 增加　　　　　　　　　B. 减少　　　　　　　　　C. 不变

5. 当三相异步电动机的机械负载增加时,如定子端电压不变,则其定子电流( )。

   A. 增加　　　　　　　　　B. 减少　　　　　　　　　C. 不变

6. 笼型异步电动机空载起动与满载起动相比,起动转矩( )。

   A. 大　　　　　　　　　　B. 小　　　　　　　　　　C. 不变

7. 三相异步电动机形成旋转磁场的条件是( )。

   A. 在三相绕组中通以任意的三相电流

   B. 在三相对称绕组中通以三个相等的电流

   C. 在三相对称绕组中通以三相对称的正弦交流电

任务 2

认识步进电动机

【任务描述】

　　现有一台自动生产线设备,其中输送单元机械手专门为其他四个工作单元传送工件。要求机械手将物料精确输送到这四个工作单元,因此输送单元在其他四个工作单元之间的运动控制是解决问题的关键。自动生产线设备中四个工作单元位置固定,输送单元机械手安装在可沿着导轨直线运动的工作台上,工作台在导轨上的运动由步进电动机驱动,而步进电动机由 PLC 发送运动指令,要求选择合理的工作台驱动步进电动机,使其实现精确的运动定位控制。

【知识储备】

步进电动机是一种用电脉冲信号进行控制,并将电脉冲信号转换成相应角位移或线位移的控制电动机,通俗来讲,就是给一个脉冲信号,电动机就转动一个角度或前进一步。因此,这种电动机也称为脉冲电动机。步进电动机如图 1-14 所示。

图 1-14　步进电动机

一、步进电动机的结构

步进电动机是将电脉冲信号转变为角位移或线位移的开环控制元件,通过控制施加在电动机线圈上的电脉冲顺序、频率和数量,可以实现对步进电动机的转向、速度和旋转角度控制。配合以直线运动执行机构或齿轮箱装置,可以实现更加复杂、精密的线性运动控制要求。步进电动机一般由前后端盖、轴承、中心轴、转子铁芯、定子铁芯、定子组件、波纹垫圈、螺钉等部分构成。步进电动机又称为步进器,它利用电磁学原理,将电能转换为机械能,是由缠绕在电动机定子齿槽上的线圈驱动的。通常情况下,一根绕成圈状的金属丝称为螺线管,而在电动机中,绕在定子齿槽上的金属丝则称为绕组、线圈或相,如图 1-15 所示。

二、步进电动机的基本工作原理

以三相步进电动机为例,定子和转子上分别有 6 个、4 个磁极,定子上有定子绕组,其结构简图如图 1-16 所示。定子的 6 个磁极上有控制绕组,两个相对的磁极组成一相。这里的相与三相交流电中的"相"不同,主要指线路的联结与组数的区别。根据工作方式不同,三相步进电动机的工作方式可分为三相单三拍、三相单双六拍和三相双三拍等。

动画:步进电动机的工作原理

(一)三相单三拍

"单"是指每次只有一相控制绕组通电,"三拍"是指三次切换通电状况为一个循环。

三相绕组联结方式为:Y 形。

三相绕组的通电顺序为:A → B → C。

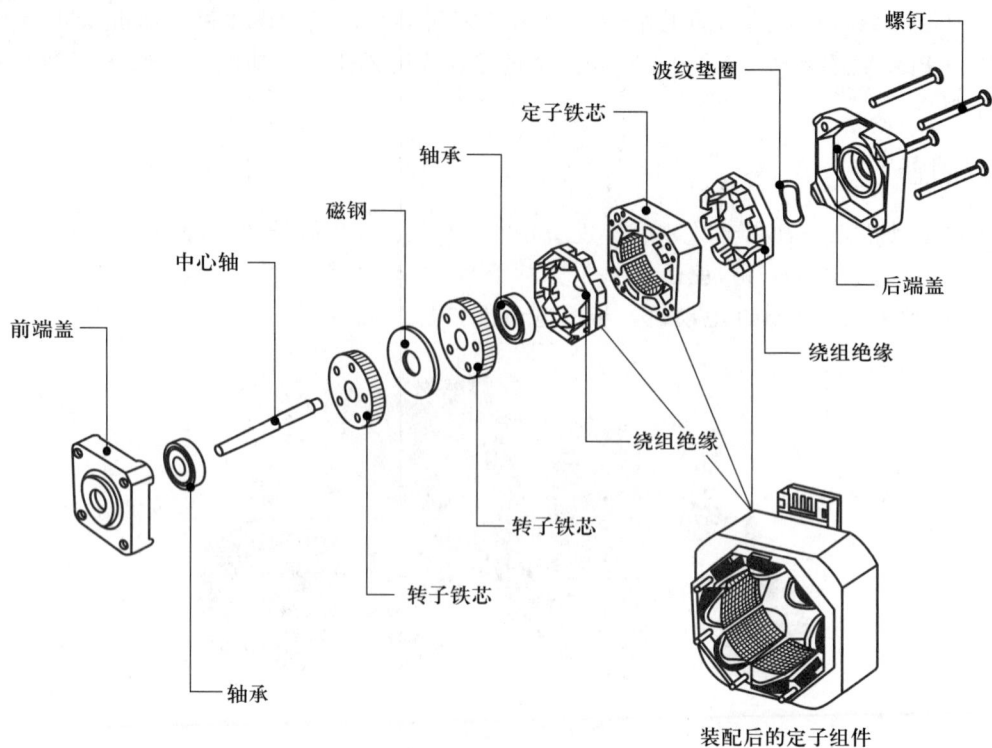

图 1-15 步进电动机结构

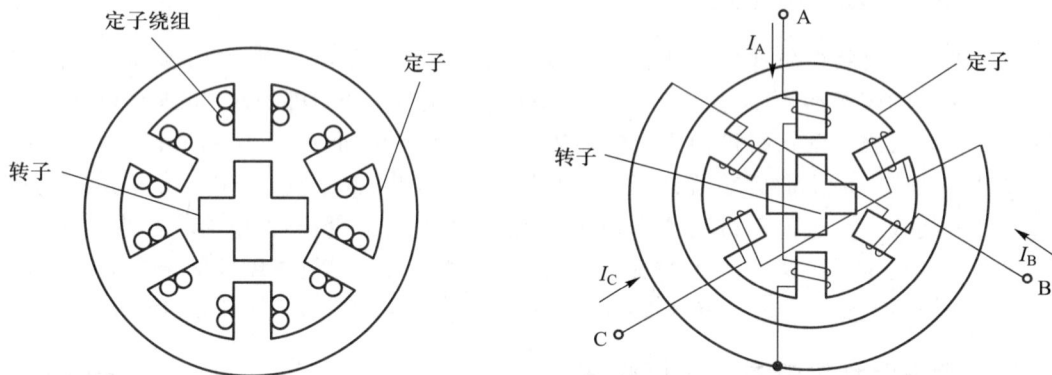

图 1-16 步进电动机的结构简图

A 相通电,A 方向的磁通经转子形成闭合回路,在磁场作用下,转子被磁化,吸引转子使其与通电相磁路的磁阻最小,转子、定子的齿对齐为止,如图 1-17(a)所示,转子 1、3 齿和 AA'对齐。同理,当 B 相通电时,转子 2、4 齿和 BB'对齐;C 相通电时,转子 1、3 齿和 CC'对齐。

这种工作方式下,三相绕组中每次只有一相通电,一个循环周期包括三个脉冲,故称为三相单三拍。三相单三拍的特点如下。

① 每有一个电脉冲,转子转过 30°,此角称为步距角,用 θ_s 表示。

② 转子的旋转方向取决于三相绕组的通电顺序,改变通电顺序即可改变方向。

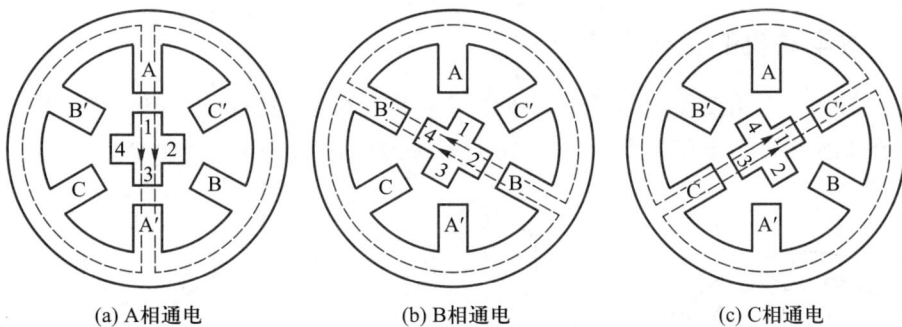

(a) A相通电　　　　　　　(b) B相通电　　　　　　　(c) C相通电

图 1-17 三相单三拍步进电动机

（二）三相单双六拍

三相单双六拍的三相绕组的通电顺序为：A→AB→B→BC→C→CA→A，共六拍。如图 1-18(a)所示，A 相通电时，转子 1、3 齿和 AA′相对齐；AB 相通电时，AA′和 BB′磁场分别对 1、3 和 2、4 齿有磁拉力，转子转到两对磁力平衡的位置，相对 A 通电，转子旋转 15°，如图 1-18(b)所示；B 相通电时，转子 2、4 齿和 BB′相对齐，转子旋转 15°，如图 1-18(c)所示。每个循环周期有六种通电状态，故称为三相六拍，步距角为 15°。

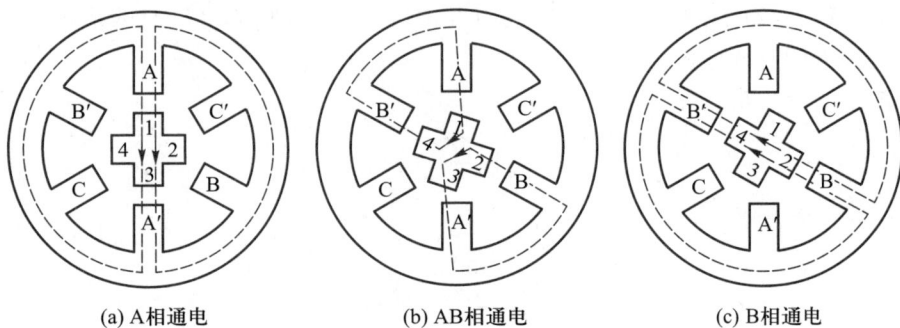

(a) A相通电　　　　　　　(b) AB相通电　　　　　　(c) B相通电

图 1-18 三相单双六拍步进电动机

（三）三相双三拍

三相双三拍的三相绕组的通电顺序为：AB→BC→CA→AB，共三拍，如图 1-19 所示。电动机工作方式为三相双三拍时，每通入一个电脉冲，转子也是转 30°，即 $\theta_s = 30°$。尽管步距角都是 30°，但是三相双三拍与三相单三拍更稳定，因此较常采用。

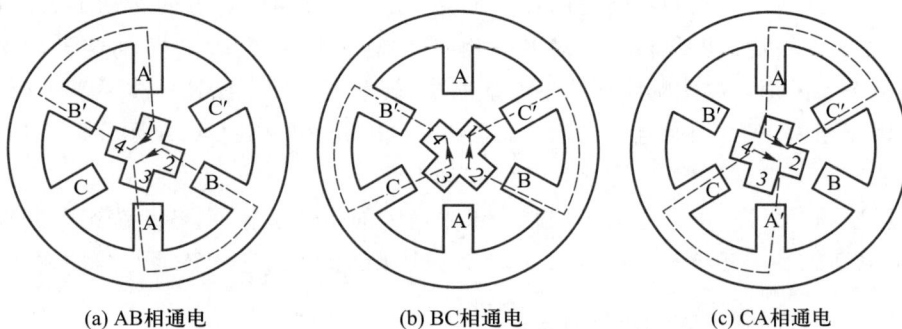

(a) AB相通电　　　　　　(b) BC相通电　　　　　　(c) CA相通电

图 1-19 三相双三拍步进电动机

三、步进电动机的工作方式

在图 1-20 中,三相反应式步进电动机定子上有 6 个极,上面装有控制绕组连成 A、B、C 三相。转子圆周上均匀分布若干个小齿,定子每个磁极靴上也有若干个小齿。

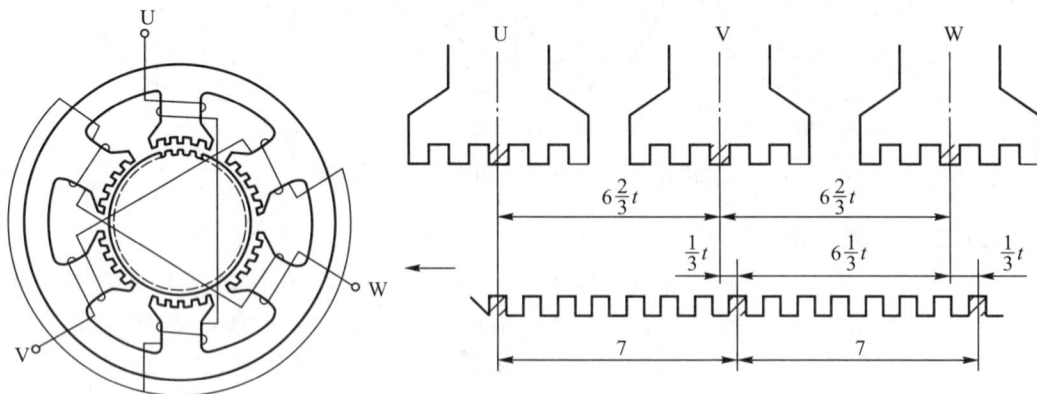

图 1-20　三相反应式步进电动机的典型结构

以转子齿数 z_r、相数 $m=3$,一相绕组通电时,在气隙圆周上形成的磁极数 $2p=2$,三相单三拍运行为例进行分析。

每一齿距的空间角

$$\theta_z = \frac{360°}{z_r} = 9°$$

每一极距的空间角

$$\theta_z = \frac{360°}{2p_m} = 60°$$

每一极距所占的齿数

$$\frac{z_r}{2p_m} = 6\frac{2}{3}$$

由于每一极距所占的齿数不是整数,当 A-A′极下的定子齿和转子齿对齐时,B-B′极的定子齿和转子齿必然错开 1/3 齿距,即为 3°,如图 1-20 所示。若断开 A 相控制绕组而接通 B 相控制绕组,这时步进电动机中产生沿 B-B′极轴线方向的磁场,因磁通力图走磁阻最小路径闭合,这就使转子受到同步转矩的作用而转动,转子按逆时针方向转动 1/3 齿距(3°),直到使 B-B′极下的定子齿和转子齿对齐。相应地 A-A′极和 C-C′极下的定子齿又分别与转子齿相错 1/3 齿距。按此顺序连续不断地通电,转子便连续不断地一步一步转动。

若采用三相单、双六拍通电方式运行,即按 A-AB-B-BC-C-CA-A 顺序循环通电,同样步距角也要减小一半,即每个脉冲使转子仅转动 1.5°。

如果脉冲频率很高,步进电动机控制绕组中送入的是连续脉冲,各相绕组不断地轮流通电,则步进电动机不是一步一步地转动,而是连续不断地转动,它的转速与脉冲频率成正比。

每分钟转子所转过的圆周数即转速为 $n = \frac{60f}{z_r N}$。

四、步进电动机的工作参数

① 步进电动机的相数：是指电动机内部的线圈组数，目前常用的有两相、三相和五相步进电动机。

② 拍数：完成一个磁场周期性变化所需脉冲数或导电状态，用 m 表示，或指电动机转过一个齿距角所需的脉冲数。

③ 保持转矩：是指步进电动机通电但没有转动时，定子锁住转子的力矩。

④ 步距角：对应一个脉冲信号，电动机转子转过的角位移。

⑤ 定位转矩：电动机在不通电状态下，电动机转子自身的锁定力矩。

⑥ 失步：电动机运转时运转的步数，不等于理论上的步数。

⑦ 失调角：转子齿轴线偏移定子齿轴线的角度，电动机运转必然存在失调角，由失调角产生的误差，采用细分驱动是不能解决的。

⑧ 运行矩频特性：电动机在某种测试条件下测得运行中输出力矩与频率关系的曲线。

五、步进电动机的控制

步进系统是步进驱动器加步进电动机的总称。步进驱动器是驱动步进电动机运行的功率放大器，它能接收控制器（PLC/单片机等）发送来的控制信号并控制步进电动机转过相应的角度/步数。最常见的控制信号是脉冲信号，步进驱动器接收到一个有效脉冲就控制步进电动机运行一步。具有细分功能的步进驱动器可以改变步进电动机的固有步距角，达到更大的控制精度、降低振动及提高输出转矩；除了脉冲信号，具有总线通信功能的步进驱动器还能接收总线信号控制步进电动机进行相应的动作。步进电动机的控制过程如图 1-21 所示。

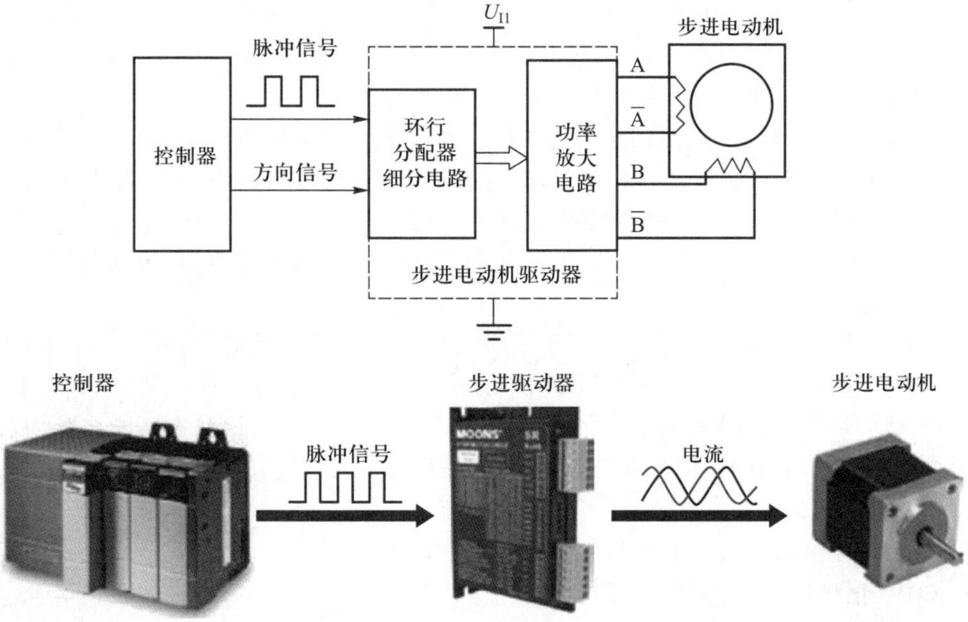

图 1-21　步进电动机的控制过程

目前市场上有很多步进驱动器,各厂家的驱动器具有信号、电源、电动机等类似功能的接口和接线端子,有输出电流及细分驱动设置的拨码开关。现以雷赛科技的 DM542 型步进驱动器为例,介绍步进驱动器的接线及设置方法。DM542 型步进驱动器是两相步进电动机驱动器,采用脉冲方式进行控制,支持 8 挡位电流及 16 挡位细分驱动;输入电压范围为DC20 ~ 50 V,输出峰值电流范围为 1.0 ~ 4.2 A。如图 1-22 所示为 DM542 型步进驱动器的外观图及接线图,主要包括控制信号端子、电源端子、电动机接线端子、输出电流设置和细分驱动设置拨码开关等几部分。

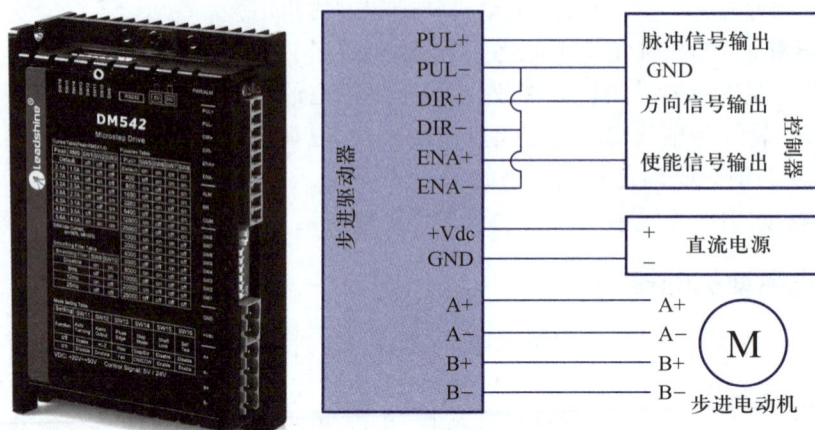

图 1-22　DM542 型步进驱动器的外观及接线图

(一) 控制信号端子

控制信号端子与 PLC、单片机或其他控制器相连接,用来接收控制器发出的脉冲、方向及使能控制信号,包括以下几种信号端子。

① 脉冲信号(Pulse):脉冲信号有 PUL+ 和 PUL- 两个接线端子。"PUL+"连接脉冲信号正极,"PUL-"连接脉冲信号负极;脉冲信号以"PUL+"与"PUL-"的电压差来衡量;拨码开关SW13 可设置脉冲的有效沿,默认(SW13 = OFF)上升沿有效。

② 方向信号(Direction):方向信号有 DIR+ 和 DIR- 两个接线端子。"DIR+"连接方向信号正极,"DIR-"连接方向信号负极;步进电动机的初始运行方向与电动机绕组的接线有关,任何一组绕组互换(如 A+ 和 A- 互换)都能改变电动机的初始运行方向;电动机在运行过程中的方向改变可以通过方向信号来控制,为了保证步进电动机可靠换向,方向信号应早于脉冲信号至少 5 μs 建立。

③ 使能信号(Enable):使能信号用于使能或禁止步进驱动器输出,有 ENA+ 和 ENA- 两个接线端子。"ENA+"连接使能信号正极,"ENA-"连接使能信号负极;当"ENA+"信号接通时,步进驱动器将切断步进电动机各相电源而使其处于自由状态,该状态不响应脉冲信号。

④ 报警信号(Alarm):步进驱动器故障信号输出,用于连接到 PLC 或控制器的输入通道。

⑤ 抱闸信号(Brake):步进电动机的抱闸信号输入。

⑥ COM:报警信号和抱闸信号的公共端。

(二) 电源接口

电源接口包括 +Vdc、GND 两个接线端子。

① +Vdc：直流电源正极，电压范围为+20～+50 V，推荐+24～+48 V。

② GND：直流电源负极。

（三）电动机接线端子

电动机接线端子包括 A+、A−、B+、B−。其中，A+和 A−是步进电动机的 A 相绕组的两个接线柱；B+和 B−是步进电动机的 B 相绕组的两个接线柱。

（四）步进电动机的电流设置

DM542 型步进驱动器的中间有 8 个拨码开关（SW1～SW8），其中 SW1～SW3 用于设置工作电流（动态电流）；SW4 用于设置静止电流（静态电流）；SW5～SW8 是细分设置。

1. 工作电流设置

通过设置步进驱动器的工作电流拨码开关（SW1～SW3），可以改变驱动器的输出电流大小，详见表 1−3。

表 1−3　步进电动机工作电流设置

输出峰值电流/A	输出均值电流/A	SW1	SW2	SW3	说明
1.00	0.71	ON	ON	ON	SW1/SW2/SW3 为全 ON 时，是 Default 挡位，可以用调试软件进行修改，参数可设置范围是 100～4 200 mA，出厂时默认为 1.0 A，推荐匹配电动机额定电流在 1 A 以上的电动机
1.46	1.04	OFF	ON	ON	
1.91	1.36	ON	OFF	ON	
2.37	1.69	OFF	OFF	ON	
2.84	2.03	ON	ON	OFF	
3.31	2.36	OFF	ON	OFF	
3.76	2.69	ON	OFF	OFF	
4.20	3.00	OFF	OFF	OFF	

当步进驱动器设置的输出电流越大时，其连接的步进电动机的输出力矩就越大。但是电流过大会导致电动机和步进驱动器发热，严重时可能会损坏电动机或步进驱动器。因此在设置步进驱动器的电流时建议遵循以下原则。

① 四线电动机：设置输出电流等于或略小于电动机的额定电流。

② 六线电动机高力矩模式：设置输出电流等于电动机单极性接法额定电流的 50%。

③ 六线电动机高速模式：设置输出电流等于电动机单极性接法额定电流的 100%。

2. 静止电流设置

拨码开关 SW4 可用于设置步进电动机在静止状态时步进驱动器的输出电流。默认情况下 SW4 = OFF，它表示步进驱动器在未接收到脉冲 0.4 s 后，将输出电流改变为峰值电流的 50%，这样可以降低步进驱动器和电动机的发热；如果将 SW4 设置为 ON，则电动机在静止状态下，步进驱动器的输出电流为其峰值电流的 90%。

（五）细分驱动设置

步进电动机在出厂时都标注了"固有步距角"，如某电动机的固有步距角为 0.9°/1.8°，表示电动机半步工作时每次会转过 0.9°，整步工作时转过 1.8°。在很多精密控制的场合，固有步距角不能满足控制精度的要求，可以将一个固有步距角分很多步来走完。这种将固有步距角再分成很多步的驱动方法，称为细分驱动；能实现细分驱动的步进驱动器，称为细分驱动器。

细分驱动将固有步距角平均分成几份,减少了每步步距角的大小,提高了步距均匀度和控制精度;细分驱动提高了电动机的转动频率,降低了电动机的振动;细分驱动可以有效减小转矩波动,提高输出转矩。

以 DM542 型步进驱动器为例,该步进驱动器提供了 4 个拨码开关(SW5～SW8)用于设置细分驱动,详见表 1-4。

表 1-4　步进驱动器细分设置

步数/r	SW5	SW6	SW7	SW8	说明
200(默认)	ON	ON	ON	ON	当 SW5～SW8 全为 ON 时,步进驱动器的每转脉冲数是 200,此挡位可以通过调试软件进行修改,每转脉冲数只能改成 200 的倍数,不能任意设置,范围为 200～51 200
400	OFF	ON	ON	ON	
800	ON	OFF	ON	ON	
1 600	OFF	OFF	ON	ON	
3 200	ON	ON	OFF	ON	

六、步进电动机常见故障及排除方法

步进电动机正常运行时,控制器 RUN 状态指示灯为绿色;当红色灯亮时,表示电动机故障,步进电动机常见故障及排除方法见表 1-5。

表 1-5　步进电动机常见故障及排除方法

故障	原因及改进措施
步进电动机振动大,噪声也很大	这种情况是因为步进电动机工作在振荡区,解决办法: ① 改变输入信号频率 CP 来避开步进电动机振荡区; ② 采用细分驱动器,使步进电动机步距角减小,运行平滑些
步进电动机通电后不运行	① 步进电动机过载堵转(此时步进电动机有啸叫声),解决办法是减轻负载; ② 步进电动机处于脱机状态,解决办法是使其还原锁定状态; ③ 步进电动机控制系统没有脉冲信号给步进电动机驱动器,接线有问题,解决办法是检查接线,使连线正确
步进电动机发出忽高忽低且沉重的声音	① 定子和转子间气隙不均匀,声音忽高忽低且高低音间隙时间不变,是轴承磨损从而使定子与转子不同心所致,解决办法是更换轴承; ② 三相电流不平衡,三相绕组可能存在误接地,短路和接触不良等原因,若声音很沉闷则说明电动机严重过载或缺相运行,解决办法是改正接线或减轻负载; ③ 电动机在运行中因振动使铁芯固定螺栓松动造成铁芯硅钢片松动,发出噪声,解决办法是紧固固定螺栓
轴承有杂声	在电动机运行中要经常监听,将螺丝刀一端顶在轴承安装部位,另一端贴近耳朵,可听到轴承运转声。若声音为连续而细小的"沙沙"声,不会有忽高忽低的变化及金属摩擦声,则轴承是正常运行,若出现下列几种声音则为不正常现象: ① 轴承运行时有"吱吱"声,这是金属摩擦声,一般为轴承缺油所致,应拆开轴承加注适量润滑脂;

续表

故障	原因及改进措施
轴承有杂声	② 若出现"唧哩"声,这是滚珠转动时发出的声音,一般为润滑脂干涸或缺油引起,可加注适量油脂; ③ 若出现"喀喀"声,或"喀吱"声,则为轴承内滚珠不规则运动而产生的声音,这是轴承内滚珠损坏或电动机长期不用,润滑脂干涸所致,则应更换滚珠或加注润滑油

【任务实施】

查阅 CAK6136 型数控车床相关性能参数,总结进给控制系统要求,选择合理的步进驱动器和步进电动机,绘制数控机床的进给控制系统简图。

【知识拓展】

大部分步进电动机都是开环控制的,将接收到的脉冲指令信号转变为角位移或线位移,在开环电路中驱动,它在高速转动时,就会产生失步(丢步)、振动以及高速运行困难等问题。随着技术的发展,很多厂家都开始生产带编码器的步进电动机,力求实现闭环控制。闭环控制是指在步进电动机的轴端安装编码器来检测电动机的位置和速度,反馈给步进驱动器形成闭环控制。如果发送 1 000 个脉冲,它必须要走完并返回 1 000 个脉冲才会停下来,这样可以避免失步。如图 1-23 所示为闭环步进电动机的工作原理。虽然闭环步进电动机可以避免失步现象,但是运动精度却没有办法提高。

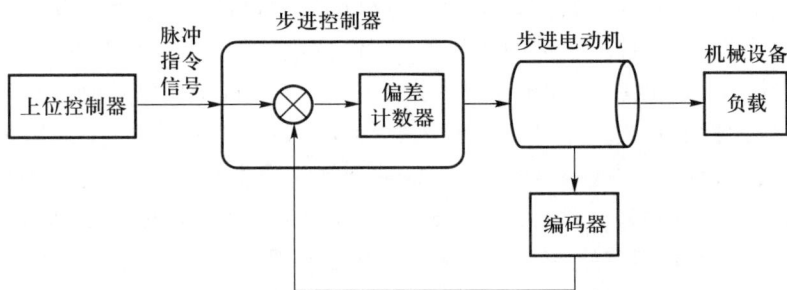

图 1-23　闭环步进电动机的工作原理

【知识巩固】

一、名词解释

1. 步进电动机的相:

2. 步进电动机的拍:

3. 步距角:

二、选择

1. 正常情况下步进电动机的转速取决于(　　　)。

　　A. 控制绕组通电频率　　　B. 绕组通电方式　　　C. 负载大小　　　D. 绕组的电流

2. 某三相反应式步进电动机的初始通电顺序为 A→B→C,下列可使电动机反转的通电顺序为(　　)。

    A. C→B→A　　　　　　B. B→C→A　　　　　C. A→C→B　　　　D. B→A→C

3. 下列关于步进电动机的描述正确的是(　　)。

    A. 抗干扰能力强　　　　　　　　　　　　B. 带负载能力强

    C. 功能是将电脉冲转化成角位移　　　　　D. 误差不会积累

三、简答题

1. 如何控制步进电动机的角位移和转速?步进电动机有哪些优点?

2. 步进电动机的转速和负载大小有关系吗?怎样改变步进电动机的转向?

3. 步进电动机的步距角和哪些因素有关?

任务 **3**
认识伺服电动机

【任务描述】

现有一台 CAK6136 型数控车床,要求其加工精度等级达到 IT6 以上,及圆弧表面粗糙度达到 Ra0.8,并且进给控制系统能实现闭环控制,请为该数控车床的进给控制系统选择合理的驱动电动机,以达到控制要求和加工性能。

【知识储备】

数控机床伺服系统是连接数控系统和数控机床的关键部分,它接收来自数控系统的指令,经过放大和转换,驱动数控机床的执行件(工作台或刀架)实现预期的运动,并将运动结果反馈回去与输入指令相比较,直至与输入指令之差为零,机床可以精确地运动到所要求的位置。伺服系统的性能直接关系到数控机床执行元件的静态和动态、工作精度、负载能力、响应速度等。所以,至今伺服系统还被看作是一个独立的部分,与数控系统和机床本体并列为数控机床的三大组成部分。目前在数控机床上,中、高档数控机床几乎都采用直流伺服电动机或交流伺服电动机,全数字交流伺服驱动系统已得到了广泛应用。

伺服电动机的作用是将输入的电压信号(即控制电压)转换成轴上的角位移或角速度输出,在自动控制系统中常作为执行元件,所以伺服电动机又称为执行电动机,其最大特点是:有控制电压时转子立即旋转,无控制电压时转子立即停止;转轴转向和转速是由控制电压的方向和大小决定的。伺服电动机分为交流和直流两大类。

一、交流伺服电动机

(一)交流伺服电动机的结构

交流伺服电动机主要由定子和转子构成。定子铁芯通常由硅钢片叠压而成。定子铁芯表面槽内嵌有两相绕组,一相作为励磁绕组,运行时接到电压为 U_f 的交流电源上,另一相作为控制绕组,输入控制电压 U_K。电压 U_K 与 U_f 同频率,一般采用 50 Hz 或 400 Hz,可以有相同或不同的匝数。

（二）交流伺服电动机的工作原理

若控制绕组无控制信号，只有励磁绕组中有励磁电流，则气隙中形成的是单相脉振磁动势，则可以分解为正、负序两个圆形旋转磁动势，它们大小相等，转速相同，转向相反。所建立的正序旋转磁场对转子起拖动作用，产生拖动转矩 T_+；负序旋转磁场对转子起制动作用，产生制动转矩 T_-，当电动机原来处于静止时，转率差 $s=1$，$T_+=T_-$，合成转矩 $T=0$，伺服电动机转子不会转动。

动画：交流伺服电动机的工作原理

一旦控制绕组有信号电压，一般情况下，两相绕组中电流产生的磁动势 F_f 和 F_f 是不对称的，电动机内部便建立起椭圆形旋转磁场。一个椭圆形旋转磁场分解为两个速度相等、转向相反的圆形旋转磁场，但它们大小不等，因此转子上两个电磁转矩大小也不等，方向相反，合成转矩不为零，这样转子就不再保持静止状态，而是随着正转磁场的方向转动起来。

两相交流伺服电动机在转子转动后，当控制信号电压 U_K 消失时，按照可控性的要求，伺服电动机应立即停转，但此时电动机内部建立的是单相脉振磁场，根据单相异步电动机工作原理，电动机将继续旋转，这种现象称为自转。

"自转"现象在自动控制系统中是不允许存在的，解决的办法是增大转子电阻。

一般异步电动机的稳定运行区仅在转差率 s 从 0 到 s_m 这一区间，因 s_m 一般为 $0.1 \sim 0.2$，所以电动机的转速可调范围很小。增大转子电阻，使其产生最大转矩的转差率 $s_m \geqslant 1$，电动机的转速由零到同步转速的全部范围内均能稳定运行。随着转子电阻增大，机械特性更接近线性关系。因此，为了使两相交流伺服电动机达到调速范围大和机械特性线性的目的，也必须使其转子具有足够大的电阻值。

（三）交流伺服电动机的控制方式

通常采用以下三种方法来控制伺服电动机的转速和旋转方向。

① 幅值控制：通过调节控制电压的大小来改变电动机的转速，而控制电压 U_K 与励磁电压 U_f 之间的相位角保持 90°电角度，通常 U_K 滞后于 U_f。当控制电压 $U_K=0$ 时，电动机停转，即 $n=0$。

② 相位控制：调节控制电压的相位（即调节控制电压与励磁电压之间的相位角 β）来改变电动机的转速，而控制电压的幅值保持不变，当 $\beta=0$ 时，电动机停转。

③ 幅值-相位控制（或称电容移相控制）：在励磁绕组上施加励磁电压 $U_f=U_1-U_{ca}$，控制绕组上施加控制电压 U_K，而 U_K 的相位始终与 U_1 同相。当调节控制电压 U_K 的幅值来改变电动机的转速时，使励磁绕组的电流 I_f 也发生变化，致使励磁绕组的电压 U_f 及电容 C 上的电压 U_{ca} 也随之改变。也就是，电压 U_K 及 U_f 的大小以及它们之间的相位角 β 也都随之改变。所以这是一种幅值和相位的复合控制方式。若控制电压 $U_K=0$，电动机就停转。这种控制方式是利用串联电容器来分相的，它不需要复杂的移相装置，所以设备简单，成本较低，是一种常用的控制方式。

二、直流伺服电动机

传统的直流伺服电动机实质上是容量较小的普通直流电动机，有他励式和永磁式两种，其结构与普通直流电动机的结构基本相同。杯形电枢直流伺服电动机的转子由非磁性材料制成空心杯形圆筒，转子较轻使其转动惯量小、响应速度快。转子在由软磁材料制成的内、外定子之间旋转,气隙较大。

直流伺服电动机工作原理与普通直流电动机相同,依靠电枢电流与气隙磁通的作用产生电磁转矩,使伺服电动机转动。通常采用电枢控制方式,即在保持励磁电压不变的条件下,通过改变电枢电压来调节转速。电枢电压越小,转速越低;电枢电压为零,电动机停止。由于电枢电压为零时电枢电流也为零,电动机不产生电磁转矩,因此不会出现自转现象。

无刷直流伺服电动机用电子换向装置代替传统的电刷和换向器,使工作更可靠。定子铁芯结构和普通直流电动机基本相同,其上嵌有多相绕组,转子用永磁材料制成。

三、伺服驱动器

伺服驱动器(servo drives)又称为伺服控制器或伺服放大器,是用来控制伺服电动机的一种控制器,主要应用于高精度的定位系统。伺服驱动器是现代运动控制的重要组成部分,被广泛应用于工业机器人及数控加工中心等自动化设备中,尤其是应用于控制交流永磁同步电动机的伺服驱动器已经成为国内外研究热点。

伺服驱动器均采用数字信号处理器(DSP)作为控制核心,可以实现比较复杂的控制算法,实现数字化、网络化和智能化;功率器件普遍采用以智能功率模块(IPM)为核心设计的驱动电路,IPM 内部集成了驱动电路,同时具有过电压、过电流、过热、欠电压等故障检测保护电路,在主电路中还加入了软起动电路,以减小起动过程对驱动器的冲击。

伺服驱动器功率驱动单元通过三相全桥整流电路对输入的三相电或者市电进行整流,得到相应的直流电。经过整流好的三相电或市电,再通过三相正弦 PWM 电压型逆变器变频来驱动交流伺服电动机。功率驱动单元的整个过程可以简单描述为 AC-DC-AC 的过程,整流单元(AC-DC)主要的拓扑电路是三相全桥不可控整流电路。

伺服驱动器一般有位置控制方式、转矩控制方式和速度控制方式三种控制方式。

① 位置控制方式:通过外部输入脉冲的频率来确定转动速度的大小,通过脉冲个数来确定转动的角度,有的伺服驱动器也可以通过通信方式直接对速度和位移进行赋值。由于位置控制方式对速度和位置都有很严格的控制,所以一般应用于定位装置。

② 转矩控制方式:通过外部模拟量输入或直接地址赋值来设定电机轴对外输出转矩的大小。主要应用在对材质的受力有严格要求的缠绕和放卷装置中,例如绕线装置或拉光纤设备,转矩的设定要根据缠绕半径的变化随时更改,以确保材质的受力不会随着缠绕半径的变化而改变。

③ 速度控制方式:通过模拟量输入或脉冲频率都可以进行转动速度的控制,在有上位控制装置的外环 PID 控制时速度控制方式也可以进行定位,但必须把电动机的位置信号或直接负载的位置信号反馈给上位机以做运算用。位置控制方式也支持直接负载外环检测位置信号,此时的电动机轴端的编码器只检测电动机转速,位置信号就由直接的最终负载端的检测装置来提供了,这样的优点在于可以减少中间传动过程中的误差,增加了整个系统的定位精度。

如果对电动机的速度、位置都没有要求,只要输出一个恒转矩,用转矩模式;如果对位置和速度有一定的精度要求,而对实时转矩要求不高,最好用速度或位置控制方式;如果上位控制器有比较好的闭环控制功能,用速度控制方式效果会好一点,如果本身要求不是很高,或者基本没有实时性的要求,可采用位置控制方式。伺服驱动系统的工作原理如图 1-24 所示。

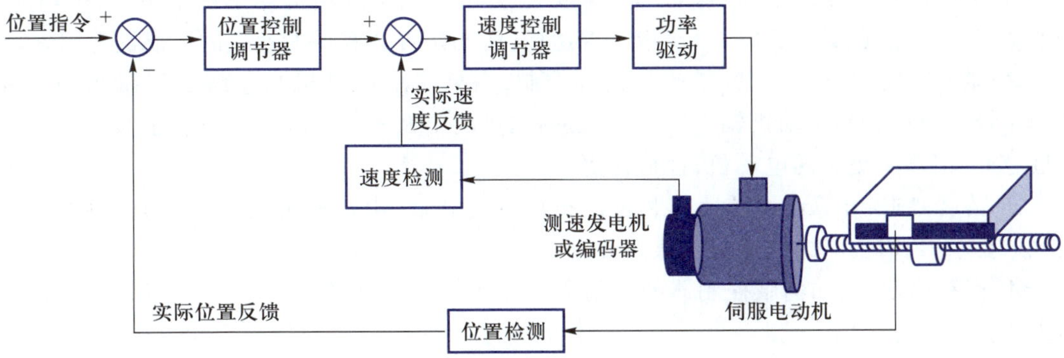

图 1-24　伺服驱动系统的工作原理

四、伺服电动机的选用

对于数控机床和机械臂来说,因其涉及生产质量,因此定位准确最重要。伺服电动机定位准确,精度在 0.001 mm,还可以实现任意的角度、转速以及转矩控制,都是数控机床和机械臂所要求的。

数控车床的进给轴是 X 和 Z 轴,两个直角坐标轴,由丝杆作为传动部件。驱动进给运动可以是步进电动机,也可以是伺服电动机。对于设备制造来说,不仅要考虑功能实现,还要考虑设备集成的成本,伺服电动机要比步进电动机的价格高很多,所以,选择什么类型的电动机,以及如何选择电动机是非常重要的。如何选择伺服电动机,主要从以下几个方面考虑。

1. 应用场景

根据控制要求、精度要求和控制方式的要求,确定是选用伺服电动机还是步进电动机。

2. 供电电源

伺服电动机从供电电源上区分,可分为交流伺服电动机和直流伺服电动机。一般的自动化设备,都会提供标准的 380 V 工业电源或 220 V 电源,此时选择对应电源的伺服电动机即可,免去了电源的转换。但有一些设备,如立体仓库中的穿梭板、AGV 小车等,由于本身的移动性质,大部分使用自带直流电源,所以一般使用直流伺服电动机。

3. 抱闸

根据动作机构的设计,考虑在停电状态下或静止状态下,是否会导致电动机的反转。如果有反转趋势,就需要选择带抱闸的伺服电动机。

4. 选型计算

选型计算前,首先要确定的是机构末端的位置和速度要求,再确定传动机构。选型过程中,主要计算以下参数。

① 功率和速度:根据结构形式和最终负载的速度和加速度要求,计算电动机所需功率和速度。在实际选型过程中,如负载为水平运动,因为各个传动机构的摩擦系数和风载系数的不确定性,公式 $P = T \times N / 9549$ 往往无法明确计算(无法精确计算扭矩的大小)。而在实践

过程中,也发现使用伺服电动机所需功率最大处往往是加减速阶段。所以,通过 $T = F \times R = m \times a \times R$ 可定量计算所需电动机的功率大小和减速机的减速比(m 为负载质量;a 为负载加速度;R 为负载旋转半径)。在选择功率和速度时,还要注意电动机的功率富余系数、机构的传动效率以及减速机的输入和输出扭矩是否达标,后期是否会有加大速度的可能性等因素。

② 惯量匹配:要实现对负载的高精度控制,需要考虑电动机与系统的惯量是否匹配。考虑系统惯量折合到电动机轴上,与电动机的惯量比不大于 10(西门子);比值越小,控制稳定性越好,但需要更大的电动机,性价比更低。

③ 精度要求:计算经过减速机和传动机构的变化后,电动机的控制精度是否能够满足负载的要求,还需要考虑减速机或某些传动机构有一定的反向间隙。

④ 控制匹配:比如伺服控制器的通信方式是否与 PLC 匹配、编码器类型以及是否需要引出数据等。

5. 品牌

目前市场上伺服电动机品牌众多,性能也是千差万别。常用的一些伺服电动机品牌有西门子、ABB、伦茨、松下、三菱、安川等。目前伺服电动机厂商都会提供技术支持,只要提供给他负载、速度、加速度等参数要求,厂家提供的软件可自动计算并选择合适的伺服电动机,非常方便。

五、伺服驱动器的选用

选择一款合适的伺服驱动器需要考虑到各个方面,主要根据系统的要求进行选择,在选型之前,首先应分析以下系统需求,如尺寸、供电、功率、控制方式等,为选型定下方向。常见伺服驱动器与伺服电动机的外形如图 1-25 所示。

图 1-25 常见伺服驱动器与伺服电动机的外形

① 伺服驱动器支持的电动机类型。一般为直流有刷、正弦波、梯形波等,还有就是伺服驱动器的持续输出电流要大于电动机的额定电流,根据电动机反电动势、最大转速考虑伺服驱动器是否可以选用。

② 反馈元件。反馈传感器也是种类繁多,根据是否要做闭环控制选择反馈传感器、编码器、测速电动机、旋转变压器等。如果系统中带有反馈元件,则此时在选择伺服驱动器时就要考虑伺服驱动器是否支持这种反馈的反馈种类或者反馈信号的输出形式等。

③ 伺服驱动器有三种控制方式,包括转矩、速度和位置控制方式。这三种控制方式下的命令形式也不一样,转矩和速度控制方式可通过模拟量命令控制,位置控制方式可使用脉冲加方向控制。还有总线形式,如 Ethercat 等。

④ 精度要求。系统的精度有多个影响因素,伺服驱动器也是其中重要的一环,一般伺服驱动器分为数字伺服驱动器和线性伺服放大器两大类。线性伺服放大器适用于低噪声、高带宽以及电流过零时无失真的场合。

⑤ 供电和使用环境。供电方面主要是直流和交流供电,有时还要考虑伺服驱动器对供电电源的要求。使用环境,主要是考虑温度方面的影响,以及是否需要防护罩等工况。

【任务实施】

查询 CAK6136 型数控车床相关性能参数,总结进给控制系统要求,选择合理的伺服驱动器和伺服电动机,绘制数控机床的进给控制系统简图。

【知识拓展】

一、交、直流伺服电动机的性能比较

1. 机械特性

直流伺服电动机的机械特性是线性的,转矩随着转速的增加而均匀下降,在不同控制电压下影响很小。

交流伺服电动机的机械特性是非线性的,电容移相时机械特性非线性度更加严重,而且机械特性曲线的斜率是随着控制电压的不同而变化的,机械特性很软,转矩的变化对转速的影响很大,特别在低速段更是如此。机械特性软会削弱内阻能力(即阻尼系数减少),增大时间常数,因而降低系统的品质,而机械特性斜率的变化,会给系统的稳定和校正带来困难。

2. 体积、质量和效率

为了满足控制系统对电动机的要求,交流伺服电动机的转子电阻就得足够大,这样会导致损耗就大、效率低、电动机利用程度差,而且电动机通常是运行在椭圆磁场的情况下,负序磁场产生的制动转矩使电动机的有效转矩减小。交流伺服电动机只适用小功率系统,而对于功率较大的控制系统,则普遍采用直流伺服电动机。

3. "自转"现象

直流伺服电动机无"自转"现象,而交流伺服电动机若参数选择不当,或制造工艺不良,则在单相状态下会产生"自转"。

4. 结构

交流伺服电动机结构简单,运行可靠,维护方便,适宜在不易检修的场合使用。直流伺服电动机由于有电刷和换向器,因而其结构复杂、制造麻烦。电刷与换向器之间存在滑动接触,电刷的接触电阻也不稳定,这些都会影响到电动机的稳定运行。

5. 放大器装置

直流伺服电动机的控制绕组通常是由直流放大器供电,而直流放大器有零点漂移现象,这将影响到系统的工作精度和稳定性。

二、步进电动机和交流伺服电动机性能比较

步进电动机是一种离散运动的装置,它和现代数字控制技术有着本质的联系。在目前国内的数字控制系统中,步进电动机的应用十分广泛。随着全数字式交流伺服系统的出现,交流伺服电动机也越来越多地应用于数字控制系统中。为了适应数字控制的发展趋势,运动控制系统中大多采用步进电动机或全数字式交流伺服电动机作为执行电动机。

虽然两者在控制方式上相似(脉冲串和方向信号),但在使用性能和应用场合上存在着较大的差异。

1. 控制精度不同

两相混合式步进电动机的步距角一般为 3.6°、1.8°,五相混合式步进电动机的步距角一般为 0.72°、0.36°,有一些高性能的步进电动机步距角更小。例如,中国四通公司生产的一种用于慢走丝机床的步进电动机,其步距角为 0.09°;德国百格拉公司(BERGER LAHR)生产的三相混合式步进电动机,其步距角可通过拨码开关设置为 1.8°、0.9°、0.72°、0.36°、0.18°、0.09°、0.072°、0.036°,兼容了两相和五相混合式步进电动机的步距角。

交流伺服电动机的控制精度由电动机轴后端的旋转编码器决定。以松下全数字式交流伺服电机为例,对于带标准 2 500 线编码器的电动机而言,由于伺服驱动器内部采用了四倍频技术,其脉冲当量为 360°/10 000 = 0.036°。对于带 17 位编码器的电动机而言,伺服驱动器每接收 2^{17} = 131 072 个脉冲电动机转一圈,即其脉冲当量为 360°/131 072,是步距角为 1.8°的步进电动机的脉冲当量的 1/655。

2. 低频特性不同

步进电动机在低速时易出现低频振动现象。振动频率与负载情况和驱动器性能有关,一般认为振动频率为电动机空载起动频率的一半。这种由步进电动机的工作原理所引起的低频振动现象对于机器的正常运转非常不利。当步进电动机工作在低速时,一般应采用阻尼技术来克服低频振动现象,比如在电动机上加阻尼器,或驱动器上采用细分技术等。

交流伺服电动机运转非常平稳,即使在低速时也不会出现振动现象。交流伺服系统具有共振抑制功能,可涵盖机械的刚性不足,并且系统内部具有频率解析机能(FFT),可检测出机械的共振点,便于系统调整。

3. 矩频特性不同

步进电动机的输出转矩随转速升高而下降,且在较高转速时会急剧下降,所以其最高工作转速一般在 300 ~ 600 r/min。交流伺服电动机为恒转矩输出,即在其额定转速(一般为 2 000 r/min 或 3 000 r/min)以内,都能输出额定转矩,在额定转速以上为恒功率输出。

4. 过载能力不同

步进电动机一般不具有过载能力;交流伺服电动机具有较强的过载能力。以松下交流伺服系统为例,它具有速度过载和转矩过载能力,其最大转矩为额定转矩的三倍,可用于克服惯性负载在起动瞬间的惯性力矩。由于步进电动机没有这种过载能力,因此在选型时为了克服这种惯性力矩,往往需要选取较大转矩的步进电动机,而机器在正常工作期间又不需要那么大的转矩,便会出现转矩浪费的现象。

5. 运行性能不同

步进电动机的控制为开环控制,起动频率过高或负载过大易出现丢步或堵转的现象,停

止时转速过高易出现过冲的现象,所以为保证其控制精度,应处理好升、降速问题。交流伺服驱动系统为闭环控制,伺服驱动器可直接对电动机编码器反馈信号进行采样,内部构成位置环和速度环,一般不会出现步进电动机的丢步或过冲的现象,控制性能更为可靠。

6. 速度响应性能不同

步进电动机从静止加速到工作转速(一般为每分钟几百转)需要 200~400 ms。交流伺服系统的加速性能较好,以松下 MSMA 400 W 交流伺服电动机为例,从静止加速到其额定转速 3 000 r/min 仅需几毫秒,可用于要求快速起停的控制场合。

三、电动机常见故障及处理方法

电动机在实际应用过程中,很多因素都会导致电动机产生故障,如过热、灰尘和污染、潮湿、润滑不当等,其中过热是电动机故障的最大元凶,理论上,每增加 10 ℃热量,绕组绝缘的寿命就会减半,因此确保电动机在合适的温度下运行是延长其寿命的最佳方式。空气中的各类悬浮颗粒会进入电动机内部会产生各种危害,腐蚀性颗粒可能磨损部件,导电颗粒可能干扰部件电流;而颗粒一旦堵塞冷却通道,又会导致电动机加速过热。显然,选择正确的 IP 防护等级在一定程度上可以缓解这些问题。高频开关和脉冲宽度调制引起的谐波电流可能导致电压和电流失真、过载和过热,从而缩短电动机及部件的寿命,增加长期设备成本。另外,电涌本身还会导致电压过高和过低。要解决这个问题,必须持续关注和检查供电状况。

电动机问题都是相互关联的,往往单独处理其中一个很难完全解决。正确使用和维护电动机,环境管理得当,可以预防很多问题。电动机常见故障及处理方法详见表1-6。

表 1-6　电动机常见故障及处理方法

故障现象	故障原因	处理方法
电动机接通电源起动,电动机不转但有嗡嗡声音	① 由于电源的接通问题,造成单相运转; ② 电动机的运载量超载; ③ 被拖动机械卡住; ④ 绕线式电动机转子回路开路成断线; ⑤ 定子内部首端位置接错,或有断线、短路	① 需检查电源线,主要检查电动机的接线与熔断器,是否有线路损坏现象; ② 将电动机卸载后空载或半载起动; ③ 估计是由于被拖动器械的故障,卸载被拖动器械,从被拖动器械上找故障; ④ 检查电刷,滑环和起动电阻各个接触器的接合情况; ⑤ 需重新判定三相的首尾端,并检查三相绕组是否有断线和短路
电动机起动后发热超过温升标准或冒烟	① 电源电压达不到标准,电动机在额定负载下升温过快; ② 电动机运转环境的影响,如湿度高等原因; ③ 电动机过载或单相运行; ④ 电动机起动故障,正反转过多	① 调整电动机电网电压; ② 检查风扇运行情况,加强对环境的检查,保证环境的适宜; ③ 检查电动机起动电流,发现问题及时处理; ④ 减少电动机正反转的次数,及时更换适应正反转条件的电动机

续表

故障现象	故障原因	处理方法
绝缘电阻低	① 电动机内部进水,受潮; ② 绕组上有杂物,粉尘影响; ③ 电动机内部绕组老化	① 电动机内部烘干处理; ② 处理电动机内部杂物; ③ 及时检查绕组老化情况,及时更换绕组
电动机外壳带电	① 电动机引出线的绝缘或接线盒绝缘线板; ② 绕组端盖接触电动机外壳; ③ 电动机接地问题	① 恢复电动机引出线的绝缘或更换接线盒绝缘板; ② 如卸下端盖后接地现象即消失,则可在绕组端部加绝缘后再装端盖; ③ 按规定重新接地
电动机运行时声音不正常	① 电动机内部连接错误,造成接地或短路,电流不稳引起噪声; ② 电动机内部轴承年久失修,或内部有杂物	① 需打开进行全面检查; ② 可以更换轴承或处理轴承内部杂物
电动机振动	① 电动机安装的地面不平; ② 电动机内部转子不稳定; ③ 皮带轮或联轴器不平衡; ④ 内部转头的弯曲; ⑤ 电动机风扇问题	① 给电动机安装平稳底座,保证平衡性; ② 需校对转子平衡; ③ 需进行皮带轮或联轴器校平衡; ④ 需校直转轴,将皮带轮找正后镶套重车; ⑤ 对风扇校正

【知识巩固】

一、填空

1. "自转"现象在自动控制系统中是_____存在的,解决的办法是_____。

2. 通常采用_____、_____和_____三种方法来控制伺服电动机的转速和旋转方向。

3. 伺服驱动器一般通过_____、_____和_____三种控制方式对伺服电机进行控制,实现高精度的传动系统定位。

二、分析

1. 一台电动机安装到设备上后,运行中振动较为严重,分析原因是什么?

2. 什么是交流伺服电动机的自转现象? 怎样克服自转现象?

3. 简述步进电动机和伺服电动机的主要区别。

常用低压电器

学习目标

【知识目标】

1. 掌握常见低压电器元件的分类及作用。

2. 掌握控制按钮、低压断路器、熔断器、热继电器、接触器、行程开关等常用低压电器元件的结构和工作原理。

3. 掌握控制按钮、低压断路器、熔断器、热继电器、接触器、行程开关等常用低压电器的元件参数表示。

【能力目标】

1. 能够掌握控制按钮、低压断路器、熔断器、热继电器、接触器、行程开关等常用低压电器元件的选用方法。

2. 能够掌握低压电器元件的常见故障并进行排除。

3. 能够根据控制要求,合理选用常用的低压电器元件。

【素质目标】

1. 能够遵章守纪,爱护公共财产。

2. 具有环境保护意识。

3. 具有劳模精神、工匠精神和爱国意识。

4. 具有一定的创新能力、敏锐的观察力、准确的判断力和丰富的想象力。

5. 具有积极向上的学习新技术和新工艺的精神。

案例导入

凡是对电能的生产、输送、分配和使用起控制、调节、检测、转换及保护作用的电工器械均可称为电器。用于交流 50 Hz 额定电压 1 200 V 以下、直流额定电压 1 500 V 以下的电路,起通断、保护、控制或调节作用的电器称为低压电器。作为一名电气岗位工作人员,要求能够根据设备控制要求,选择合适的电器元件,进行安装与调试,并对电器元件常见故障进行分析与排除。

任务 1
低压配电电器

【任务描述】

C650 型卧式车床主运动驱动电动机选用功率为 75 kW 的三相异步电动机;液压泵电动机只需拖动液压泵单方向连续运行即可,负载较小,选用功率为 2.2 kW 的三相异步电动机;快速移动电动机只需带动刀架做快速调整,负载小,选择功率为 0.75 kW 的三相异步电动机。那么如何根据电动机选用合理的电器元件呢?

【知识储备】

微课:常用
低压电器基
本知识

一、低压电器的分类和基本结构

1. 低压电器的分类

低压电器的品种规格繁多,构造各异,按其用途和功能可分为低压配电电器、低压主令电器、低压控制电器、低压保护电器和低压执行电器。

① 低压配电电器:用于低压供电、配电系统中进行电能的隔离、输送和分配的电器,如刀开关和低压断路器等。

② 低压主令电器:用于发送控制指令以控制其他自动电器动作的电器,如控制按钮、行程开关和接近开关等。

③ 低压控制电器:对低压电路的运行状态进行控制,如接触器和时间继电器等。

④ 低压保护电器:对电路和用电器进行保护的电器,如熔断器和热继电器等。

⑤ 低压执行电器:用于执行某种动作及传动功能的电器,如电磁铁和电磁离合器等。

2. 低压电器的基本结构

电磁式电器在低压电器中占有十分重要的地位,在电气控制系统中的应用最为普遍。各种类型的电磁式电器主要由电磁机构和执行机构所组成,电磁机构按其电源种类可分为交流和直流两种,执行机构则可分为触点和灭弧装置两部分。

低压电器元件的结构如图 2-1 所示。电磁机构的主要由铁芯、衔铁和吸引线圈(铁芯和吸引线圈构成电磁铁)组成,触点系统由动触点和静触点组成。

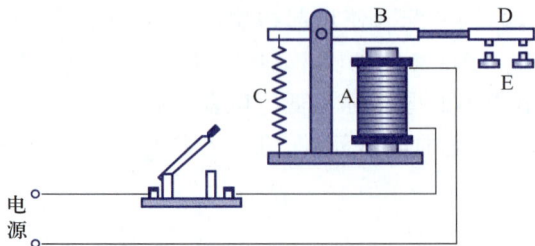

图 2-1　低压电器元件结构
A—电磁铁;B—衔铁;C—弹簧;D—动触点;E—静触点

电磁机构中吸引线圈的电流转换为电磁力,吸引衔铁动作,衔铁带动动触点动作,接通或断开电路,如图 2-2 所示。

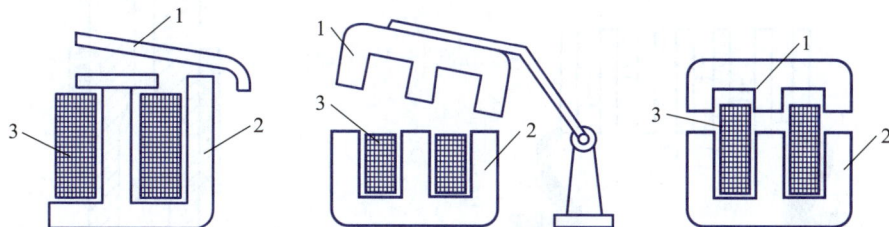

图 2-2　常用的电磁机构结构

1—衔铁;2—铁芯;3—吸引线圈

常用的触点系统结构如图 2-3 所示。触点在分流的瞬间,触点间的气体在强电场作用下就会产生放电现象,是一种带电粒子的急流,称为电弧,电弧的特点是外部有白炽弧光,内部有很高的温度和很大的电流。触点在断开电路时产生的电弧,引起的高温将烧坏触点,强电流会对用电设备及电网造成冲击,为了避免危险产生应采用适当的措施迅速熄灭电弧。灭弧的基本方法如下。

① 拉长电弧,从而降低电场强度。

② 用电磁力使电弧在冷却介质中运动,降低弧柱周围的温度。

③ 将电弧挤入绝缘壁组成的窄缝中以冷却电弧。

④ 将电弧分成许多串联的短弧,增加维持电弧所需要的临界电压降。

常用的灭弧装置有电动力吹弧、磁吹灭弧、栅片灭弧及窄缝灭弧等,如图 2-4 所示。

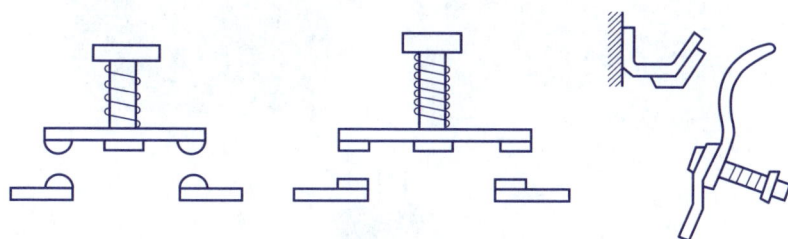

图 2-3　常用的触点系统结构

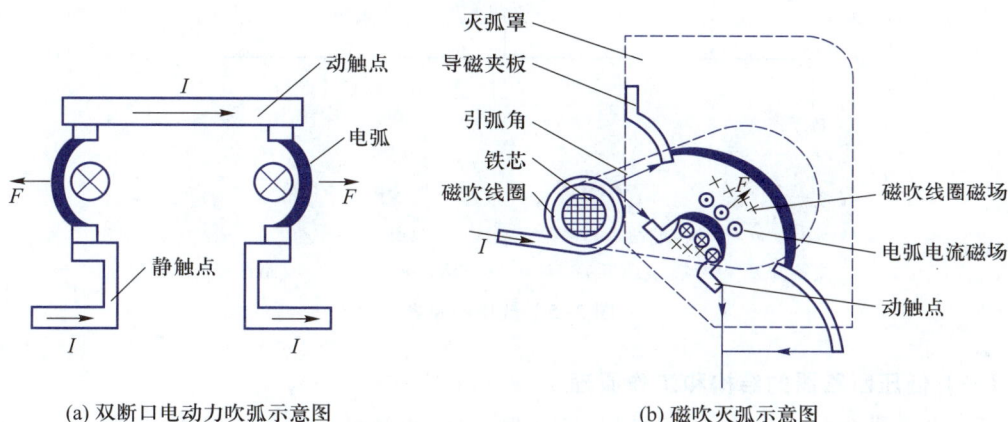

(a) 双断口电动力吹弧示意图

(b) 磁吹灭弧示意图

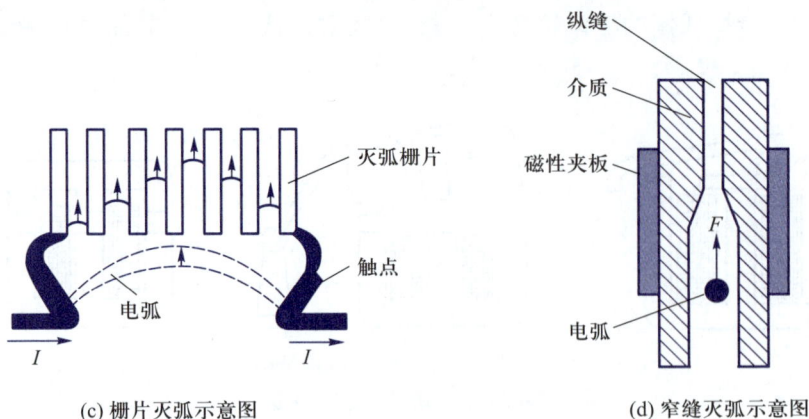

(c) 栅片灭弧示意图　　　　　　　　　　　(d) 窄缝灭弧示意图

图 2-4　各种结构的灭弧装置

二、低压断路器

低压断路器又称空气开关,主要用于不频繁操作的低压配电线路或开关柜中作为电源开关使用,也可以用来控制不频繁起动的电动机。它的功能相当于闸刀开关、过电流继电器、失电压继电器、热继电器及漏电保护器等部分或者全部功能总和,当发生严重过电流、过载、短路、断相、漏电等故障时,它能自动切断线路,起到保护作用,如图 2-5 所示。

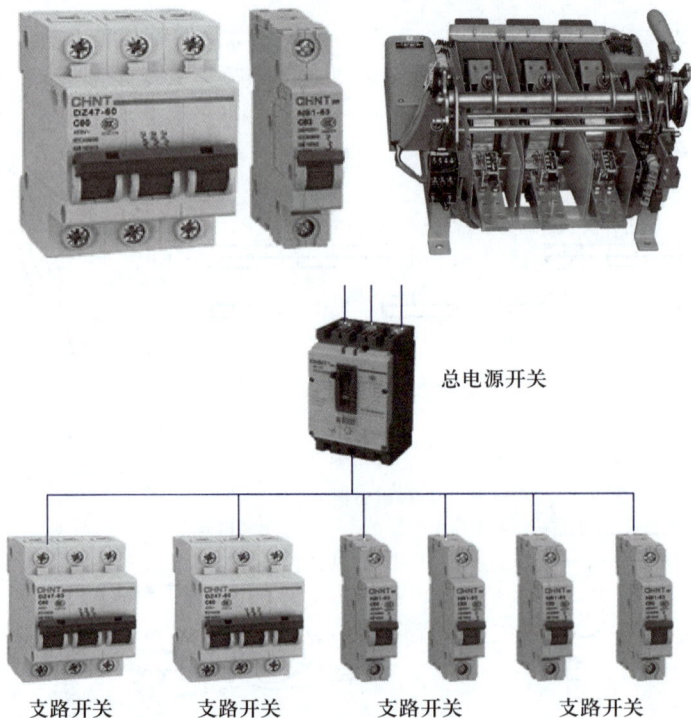

微课:低压断路器

总电源开关

支路开关　　　支路开关　　　支路开关　　　支路开关

图 2-5　低压断路器

（一）低压断路器的结构和工作原理

低压断路器由触点系统、灭弧装置、脱扣器、自由脱扣机构和操作机构等部分组成,如图

2-6 所示。

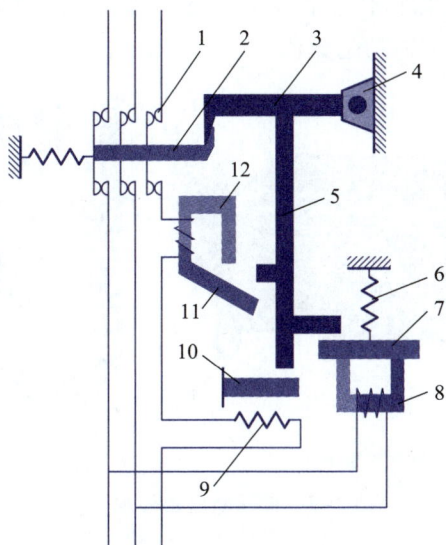

图 2-6   低压断路器结构

1—触头；2—传动杆；3—自由脱扣机构；4—转轴；5—杠杆；6,7,8—失电压、欠电压脱扣器；
9,10—热脱扣器；11,12—过电流脱扣器

① 当电路发生短路或严重过载时，过电流脱扣器的衔铁吸合，使自由脱扣机构动作，主触点断开主电路。

② 当电路过载时，热脱扣器的热元件发热使双金属片上弯曲，推动自由脱扣机构动作，主触点断开主电路。

③ 当电路欠电压时，欠电压脱扣器的衔铁释放，也使自由脱扣机构动作，主触点断开主电路。

（二）低压断路器的符号表示

低压断路器的符号表示如图 2-7 所示。

（三）低压断路器的型号及规格

低压断路器的分类方法有很多。

① 按使用类别分，有选择型（保护装置参数可调）和非选择型（保护装置参数不可调）。

② 按灭弧介质分，利用空气作为灭弧介质的断路器称为空气断路器（又称空气开关），利用惰性气体作为灭弧介质的断路器称为惰性气体断路器（又称惰性气体开关），利用油作为灭弧介质的断路器称为油断路器（又称油开关）。

图 2-7   低压断路器的符号表示

③ 按结构形式分，有框架式断路器（ACB，又称开启式、万能式断路器，如图 2-8（a）所示）、塑壳式断路器（MCCB，又称装置式断路器，如图 2-8（b）所示）、微型断路器（MCB）等。

（四）低压断路器的主要技术参数

1. 低压断路器的主要技术数据

① 额定电压。低压断路器铭牌上的额定电压是指低压断路器主触点的额定电压，是保

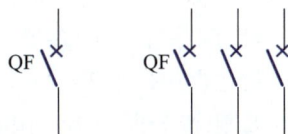

证低压断路器触点长期正常工作的电压值。

② 额定电流。低压断路器铭牌上的额定电流是指低压断路器主触点的额定电流,是保证低压断路器触点长期正常工作的电流值。

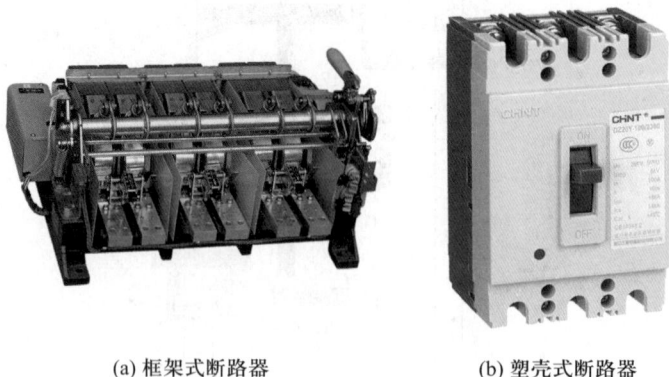

(a) 框架式断路器　　　　　　(b) 塑壳式断路器

图 2-8　低压断路器外观图

③ 脱扣电流。脱扣电流是使过电流脱扣器动作的电流设定值,当电路短路或负载严重超载,负载电流大于脱扣电流时,低压断路器主触点分断。

④ 过载保护电流时间曲线。过载保护电流时间曲线,为反时限特性曲线,过载电流越大,热脱扣器动作的时间就越短。

⑤ 欠电压脱扣器线圈的额定电压。欠电压脱扣器线圈的额定电压一定要等于线路额定电压。

⑥ 分励脱扣器线圈的额定电压。分励脱扣器线圈的额定电压一定要等于控制电源电压。

⑦ 短路分断能力。低压断路器的短路分断能力指标有两种:额定极限短路分断能力 I_{cu} 和额定运行短路分断能力 I_{cs}。额定极限短路分断能力 I_{cu} 是低压断路器分断能力极限参数,分断几次短路故障后,低压断路器分断能力将有所下降;额定运行短路分断能力 I_{cs} 是低压断路器的一种分断指标,即分断几次短路故障后,还能保证其正常工作。

对塑壳式低压断路器而言,I_{cs} 只要大于 $25\% I_{cu}$ 就算合格,目前市场上低压断路器的 I_{cs} 大多数在（$50\% \sim 75\%$）I_{cu}。

⑧ 限流分断能力。限流分断能力是指电路发生短路时,低压断路器跳闸时限制故障电流的能力。电路发生短路时,低压断路器触点快速打开,产生电弧,相当于在线路中串入一个迅速增加的电弧电阻,从而限制了故障电流的增加,降低了短路电流的电磁效应、电动效应和热效应对低压断路器和用电设备的不良影响,延长了低压断路器的使用寿命。低压断路器断开时间越短,限流效果就越好,I_{cs} 就越接近 I_{cu}。

2. 低压断路器的典型产品

塑壳式低压断路器是低压断路器常用类型,根据用途可分为配电用低压断路器、电动机保护用低压断路器和其他负载用低压断路器,用于配电线路、电动机、照明电路和电热器等设备的电源控制开关及保护。国产低压断路器常用的有 DZ15、DZ20 等系列。DZ20 系列塑壳式低压断路器的型号含义如图 2-9 所示。

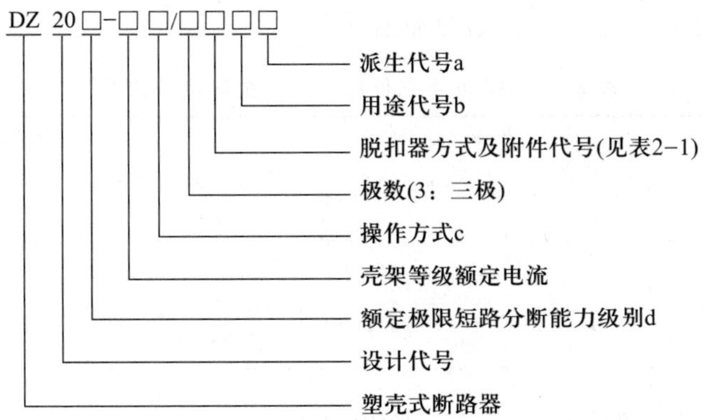

图 2-9 DZ20 系列低压断路器型号含义

型号含义注释如下。主要技术数据详见表 2-2。

a：常用产品无代号；透明盖产品用 T 表示。

b：配电低压断路器无代号；保护电动机用低压断路器用 2 表示。

c：手柄直接操作无代号；电动操作用 P 表示；转动手柄用 Z 表示。

d：按额定极限短路分断能力高低不同表示：C 为经济型；Y 为一般型；J 为较高型。

表 2-1 脱扣器方式及附件代号

脱扣器方式	附件代号	
	电磁脱扣器	热磁脱扣器
不带附件	200	300
报警触点	208	308
分励脱扣器	210	310
二组辅助触点	220	320
欠电压脱扣器	230	330
分励脱扣器　二组辅助触点	240	340
分励脱扣器　欠电压脱扣器	250	350
四组辅助触点	260	360
二组辅助触点　欠电压脱扣器	270	370
分励脱扣器　报警触点	218	318
二组辅助触头　报警触点	228	328
欠电压脱扣器　报警触点	238	338
分励脱扣器　辅助触点　报警触点	248	348
四组辅助触点　报警触点	268	368
欠电压脱扣器　辅助触点　报警触点	278	378

（五）低压断路器的选用及故障排除

1. 低压断路器的选用

（1）低压断路器的额定电压和额定电流

低压断路器的额定电压和额定电流应不小于电路的正常工作电压和工作电流，额定电流通常为电动机额定电流的 1.5 倍,保守估算为 2 倍。

表 2-2　DZ20 系列低压断路器主要技术数据

型号	极数	额定工作电压 U_e/V	额定绝缘电压 U_i/V	短路分断能力(有效值)/kA		断路器额定电流 I_N/A	操作循环次数		操作频次/(次/小时)	飞弧距离/mm
				I_{cu}/cos ϕ	I_{cs}/cos ϕ		有载	无载		
DZ20Y-100	3P	380	660	18/0.30	14/0.30	16,20,32,40,50,63,80,100	1 500	8 500	120	80
DZ20J-100	3P	380	660	35/0.25	18/0.30	32,40,50,63,80,100	1 500	8 500	120	80
DZ20C-160	3P	380	660	12/0.30	8/0.5	100,125,160	1 000	7 000	120	80
DZ20Y-225	3P	380	660	25/0.25	19/0.30	125,160,180,200,225	1 000	7 000	120	80
DZ20J-225	3P	380	660	42/0.25	25/0.25	125,160,200,225	1 000	7 000	120	80
DZ20Y-400	3P	380	660	30/0.25	23/0.25	250,315,350,400	1 000	4 000	60	100
DZ20J-400	3P	380	660	42/0.25	25/0.25	250,315,350,400	1 000	4 000	60	100
DZ20Y-630	3P	380	660	30/0.25	23/0.25	500,630	1 000	4 000	60	100
DZ20J-630	3P	380	660	50/0.25	25/0.25	500,630	1 000	4 000	60	100
DZ20Y-1250	3P	380	660	50/0.25	32.5/0.25	800,1 000,1 250	500	2 500	20	120

（2）热脱扣器的整定电流

热脱扣器的整定电流应与所控制电动机的额定电流或负载额定电流一致。

（3）电磁脱扣器的瞬时脱扣器整定电流

电磁脱扣器的瞬时脱扣器整定电流应大于负载电路正常工作时的尖峰电流。对电动机来说,DZ 型低压断路器电磁脱扣器的瞬时脱扣器整定电流值 I_z 可按下式计算,即

$$I_z \geqslant KI_{st}$$

式中:K 为安全系数,可取 1.7;I_{st} 为电动机的起动电流。

2. 低压断路器的故障及排除

低压断路器常见故障一般有不能合闸、不能分闸、自动跳闸等,表 2-3 综合了常见故障及其排除方法。

表 2-3　低压断路器的常见故障及其排除方法

故障现象	原因	排除办法
手动操作低压断路器不能闭合	① 失电压脱扣器无电压或线圈损坏; ② 储能弹簧变形,导致闭合力减小; ③ 反作用弹簧力过大; ④ 机构不能复位再扣	① 检查线路,施加电压或更换线圈; ② 更换储能弹簧; ③ 重新调整弹簧力; ④ 调整再扣值至规定值

故障现象	原因	排除办法
电动操作低压断路器不能闭合	① 操作电源电压不符； ② 电源容量不够； ③ 电磁拉杆行程不够； ④ 电动机操作定位开关变位； ⑤ 控制器中整流管或电容器损坏	① 调换电源； ② 增大操作电源容量； ③ 重新调整或更换拉杆； ④ 重新调整； ⑤ 更换损坏元件
有一相触点不能闭合	① 一般是低压断路器的一相连杆断裂； ② 限流低压断路器拆开机构可折连杆之间的角度变大	① 更换连杆； ② 调整至原技术条件规定值
分励脱扣器不能使低压断路器分断	① 线圈短路； ② 电源电压太低； ③ 再扣接触面积太大； ④ 螺钉松动	① 更换线圈； ② 调换电源电压； ③ 重新调整； ④ 拧紧螺钉
欠电压脱扣器不能使低压断路器分断	① 反力弹簧变小； ② 如储能释放，则储能弹簧变小或断裂； ③ 机构卡死	① 调整反力弹簧； ② 调整或更换储能弹簧； ③ 消除卡死原因，如生锈
电动机起动时低压断路器立即分断	过电流脱扣器瞬动整定值太小或选用不对	① 调整瞬动整定值； ② 如有空气式脱扣器，则可能是阀门失灵或橡皮膜破裂，应查明后更换
低压断路器闭合后经一定时间自行分断	① 过电流脱扣器长延时整定值不对； ② 热元件或半导体延时电路元件老化	① 重新调整整定值； ② 更换
欠电压脱扣器有噪声	① 反力弹簧太大； ② 铁芯工作面有油污； ③ 短路环断裂	① 重新调整； ② 消除油污； ③ 更换衔铁或铁芯
低压断路器温升过高	① 触点压力过分低； ② 触点表面过分磨损或接触不良； ③ 两个导电零件连接螺钉松动； ④ 触点表面污染	① 调整触点压力或更换弹簧； ② 更换触点或清理接触面，不能更换者，更换整台低压断路器； ③ 拧紧螺钉； ④ 清除油污或氧化层
辅助开关不通	① 辅助开关的动触桥卡死或脱落； ② 辅助开关的传动杆断裂或滚轮脱落； ③ 触点不接触或氧化	① 拨正或重新装好动触桥； ② 更换传动杆或辅助开关； ③ 调整触点，清理氧化膜

续表

故障现象	原因	排除办法
带半导体脱扣器的低压断路器误动作	① 半导体脱扣器元件损坏； ② 外界电磁干扰	① 更换损坏元件； ② 消除外界干扰,如临近的大型磁铁的操作、接触器的分断、电焊等,予以隔离或更换电路
低压断路器经常自行分断	① 漏电动作电流变化； ② 线路有漏电	① 送制造厂重新校验； ② 寻找原因,如系导线绝缘损坏,更换之

三、刀开关

刀开关常用于不频繁地手动接通和分断交流、直流电路或作为隔离开关使用,不得用于直接起动单台电动机,其外形如图 2-10 所示。

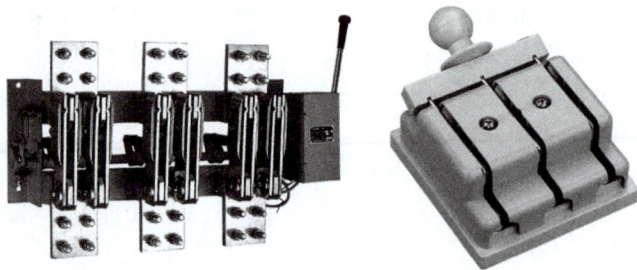

图 2-10 刀开关的外形

（一）刀开关符号表示

刀开关的符号表示如图 2-11 所示。

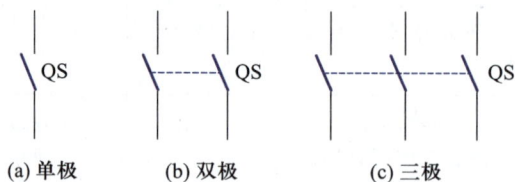

(a) 单极   (b) 双极   (c) 三极

图 2-11 刀开关的符号表示

（二）刀开关的结构及工作原理

刀开关由熔体、触点、触点座、操作手柄、底座及上下胶盖等组成。通过操作手柄操作触点和触点座的分合来通断电路,如图 2-12 所示。

（三）刀开关的型号及规格

常用的刀开关有 HD 型单投刀开关、HS 型双投刀开关(刀形转换开关)、HR 型熔断器式刀开关、HZ 型组合开关、HK 型开启式负荷开关、HY 型倒顺开关和 HH 型封闭式负荷开关等。

① HK 型开启式负荷开关俗称闸刀开关或胶壳刀开关,由于它结构简单、价格便宜、使

动画：刀开关的结构

用维修方便,因此得到广泛应用。该刀开关主要用于电气照明电路和电热电路、小容量电动机电路的不频繁控制,也可以作为分支电路的配电开关。

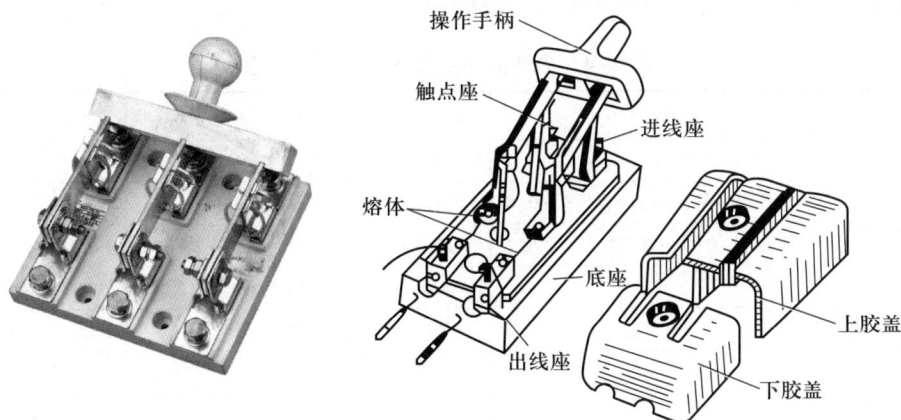

图2-12　刀开关结构图

② HR型熔断器式刀开关也称刀熔开关,它实际上是将刀开关和熔断器组合成一体的电器。刀熔开关操作方便,并简化了供电线路,在供配电线路上应用很广泛。刀熔开关可以切断故障电流,但不能切断正常的工作电流,所以一般应在无正常工作电流的情况下进行操作。

③ HH型封闭式负荷开关俗称铁壳开关,主要由钢板外壳、触刀开关、操作机构和熔断器等组成。触刀开关带有灭弧装置,能够通断负荷电流;熔断器用于切断短路电流。它一般用于小型电力排灌、电热器、电气照明线路的配电设备中,用于不频繁地接通与分断电路,也可以直接用于异步电动机的非频繁全压起动控制。

（四）刀开关的性能参数

1. 刀开关型号的含义

刀开关型号的含义如图2-13所示。

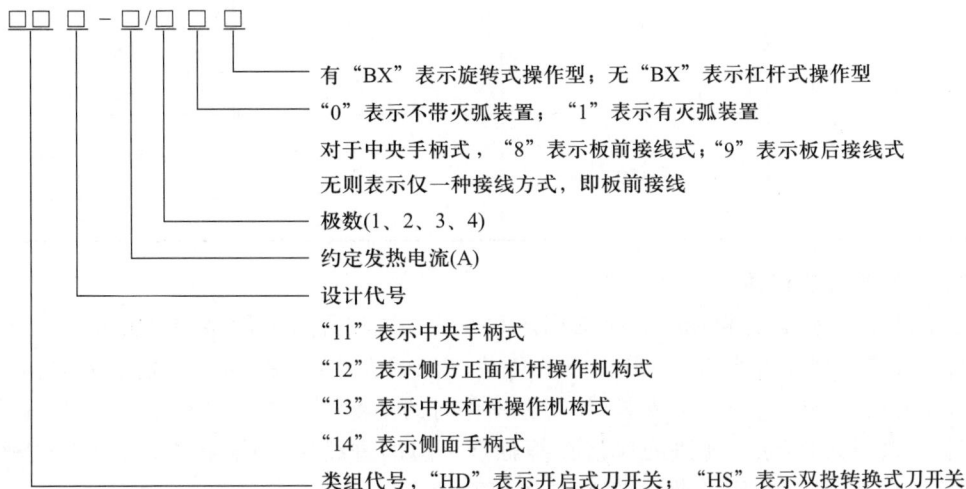

有"BX"表示旋转式操作型;无"BX"表示杠杆式操作型
"0"表示不带灭弧装置;"1"表示有灭弧装置
对于中央手柄式,"8"表示板前接线式;"9"表示板后接线式
无则表示仅一种接线方式,即板前接线
极数(1、2、3、4)
约定发热电流(A)
设计代号
"11"表示中央手柄式
"12"表示侧方正面杠杆操作机构式
"13"表示中央杠杆操作机构式
"14"表示侧面手柄式
类组代号,"HD"表示开启式刀开关;"HS"表示双投转换式刀开关

图2-13　刀开关型号的含义

2. 刀开关的性能参数

刀开关的额定电压为交流(AC)380 V,直流(DC)220 V,其主要技术性能及参数见表2-4。常用的 HK1、HK2 刀开关主要技术数据见表2-5。

表2-4　刀开关的主要技术性能及参数

约定发热电流/A		100	200	400	600	1 000	1 500	2 000	3 000
额定工作电流/A		100	200	400	600	1 000	1 500	2 000	3 000
通断能力/A	AC 380 V、$\cos\phi=0.72\sim0.8$	100	200	400	600	1 000	1 500		
	DC $T=0.01\sim0.011$ s　220 V	100	200	400	600	1 000	1 500		
机械寿命/次		10 000	10 000	10 000	5 000	5 000	5 000	3 000	3 000
电寿命/次		1 000	1 000	1 000	500	500	500	300	300
1 s 短时耐受电流/kA		6	10	20	25	30	40	50	50
动稳定电流峰值/kA	操作机构式	20	30	40	50	60	80	100	100
	手柄式	15	20	30	40	50			
操作力/N		≤300	≤300	≤400	≤400	≤450	≤450	≤450	≤450

表2-5　HK1、HK2 刀开关的主要技术数据

型号	额定电压/V	极数	额定电流/A
HK1	220	二极	15
			30
			60
	380	三极	15
			30
			60
HK2	220	二极	10
			15
			30
			60
	380	三极	15
			30
			60

(五) 刀开关的选用

选用刀开关时,首先根据刀开关的用途和安装位置选择合适的型号和操作方式,然后根据控制对象的类型和大小,计算出相应的负载电流的大小,选择相应级别额定电流的刀开关。刀开关在安装时必须垂直安装,使闭合操作时的手柄操作方向应从下向上合,不允许平装或倒装,以防误合闸;电源进线应接在静触点一边的进线座,负载接在动触点一边的出线座;在分闸和合闸操作时,应动作迅速,使电弧尽快熄灭。

刀开关容量太小,拉闸或合闸时动作太慢,或者会因金属异物落入刀开关内引起相间短

路,均可导致动、静触点烧坏和刀开关短路。此时应更换大容量的刀开关,改善操作方法,清除刀开关内的异物。

【任务实施】

C650 型卧式车床有功率为 75 kW 的主电动机、2.2 kW 的液压泵电动机和 0.75 kW 的快移电动机,都为三相异步电动机,查阅资料,选出合适的低压断路器。

【知识拓展】认识剩余电流断路器

剩余电流断路器如图 2-14 所示,主要适用于交流 50 Hz,额定电压 400 V,额定电流至 800 A 的配电网络中,用于对操作人员提供间接接触保护,也可用来防止因设备绝缘损坏,产生接地故障电流而引起火灾危险。当人身触电或电网泄漏电流超过规定值时,剩余电流断路器能在极短的时间内迅速切断故障电源,保护人身及用电设备的安全。它可用来分配电能和用于线路及电源设备的过载和短路保护,还可以作为线路的不频繁转换和电动机不频繁起动之用。下面我们以正泰 DZ15 系列剩余电流断路器为例,学习断路器相关参数,详见表 2-6 和表 2-7。

图 2-14 剩余电流断路器

表 2-6 剩余电流断路器的基本规格及参数

型号	额定电压 U_e/V	壳架等级额定电流 /A	极数	额定电流 /A	额定极限短路分断能力 I_{cu}/kA	额定剩余动作电流 $I_{\Delta n}$/mA	额定剩余不动作电流 $I_{\Delta no}$/mA	飞弧距离 /mm
DZ15LE-40	$\dfrac{220}{380}$	40	2 3 4	20, 32,40	3	30 50 75 100	15 25 40 50	≤50
DZ15LE-100	$\dfrac{220}{380}$	100	2 3 4	63, 80,100 63, 100	5	30 50 75 100 300	15 25 40 50 150	≤70

表 2-7 剩余电流断路器的剩余电流分断时间表

剩余电流	$I_{\Delta n}$	$2I_{\Delta n}$	$5I_{\Delta n}$[①]	$10I_{\Delta n}$[②]
最大分断时间/s	0.1	0.1	0.04	0.04

注:① 对于 $I_{\Delta n}$≤0.03 的剩余电流断路器,$5I_{\Delta n}$ 可用 0.25 A 取代。
　　② $5I_{\Delta n}$ 采用 0.25 A 时,则 $10I_{\Delta n}$ 为 0.5 A。

【知识巩固】

一、选择

1. 敞开装设在金属框架上,保护和操作方案较多、装设地点灵活的低压断路器为(　　)。

　　A. SF6 低压断路器　　B. 万能式低压断路器　　C. 塑壳式低压断路器　　D. 固定式低压断路器

2. 低压断路器的保护功能有(　　)。

　　A. 短路保护　　　　　　B. 过载保护　　　　　　C. 失电压或欠电压保护　　D. 音频保护

3. 低压断路器的主要特性及技术参数有(　　)等。

　　A. 额定电压、额定电流、额定频率、极数、壳架等级

　　B. 额定运行分断能力、极限分断能力

　　C. 额定短时耐受电流、过电流保护脱扣电流时间曲线

　　D. 安装方式、机械及电寿命

4. 下列关于低压断路器的叙述正确的是(　　)。

　　A. 能带负荷通断电路　　　　　　　　　B. 能在短路、过负荷的情况下自动跳闸

　　C. 能在欠电压或失电压的情况下自动跳闸　　D. 没有灭弧装置

5. 刀开关是低压配电装置中最简单和应用最广泛的电器,主要用于(　　)。

　　A. 通断额定电压　　　B. 隔离电源　　　　　C. 切断短路电源

6. 在电器元件的文字符号中,QS 可代表(　　)。

　　A. 控制按钮　　　　　B. 继电器　　　　　　C. 刀开关　　　　　　　D. 接触器

7. 刀开关用于电动机直接起动场合时,刀开关的额定电流至少为电动机额定电流的(　　)倍。

　　A. 4　　　　　　　　B. 5　　　　　　　　C. 3　　　　　　　　　D. 7

二、判断

1. 低压断路器具有失电压保护的功能。(　　)

2. 开启式负荷开关又称铁壳开关。(　　)

3. 对于普通负载,闸刀开关的额定电流可根据负载额定电流的 3 倍来选择。(　　)

4. 铁壳开关的外壳可以不接地。(　　)

5. 开启式负荷开关控制电动机的功率应不小于 5.5 kW。(　　)

6. 具有隔离作用的刀开关的文字符号是 QS。(　　)

7. 对于照明电路,刀开关额定电流等于或大于电路中的最大工作电流。(　　)

8. 开启式负荷开关易被电弧烧坏,适用于接通或断开有电压而无负载电流的电路,在一般照明电路和功率小于 5.5 kW 电动机的控制电路中仍可采用。(　　)

任务 2

低压保护电器

【知识储备】

　　低压保护电器是对电路和用电电器进行保护的电器。常用的低压保护电器有熔断器和热继电器等。

一、熔断器

熔断器的原理是电路中电流超过规定值一段时间后,以其自身产生的热量使熔体熔化,从而使电路断开,对电路进行保护。熔断器广泛应用于高低压配电系统和控制系统以及用电设备中,作为短路和过电流的保护器,是应用最普遍的保护器件之一。

(一)熔断器的结构及工作原理

熔断器是一种过电流保护器,主要由熔体和熔管以及外加填料等部分组成。熔体是熔断器的主要组成部分,常做成丝状、片状、带状或笼状,材料为熔点较低的金属,如铅-锡合金、锌、银等,使用时,将熔断器串联于被保护电路中,当电路中电流增大至熔断器规定值时,增大电流使熔体发热,发热至其熔点时熔体熔断,切断电路;当电路正常工作时,熔体在电路额定电流下不能熔断。外加填料广泛使用石英砂,既能起到灭弧作用又能起到帮助熔体散热的作用。各种熔断器的外形如图 2-15 所示。

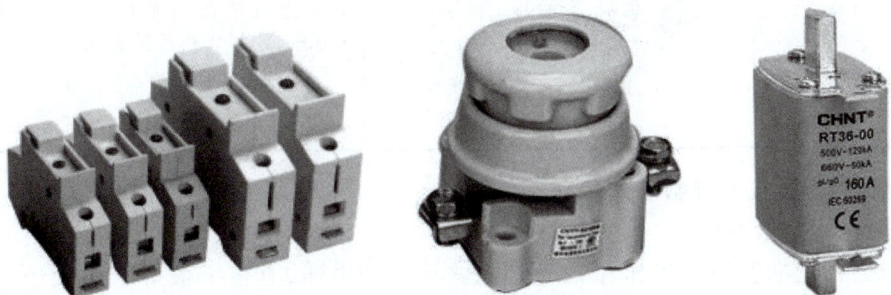

微课:熔断器

动画:熔断器的结构

图 2-15　各种熔断器的外形

(二)熔断器的符号表示

熔断器的符号表示如图 2-16 所示。

FU

(三)熔断器的型号及规格

熔断器类型众多,有 RC、RL、RT、RW 等系列,表 2-8 列举了部分型号熔断器的适用范围。

图 2-16　熔断器的符号表示

表 2-8　部分型号熔断器的适用范围

名称	实物图	用途
RC 系列瓷插式熔断器		该系列熔断器结构简单,价格便宜,更换熔体方便,因此广泛应用于 380 V 及以下的配电线路末端,用于电力、照明负荷的短路保护

续表

名称	实物图	用途
RL1 系列螺旋式熔断器		该系列熔断器具有分断能力较强,结构紧凑,体积小,安装面积小,更换熔体方便,熔体熔断有明显指示,因此广泛应用于机床控制线路、配电屏及振动较大的场所,作为短路保护器件
RT14 系列有填料封闭管式圆筒帽形熔断器		适用于交流 50 Hz、额定电压为 550 V、额定电流为 100 A 及以下的工业电气装置的配电设备中,作为线路过载和短路保护之用

（四）熔断器的主要技术参数及选用原则

1. 熔断器的主要技术参数

① 额定电压:指熔断器长期工作和分断后能够承受的电压,其值一般等于或大于电气设备的电压。熔断器的额定电压等级有交流 220 V、380 V、600 V、1 140 V 等和直流 110 V、220 V、440 V、800 V、1 000 V、1 500 V 等。

② 额定电流:熔断器长期工作时,各部件温升不超过规定值时所能承受的电流。熔断器额定电流有两种:一种是熔断器额定电流,一种是熔体额定电流。一般生产厂家为减少熔管额定电流的规格,熔断器熔管额定电流等级较少,而熔体额定电流等级较多,在一种电流规格的熔管内,可安装几种电流规格的熔体,但熔体的额定电流最大不能超过熔断器的额定电流。

③ 极限分断能力:指熔断器在规定的额定电压和功率因数(或时间常数)的条件下,能分断的最大电流值。在电路中能出现的最大电流值一般是指短路电流值,熔断器在分开短路电流的同时,不会产生燃弧、燃烧、爆炸等危险现象,极限分断能力一般取决于熔断器的灭弧能力,是熔断器的一个安全参数。

④ 时间–电流特性:在规定的条件下,表征流过熔体的电流与熔体熔断时间的关系曲线。其特征是反时限的,即电流越大,熔断时间越短,如图 2–17 所示。

2. 熔断器的型号含义及技术数据

（1）熔断器型号的含义

熔断器型号的含义如图 2–18 所示。

（2）熔断器的技术数据

熔断器的技术数据见表 2–9。

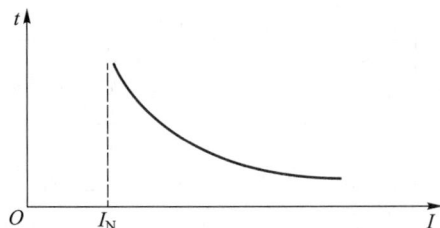

熔断电流I_S/A	1.25I_N	1.6I_N	2.0I_N	2.5I_N	3.0I_N	4.0I_N	8.0I_N	10.0I_N
熔断时间t/s	∞	3 600	40	8	4.5	2.5	1	0.4

图 2-17 熔断器的熔断电流与熔断时间的关系

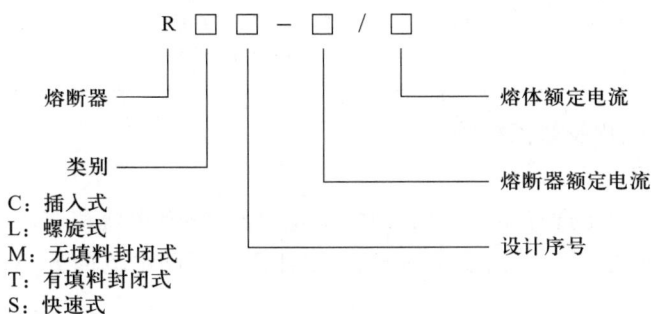

图 2-18 熔断器型号的含义

表 2-9 常见熔断器的技术数据

类别	型号	额定电压/V	额定电流/A	熔体额定电流等级/A	极限分断能力/kA	功率因数
瓷插式熔断器	RC1A	380	5	2、5	0.25	0.8
			10 15	2、4、6、10、 6、10、15	0.5	
			30	20、25、30	1.5	0.7
			60 100 200	40、50、30 80、100 120、150、200	3	0.6
螺旋式熔断器	RL1	500	15 60	2、4、6、10、15 20、25、30、35、40、50、60	2 3.5	≥0.3
			10 200	60、80、100 100、125、150、200	20 50	
	RL2	500	25 60 100	2、4、6、10、15、20、25 25、35、50、60 80、100	1 2 3.5	

续表

类别	型号	额定电压/V	额定电流/A	熔体额定电流等级/A	极限分断能力/kA	功率因数
无填料封闭管式熔断器	RM10	380	15	6、10、15	1.2	0.8
			60	15、20、25、35、45、60	3.5	0.7
			100 200 350	60、80、100 100、125、160、200 200、225、260、300、350	10	0.35
			600	350、430、500、600	12	0.35
有填料封闭管式熔断器	RT0	交流 380 直流 440	100 200 400 600	30、40、50、60、100 120、150、200、250 300、350、400、450 500、550、600	交流 50 直流 25	>0.3

（五）熔断器的选用及故障排除

1. 熔断器的选用

熔断器的选用主要是选择熔断器的类型、额定电压、额定电流和熔体的额定电流。

① 熔断器类型的选用。根据使用环境、负载性质和短路电流的大小选用适当类型的熔断器。

② 熔断器额定电压的选择。熔断器的额定电压必须等于或大于线路的额定电压。

③ 熔体、熔断器的额定电流的选择。熔断器的额定电流必须等于或大于所装熔体的额定电流。熔体额定电流的大小与负载大小和负载性质有关。对照明和电热设备的短路保护，熔体的额定电流应等于或稍大于负载的额定电流；对于有冲击电流的电动机负载，既要起到短路保护作用，又要保证电动机正常起动，对于三相异步电动机，其熔体额定电流选择原则如下。

a. 对一台不经常起动且起动时间不长的电动机的短路保护，熔体额定电流 I_{RN} 应大于或等于 $1.5 \sim 2.5$ 倍电动机额定电流，即 $I_{RN} \geqslant (1.5 \sim 2.5)I_N$。

b. 对于频繁起动或起动时间较长的电动机，系数应增加到 $3 \sim 3.5$ 倍。

c. 对于多台电动机的保护，熔体的额定电流应大于或等于其中最大容量电动机额定电流的 $1.5 \sim 2.5$ 倍与其余电动机额定电流的总和，即 $I_{RN} \geqslant (1.5 \sim 2.5)I_{Nmax} + \sum I_N$。

当熔体额定电流确定后，根据熔体额定电流确定熔断器的额定电流，熔断器额定电流应大于或等于熔体额定电流。

2. 熔断器的故障及其排除

熔断器的常见故障是在电动机起动瞬间熔体便熔断，其原因是熔体额定电流选择太小及电动机侧有短路或接地。此时可观察熔体信号指示，及时更换熔体。

二、热继电器

电动机在实际运行中，如果在拖动生产机械进行工作时，机械出现不正常的情况或电路异常使电动机过载，则电动机转速下降、绕组中电流将增大，使得电动机的绕组温度升高。

若过载电流不大且过载的时间较短,电动机绕组不超过允许温升,这种过载是允许的。但若过载时间长,过载电流大,电动机绕组的温升就会超过允许值,使电动机绕组老化,缩短电动机的使用寿命,严重时甚至会使电动机绕组烧毁。

热继电器是一种电动机的长期过载保护电器,当电动机有过载现象时,线路中电流增大,产热功率也增大,当长期过载时,热继电器会切断电路,对电动机进行保护,其外形如图 2-19 所示。

微课:热继电器

图 2-19 热继电器的外形

(一)热继电器的结构及工作原理

在电力拖动控制系统中,应用最广的是双金属片式热继电器。双金属片热继电器由热元件、双金属片、触点系统、传动和调整机构、复位按钮等部分组成。热继电器的结构原理图如图 2-20 所示。

热元件是一段阻值不大的电阻丝,串接在被保护电动机的主电路中。双金属片由两种不同热膨胀系数的金属片碾压而成。

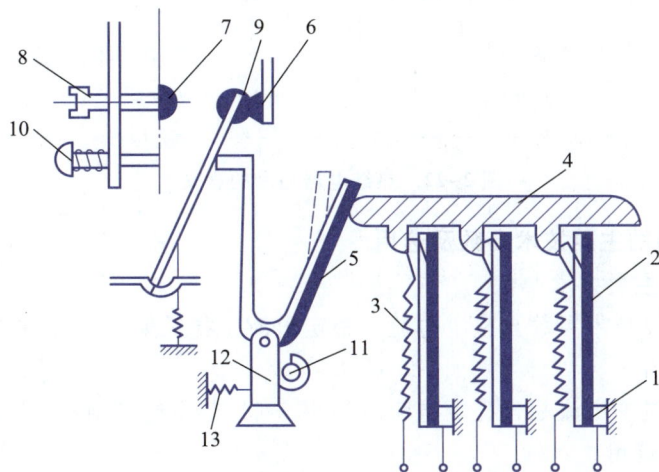

图 2-20 热继电器的结构原理图

1—推杆;2—主双金属片;3—热元件;4—导板;5—补偿双金属片;6—动断静触点;
7—动合静触点;8—复位螺钉;9—动触点;10—复位按钮;11—调节旋钮;12—支撑件;13—压簧

使用热继电器对电动机进行过载保护时,将热元件与电动机的定子绕组串联,将热继电器的动断触点串联在交流接触器的电磁线圈的控制电路中,并调节整定电流调节旋钮,使导板与推杆相距一适当距离。当电动机正常工作时,通过热元件的电流即为电动机的额定电流,热元件发热,双金属片受热后弯曲,使推杆刚好与导板接触,而又不能推动导板。动断触点处于闭合状态,交流接触器保持吸合,电动机正常运行。若电动机出现过载情况,绕组中电流增大,通过热元件中的电流增大使双金属片温度升得更高,弯曲程度加大,推动导板,导板推动动断触点,使触点断开而断开交流接触器线圈电路,使接触器释放,切断电动机的电源,电动机停车得到保护。

调节旋钮 11 为偏心轮,转动偏心轮,可以改变补偿双金属片 5 与导板 4 的接触距离,从而调节热继电器动作电流的整定值。调节复位螺钉 8 可以改变动合静触点 7 的位置,使热继电器工作在手动复位或自动复位两种工作状态。热继电器动作后,应在 5 min 内自动复位,或在 2 min 内,可靠地手动复位。若调成手动复位,在故障排除后要按下复位按钮 10 恢复动断触点闭合的状态。补偿双金属片的作用是用来补偿环境温度对热继电器的影响。

由于热元件具有热惯性,故热继电器在电路中不能用于瞬时过载保护,更不能用于短路保护,所以在电动机拖动系统中,应用熔断器作为电路的短路保护,应用热继电器作为电动机的过载保护。

(二) 热继电器的符号表示

热继电器的符号表示如图 2-21 所示。

(三) 热继电器的型号及规格

常用的热继电器有 JR20、JRS1、JR36、JR21、3UA5、3UA6、LR1-D 和 T 系列。JR20 系列具有断相保护、温度补偿、整定电流值可调、手动脱扣、自动复位以及动作后的信号指示等特性。热继电器型号的含义如图 2-22 所示。

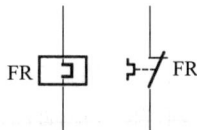

图 2-21　热继电器的符号表示

图 2-22　热继电器型号的含义

(四) 热继电器的主要技术参数及选用

1. 热继电器的主要技术参数

热继电器的主要技术参数是整定电流。整定电流是指长期通过热继电器热元件而不致使其动作的最大电流。

当热元件中通过的电流超过整定电流值的 20% 时,热继电器应在 20 min 内动作。

2. 热继电器的选用

① 一般情况下可以选用两相结构的热继电器。对于电网均衡性差的电动机,宜选用三相结构的热继电器。定子绕组做三角形联结,应采用有断相保护的三相结构的热继电器作过载和断相保护。

② 热元件的额定电流等级一般应等于(0.95~1.05)倍电动机的额定电流,热元件选定后,再根据电动机的额定电流调整热继电器的整定电流,使整定电流与电动机的额定电流相等。

③ 对于工作时间短、间歇时间长的电动机,以及虽长期工作,但过载可能性小的电动机(如风机电动机),可不装设过载保护。

3. 整定电流的调整

热继电器投入使用前必须对它热元件的整定电流进行调整(调整后的值小于或等于热元件的额定电流),以保证电动机能得到有效的保护。

① 一般情况下,电动机的起动电流为额定电流的 6 倍左右,且起动时间不超过 6 s 时,整定电流可调整为电动机的额定电流。

② 当电动机起动时间较长,所带负载具有冲击性且不允许停机时,整定电流调整为电动机额定电流的 1.1 ~ 1.15 倍。

③ 当电动机的过载能力较弱时(电动机一般低于额定负载运行),整定电流调整为电动机额定电流的 60% ~ 80%。

④ 对于反复短时工作的电动机,整定电流的调整必须通过现场试验。方法是:先把其整定电流调整到比电动机的额定电流略小,电动机运行时如果发现热继电器经常动作,就逐渐调大其整定值,直到满足运行要求为止。

4. 热继电器的安装

① 热继电器的安装位置不能有强烈的冲击与振动,如果使用环境避免不了,则应使用带防冲击装置的热继电器,否则就会影响其触点的动作。

② 热继电器要安装在垂直平面上,其倾斜度与垂直平面最大不超过 5°,且盖板向上,以保证其可靠动作。

③ 热继电器要安装在其他电器的下方,并与相邻电器元件之间保持不小于 5 mm 的间隙,避免其他电器发热自下而上对流时影响热继电器的动作特性。

(五) 热继电器的常见故障及其处理方法

热继电器的常见故障及其处理方法见表 2-10。

表 2-10　热继电器的常见故障及其处理方法

序号	故障现象	产生原因	处理方法
1	热继电器接入后电路不通	① 热元件烧断; ② 进出线脱焊; ③ 接线螺钉未拧紧	① 更换热元件; ② 重新焊好; ③ 检查、拧紧螺钉
2	热继电器控制电路不通	① 调整旋钮位置不合适; ② 触点烧坏或动触点弹性消失,触点接触不上	① 重新调整; ② 修理触点或动触点,必要时更换
3	热继电器拒绝动作	① 热继电器选配不当或者整定值偏大; ② 热元件烧断或脱焊; ③ 动作机构卡住; ④ 导板脱出; ⑤ 触点接触不良	① 重新选择; ② 更换热元件; ③ 修理调整,但应防止动作特性变化; ④ 重新放入导板并校验; ⑤ 清除表面尘垢或氧化物

续表

序号	故障现象	产生原因	处理方法
4	热继电器误动作	① 整定值偏小； ② 电动机拖动时间过长或者操作频率过高； ③ 有强烈的冲击振动； ④ 连接导线太细； ⑤ 可逆运转，反接制动或频繁通断； ⑥ 热继电器与电动机安装处温差太大	① 合理调整或更换规格； ② 按电动机起动时间要求选择具有适合可返回时间的热继电器，或起动时将热继电器短接； ③ 采用防振或防冲击型热继电器； ④ 按说明书要求选用连接导线； ⑤ 改用半导体热继电器保护； ⑥ 按温差配置适当的热继电器

【任务实施】

1. C650 型卧式车床有功率为 7.5 kW 的主电动机、2.2 kW 的液压泵电动机和 0.75 kW 的快移电动机，都为三相异步电动机，查阅资料，每个电动机需要选择什么型号的热继电器，电路中应选择哪种熔断器？

2. 在电动机控制线路中，如果电路接通的瞬间，熔体熔断了，故障原因会有哪些？应该如何处理？

3. C650 型卧式车床中功率为 7.5 kW 主电动机装有保护热继电器，在电动机正常工作时，该热继电器常常断开电路，分析原因会有哪些？应该如何处理？

【知识拓展】

在低压配电系统中，低压配电电器具有隔离和开关两个功能。由于在电路中经常会发生电流短路或过载的情况，为了保障电路的安全使用，加上熔断器是很用必要。这里再介绍一种具有此功能的元件，即隔离开关熔断器组。

隔离开关熔断器组主要使用于有高短路电流的配电电路和电动机电路中，作为手动不频繁操作的电源开关、隔离开关和应急开关，并作电路短路保护使用。其外形如图 2-23 所示。

前面介绍过的熔断器式刀开关是隔离开关都可动，相当于动触点，其符号表示如图 2-24 所示；隔离开关熔断器组是隔离开关动，熔断器组固定不动。

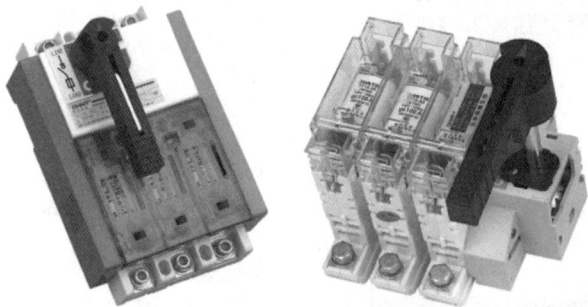

图 2-23　隔离开关熔断器组

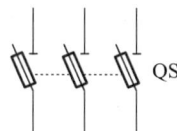

图 2-24　熔断器式刀开关的表示符号

【知识巩固】

一、填空

1. 熔断器应_____接于被保护的电路中,当电流发生_____或_____故障时,由于_____过大,熔体_____而自动熔断,从而将故障电路切断,起到_____保护作用。

2. 热继电器是利用电流的_____效应而动作的,它的热元件应_____接于电动机的电源回路中。

3. 热继电器的整定电流值是指热继电器_____而不动作的_____电流值。

4. 热继电器双金属片弯曲是由于_____造成的。

二、选择

1. 热继电器的动作时间随着电流的增大而( )。
   A. 急剧延长　　　　B. 缓慢延长　　　　C. 缩短　　　　D. 保持不变

2. 热继电器的感应元件是( )。
   A. 电磁机构　　　　B. 易熔元件　　　　C. 双金属片　　　　D. 控制触点

3. 低压熔断器主要用于( )保护。
   A. 防雷　　　　B. 过电压　　　　C. 欠电压　　　　D. 短路

4. 热继电器用于电动机的过载保护,适用于( )。
   A. 重载间断工作的电动机　　　　　　B. 频繁起动和停止的电动机
   C. 连续工作的电动机　　　　　　　　D. 任何工作制的电动机

5. 熔断器熔体的熔断时间与( )。
   A. 电流成正比　　B. 电流成反比　　C. 电流的平方成正比　　D. 电流的平方成反比

6. 与热继电器相比,熔断器的动作延时( )。
   A. 短得多　　　　B. 差不多　　　　C. 长一些　　　　D. 长得多

7. 三相笼型异步电动机采用热继电器作为过载保护时,热元件的整定电流为电动机额定电流的( )。
   A. 1 倍　　B. 1.5 ~ 2.5 倍　　C. 1 ~ 1.5 倍　　D. 1.3 ~ 1.8 倍

三、判断

1. 熔断器的熔断电流即其额定电流。( )

2. 当负载电流达到熔断器熔体的额定电流时,熔体将立即熔断,从而起到过载保护的作用。( )

3. 热继电器的额定电流与热元件的额定电流必定是相同的。( )

4. 热元件的额定电流通常可按负荷电流的1.1 ~ 1.5倍选择,并据此确定热继电器的标称规格。( )

5. 熔断器具有良好的过载保护特性。( )

6. 热继电器动作后,一般在5 min内实现自动复位。如手动复位,可在2 min后按复位按钮完成。( )

7. 热继电器和热脱扣器的热容量较大,动作不快,不宜用于短路保护。( )

任务 3

低压主令电器

【知识储备】

　　低压主令电器是用来发布命令、改变控制系统工作状态的电器,它可以直接作用于控制电路,也可以通过电磁式电器的转换对电路实现控制,主要有控制按钮、行程开关和万能转换开关等。

一、控制按钮

控制按钮（简称按钮）是一种人工控制的主令电器，主要用来发布操作命令，接通或断开控制电路，控制机械与电气设备的运行。

（一）控制按钮的结构与工作原理

控制按钮由按钮帽、触点和复位弹簧等组成，其结构如图 2-25 所示。当按下按钮时，动触点动作，动断触点先断开，动合触点闭合；当按钮释放时，在复位弹簧作用下，触点复原。通常，有触点电器的触点动作顺序都是"先断后合"。每个按钮中的触点形式和数量可根据需要装配成一对动合触点和一对动断触点到六对动合触点和六对动断触点等形式，如图2-26 所示。

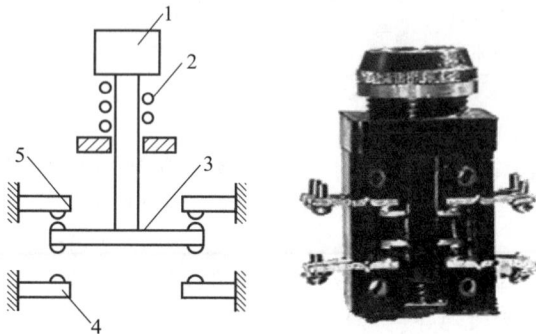

图 2-25 控制按钮的结构

1—按钮帽；2—复位弹簧；3—动触点；4—动合触点的静触点；5—动断触点的静触点

（二）控制按钮的符号表示

控制按钮的符号表示如图 2-26 所示。

（三）控制按钮的型号及规格

控制按钮按保护形式分为开启式、保护式、防水式和防腐式等。按结构形式可分为嵌压式、紧急式、钥匙式、带信号灯式、带灯旋钮式以及带灯紧急式等。按钮颜色有红、黑、绿、黄、白、蓝色等。一般以红色表示停止按钮，绿色表示起动按钮。常见的控制按钮外形如图 2-27所示。常用的控制按钮有 LA18、LA19、LA20 及 LA25 等系列。控制按钮的型号表示如图 2-28 所示。

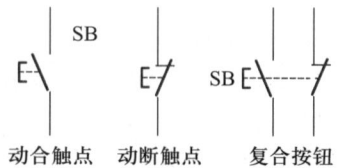

动合触点 动断触点 复合按钮

图 2-26 控制按钮的符号表示

图 2-27 常见的控制按钮外形

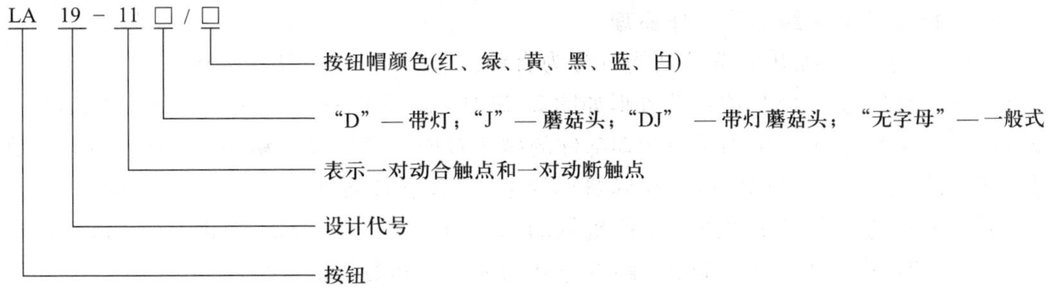

```
LA  19 - 11 □ / □
```

图 2-28 控制按钮的型号表示

- 按钮帽颜色(红、绿、黄、黑、蓝、白)
- "D"—带灯;"J"—蘑菇头;"DJ"—带灯蘑菇头;"无字母"—一般式
- 表示一对动合触点和一对动断触点
- 设计代号
- 按钮

（四）控制按钮的技术参数及选用

控制按钮的主要技术参数有额定电压、额定电流、结构形式、触点数量及按钮颜色等。常用的控制按钮的额定电压为交流 380 V,额定工作电流为 5 A。以正泰 LA19 系列控制按钮为例,表 2-11 为其主要技术参数。

表 2-11 正泰 LA19 系列控制按钮的主要技术参数

额定绝缘电压 U_i		380 V		
约定自由空气发热电流 I_{th}		5 A		
额定工作电压 U_e/V		380 V	220 V	110 V
额定工作电流 I_e/A	AC-15	2.5	4.5	—
	DC-13	—	0.3	0.6

在选用控制按钮时,一般注意以下事项。

① 根据使用场合,选择控制按钮的种类,如开启式、防水式及防腐式等。

② 根据用途,选择控制按钮的结构形式,如钥匙式、紧急式及带灯式等。

③ 根据控制回路的需求,确定按钮数量,如单钮、双钮、三钮及多钮等。

④ 根据工作状态指示和工作情况的要求,选择按钮及指示灯的颜色。

二、行程开关

行程开关又称限位开关,是一种常用的小电流主令电器,利用生产机械运动部件的碰撞使其触点动作来实现接通或分断控制电路,达到一定的控制目的。通常这类开关被用来限制机械运动的位置或行程,使运动机械按一定位置或行程进行自动停止、反向运动、变速运动或自动往返运动等。

在实际生产中,将行程开关安装在预先设计的位置,当装于生产机械运动部件上的模块撞击行程开关时,行程开关的触点动作,实现电路的切换。因此,行程开关是一种根据运动部件的行程位置而切换电路的电器,它的作用原理与控制按钮类似。行程开关广泛应用于各类机床和起重机械,用于控制其行程及进行终端限位保护。在电梯的控制电路中,还利用行程开关来控制开关轿门的速度、自动开关门的限位、轿厢的上、下限位保护等。

行程开关按接触方式可分为机械结构的接触式有触点行程开关和电气结构的非接触式接近开关。机械结构的接触式有触点行程开关是依靠移动机械上的撞块碰撞其可动部件使动合触点闭合、动断触点断开来实现对电路的控制。当工作机械上的撞块离开可动部件时,行程开关复位,触点恢复其原始状态。

（一）行程开关的结构及工作原理

接触式有触点行程开关按其结构可分为直动式、滚轮式和微动式三种。

直动式行程开关的结构原理及外形如图 2-29 所示。它的动作原理与控制按钮相同，所不同的是：一个是手动，另一个则是由运动部件的撞块碰撞。当外界运动部件上的撞块碰压按钮使其触点动作，当运动部件离开后，在弹簧作用下，其触点自动复位。其动作原理与按钮开关相同，但其触点的分合速度取决于生产机械的运行速度，不宜用于速度低于 0.4 m/min 的场所。当运行速度低于 0.4 m/min 时，触点分断的速度将很慢，触点易受电弧烧灼。

动画：行程开关的结构

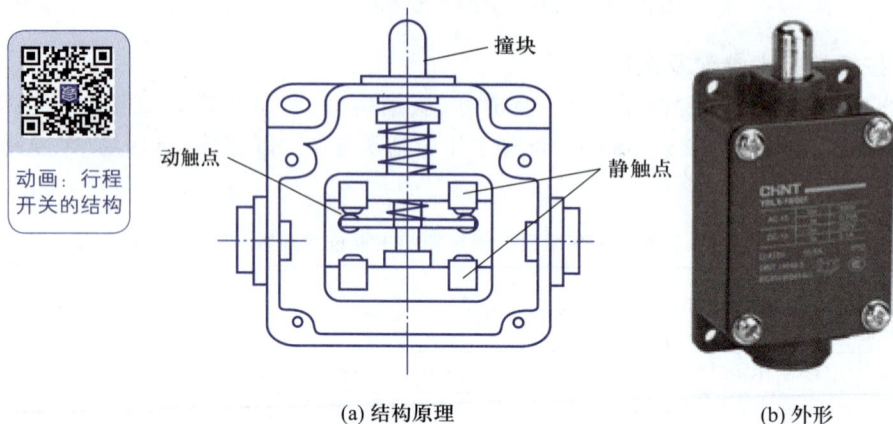

(a) 结构原理　　　　　　　　　　(b) 外形

图 2-29　直动式行程开关的结构原理及外形

滚轮式行程开关的结构原理及外形如图 2-30 所示。当滚轮受到向左的外力作用时，上转臂向左下方转动，推杆向右转动，并压缩右边弹簧，同时下面的小滚轮也很快沿着擒纵件向右滚动，小滚轮滚动又压缩内部弹簧，当小滚轮滚过擒纵件的中点时，盘形弹簧和内部弹簧都使擒纵件迅速转动，从而使动触点迅速地与右边的静触点分开，并与左边静触点闭合，减少了电弧对触点的烧蚀。滚轮式行程开关适用于低速运行的机械。

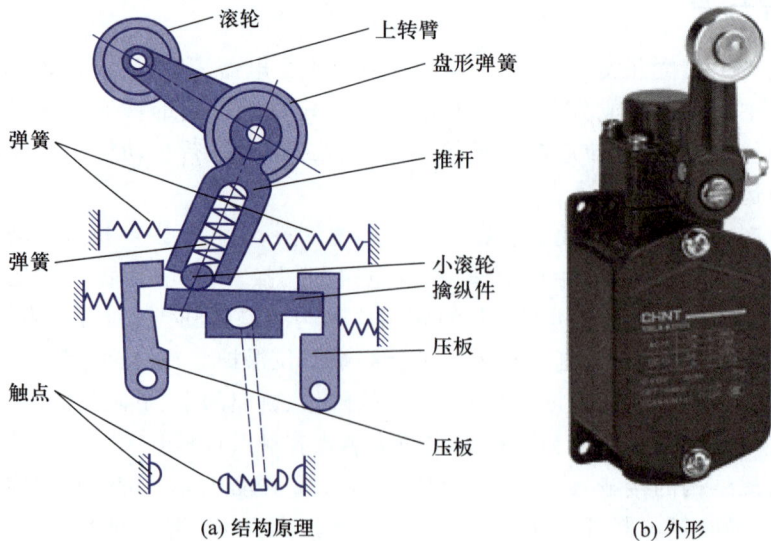

(a) 结构原理　　　　　　　　　　(b) 外形

图 2-30　滚轮式行程开关的结构原理及外形

  微动式行程开关是具有瞬时动作和微小行程的灵敏开关。图2-31为微动式行程开关的结构示意图。当开关推杆在机械作用压下时,弓簧片产生变形,储存能量并产生位移,当达到临界点时,弓簧片连同动触点瞬时动作。当外力失去后,推杆在弓簧片作用下迅速复位,动触点恢复至原来的状态。由于采用瞬动结构,因此动触点换接速度不受推杆压下速度的影响。

(a) 结构示意图   (b) 外形

图2-31 微动式行程开关的结构示意图和外形

（二）行程开关的符号表示

  行程开关的符号表示如图2-32所示。

（三）行程开关的型号、规格及选用

  常用的行程开关有 JLXK1、X2、LX3、LX5、LX12、LX19A、LX21、LX22、LX29 及 LX32 系列,微动式行程开关有 LX31 系列和 JW 型。以正泰 LX19 系列行程开关为例,行程开关型号的含义如图2-33所示。行程开关主要技术数据详见表2-12。

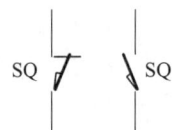

图2-32 行程开关的符号表示

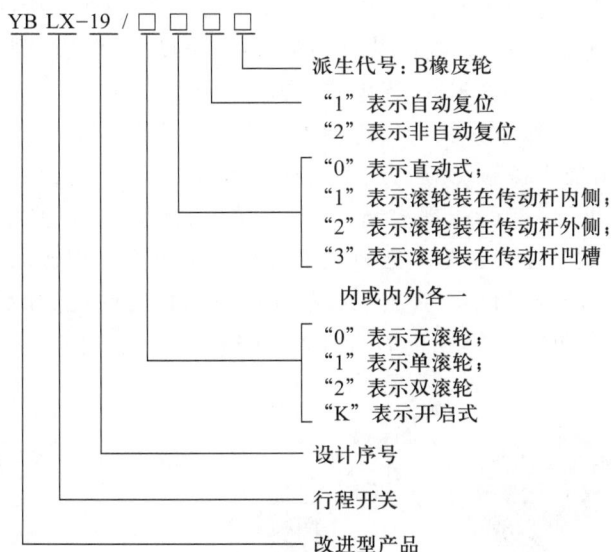

图2-33 行程开关型号的含义

表 2-12　行程开关的主要技术数据

防护等级	IP52
约定发热电流	5 A
额定电压	AC 220 V　DC 220 V
额定控制电流	AC 0.79 A　DC 0.1 A
操作频率	20 次/min
环境温度	-5 ~ +40 ℃
相对湿度	≤90%（20 ℃）
海拔高度	≤2 000 m
应用范围	控制运动机构的行程,变换其运动方向或速度
安装类别	Ⅱ
污染等级	3 级
额定绝缘电压	250 V
额定冲击耐受电压	2.5 kV

行程开关的选用应遵循以下几点原则。

① 根据应用场合及控制对象选择。

② 根据安装使用环境选择防护形式。

③ 根据控制回路的电压和电流选择行程开关系列。

④ 根据运动机械与行程开关的传力和位移关系选择行程开关的头部形式。

（四）接近开关

接近开关是电气结构的非接触式行程开关。当生产机械接近它到一定距离范围内时,它就发出信号,控制生产机械的位置或进行计数,故称为接近开关。接近开关是一种开关型传感器(即无触点开关),它既有行程开关、微动开关的特性,又有传感性能,且动作可靠,性能稳定,频率响应快,应用寿命长,抗干扰能力强,并具有防水、防震、耐腐蚀等特点。接近开关有电感式、电容式、涡流式、霍尔式、光电式、交流型和直流型。

接近开关又称无触点接近开关,是理想的电子开关量传感器。当金属检测体接近开关的感应区域时,开关就能无接触、无压力、无火花地迅速发出电气指令,准确反映出运动机构的位置和行程,即使用于一般的行程控制,其定位精度、操作频率、使用寿命、安装调整的方便性和对恶劣环境的适用能力也是一般机械式行程开关所不能相比的。它广泛地应用于机床、冶金、化工、轻纺和印刷等行业,在自动控制系统中可作为限位、计数、定位控制和自动保护环节等。接近开关的外形和符号表示如图 2-34 所示。

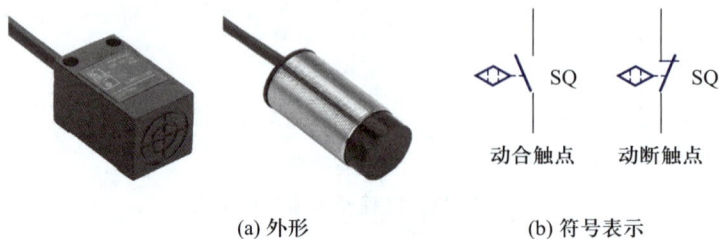

(a) 外形　　　　　(b) 符号表示

图 2-34　接近开关的外形和符号表示

三、万能转换开关

万能转换开关是一种多挡式、控制多回路的主令电器,实现多控制回路之间的转换。可用于额定工作电压 380 V 及以下、直流电压 220 V 及以下的控制线路中进行主令控制,也可直接控制小容量电动机的直接起动,进行电动机的正、反转控制及用在照明控制的电路中,但每小时的转换次数不宜超过 20 次。

转换开关由转轴、凸轮、触点座、定位机构、螺杆和手柄等组成。当将手柄转动到不同的挡位时,转轴带着凸轮随之转动,使一些触点接通,另一些触点断开。万能转换开关具有寿命长,使用可靠、结构简单等优点。万能转换开关的结构和外形如图 2-35 所示。

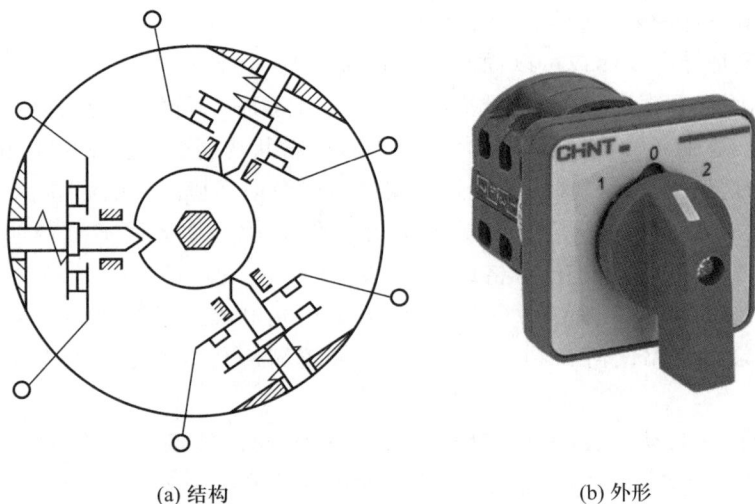

(a) 结构　　　　　　　　　　　　(b) 外形

图 2-35　万能转换开关的结构和外形

万能转换开关的符号表示及其说明如图 2-36 所示。虚线表示万能转换开关的挡位,圆点表示该挡位上的触点闭合,未画表示该挡位上的触点断开。

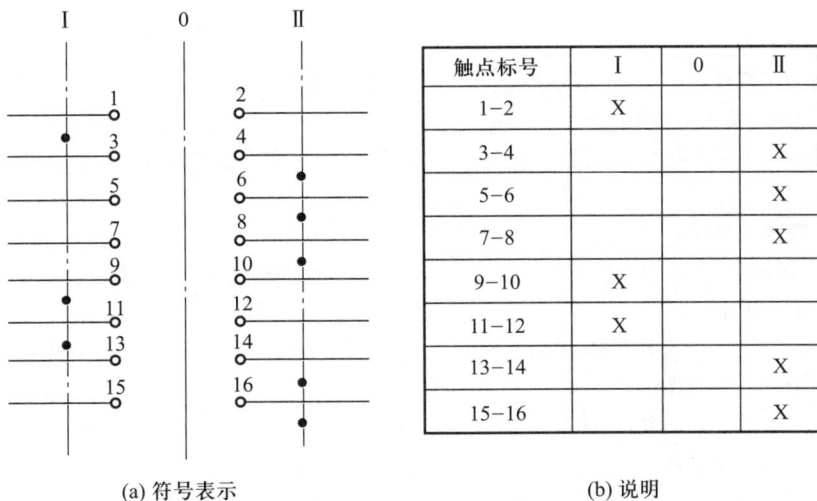

触点标号	I	0	II
1—2	X		
3—4			X
5—6			X
7—8			X
9—10	X		
11—12	X		
13—14			X
15—16			X

(a) 符号表示　　　　　　　　　　　(b) 说明

图 2-36　万能转换开关的符号表示及其说明

【任务实施】

1. 如果 C650 型卧式车床中 0.75 kW 的快移电动机由一个万能转换开关控制其正反转,应该选用什么型号的万能转换开关?

2. 使用中的万能转换开关,手柄转动后,内部触点未动,主要原因有哪些? 应该如何处理?

【知识拓展】

在一般的工业生产场所,通常都选用涡流式接近开关和电容式接近开关。因为这两种接近开关对环境条件的要求较低。

当被测对象是导电物体或可以固定在一块金属物上的物体时,一般都选用涡流式接近开关,因为它的响应频率高,抗环境干扰性能好,应用范围广,价格较为低廉。

若所测对象是非金属(或金属)物体、液位高度、粉状物高度等。则应选用电容式接近开关。这种开关的响应频率低,但稳定性好。安装时应考虑环境因素的影响。

若被测物为导磁材料或者为了区别和它在一同运动的物体而把磁钢埋在被测物体内时,应选用霍尔式接近开关,它的价格最低。

在环境条件比较好、无粉尘污染的场合,可采用光电式接近开关。光电式接近开关工作时对被测对象几乎无任何影响。因此,在要求较高的传真机、烟草机械上都被广泛地使用。

在防盗系统中,自动门通常使用热释电接近开关、超声波接近开关、微波接近开关等新型产品。有时为了提高识别的可靠性,上述几种接近开关往往被复合使用。

无论选用哪种接近开关,都应注意对工作电压、负载电流、响应频率、检测距离等各项指标的要求。

【知识巩固】

一、填空

1. 常用的主令电器有_____、_____、_____。

2. 控制按钮的文字符号为_____,SQ 是_____开关的文字符号。

3. 按下复合按钮时,其触点动作情况是_____。

4. 行程开关既可以用来控制工作台的_____长度,又可以作为工作台的_____位置保护。

二、选择

1. 低压开关一般为( )。

    A. 非自动切换电器　　　　B. 自动切换电器　　　　C. 半自动切换电器　　　　D. 无触点电器

2. 按钮帽上的颜色用于( )。

    A. 注意安全　　　　B. 引起警惕　　　　C. 区分功能　　　　D. 无意义

3. 行程开关属于( )电器。

    A. 主令　　　　B. 开关　　　　C. 保护　　　　D. 控制

4. 下列( )不是自动电器。

    A. 组合开关　　　　B. 交流接触器　　　　C. 继电器　　　　D. 热继电器

5. 下列低压电器中不属于主令电器的有( )。

    A. 组合开关　　　　　　　B. 空气开关　　　　　　C. 行程开关　　　　　　D. 接近开关

6. 下列(　　)不能通断主电路。

    A. 闸刀开关　　　　　　　B. 空气开关　　　　　　C. 控制按钮　　　　　　D. 热继电器

7. 复合按钮在松开时其触点动作情况是(　　　)。

    A. 动合触点先接通,动断触点后断开　　　　　B. 动断触点先断开,动合触点后接通

    C. 动合触点动断触点同时动作　　　　　　　D. 动合触点先断开,动断触点后接通

8. 万能转换开关的符号为(　　　)。

    A. SK　　　　　　　　　B. SB　　　　　　　　C. SQ　　　　　　　　D. SA

三、判断

1. 低压开关可以用来直接控制任何容量的电动机起动、停止和正反转。(　　　　)

2. 控制按钮可以作为一种低压开关使用,通过手动操作完成主电路的接通和分断。(　　　　)

3. 按钮动断触点可以作为停止按钮使用。(　　　　)

4. 主令电器是在自动控制系统中发出指令或信号的操纵电器。由于它是专门发号施令的,故称主令电器。
(　　　　)

5. 行程开关的作用是起限制运动机械位置的作用。(　　　　)

6. 接近开关是当物体靠近时其触点能自动断开或闭合的开关。(　　　　)

任务 4

低压控制电器

【知识储备】

一、接触器

    交流接触器是一种用于频繁接通或分断交、直流电路,控制容量大、可远距离操作的自动化的控制电器。它主要用于控制交流电动机的起动、停止、反转和调速,并可与其他继电器实现定时操作、联锁控制、各种定量控制和失电压及欠电压保护,广泛应用于自动控制电路,其主要控制对象是电动机,也可用于控制其他电力负载,如电热器、照明、电焊机、电容器组等,是自动控制系统中的重要元件之一。

    接触器按被控电流的种类可分为交流接触器和直流接触器。机电设备上常用的是交流接触器。其外形如图 2-37 所示。

(一)交流接触器的结构及工作原理

    交流接触器主要由电磁系统、触点系统、灭弧装置及辅助部件等组成,如图 2-38 所示。

    (1)电磁系统。电磁系统包括电磁线圈、动铁芯和静铁芯,是接触器的重要组成部分,依靠动铁芯的动作带动触点的闭合与断开。

    (2)触点系统。触点是接触器的执行部分,包括主触点和辅助触点。主触点的作用是接通和分断主电路,控制较大的电流,而辅助触点是在控制电路中,以满足各种控制方式的要求。

图 2-37 交流接触器的外形

（3）灭弧装置。灭弧装置用来保证触点断开电路时，使产生的电弧可靠熄灭，减少电弧对触点的损伤。为了迅速熄灭断开时的电弧，通常接触器都装有灭弧装置，一般采用半封式纵缝陶土灭弧罩，并配有强磁吹弧回路。

（4）辅助部件。有绝缘外壳、弹簧、短路环、传动机构等。

当线圈通电后衔铁被吸动，电磁系统的吸力克服弹簧的反作用力，动触点和静触点接通，主电路接通。当线圈断电时，动铁芯和动触点在反作用力作用下运动，触点断开并产生电弧，电弧在触点回路电动力及气动力的驱动下，在灭弧室中受到强烈冷却去游离而熄灭，主电路最后切断。

（二）交流接触器的分类

交流接触器的种类很多，其分类方法也不尽相同，大致有以下几种。

图 2-38 交流接触器结构

1—主触点；2—动断辅助触点；3—动合辅助触点；
4—动铁芯；5—电磁线圈；6—静铁芯；7—灭弧罩；
8—弹簧

① 按主触点极数分类，可分为单极、双极、三极、四极和五极交流接触器。单极交流接触器主要用于单相负载，如照明负载、电焊机等；双极交流接触器用于绕线式异步电动机的转子回路中，起动时用于短接起动绕组；三极交流接触器用于三相负载，如在电动机的控制和其他场合使用最为广泛；四极接触器主要用于三相四线制的照明电路，也可以用来控制双回路电动机负载；五极交流接触器用来组成自耦补偿起动器或控制笼型异步电动机，用来变换绕组接法。

② 按灭弧介质分类，可分为空气式交流接触器和真空式交流接触器等。依靠空气绝缘的空气式交流接触器用于一般负载，而采用真空绝缘的真空式交流接触器常用在煤矿、石油、化工企业及电压为 660 V 和 1 140 V 等一些特殊场合。

③ 按有无触点分类，可分为有触点式交流接触器和无触点式交流接触器。常见的交流接触器多为有触点式交流接触器，而无触点式交流接触器属于电子技术应用的产物，一般采用晶闸管作为回路的通断器件。由于晶闸管导通时所需的触发电压很小，而且回路通断时无火花产生，因而可用于高操作频率的设备和易燃、易爆及无噪声的场合。

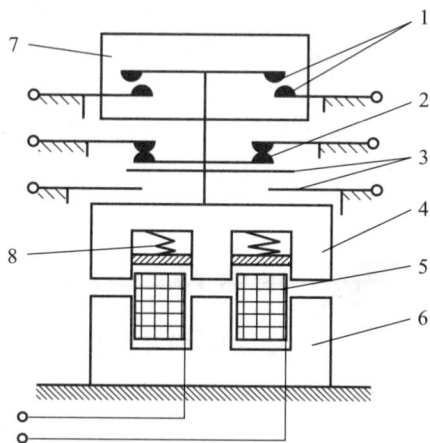

（三）交流接触器的符号表示

交流接触器的符号表示如图2-39所示。

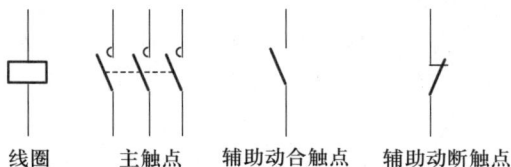

线圈　　主触点　　辅助动合触点　　辅助动断触点

图2-39　交流接触器的符号表示

（四）交流接触器的规格及主要技术参数

1. 交流接触器的型号及规格

常用的交流接触器是空气电磁式交流接触器,典型产品有 CJ20、CJ21、CJ26、CJ35、CJ40、NC、B、LC1-D、3TB 和 3TF 系列交流接触器等。CJ 系列交流接触器型号的含义如图2-40所示。

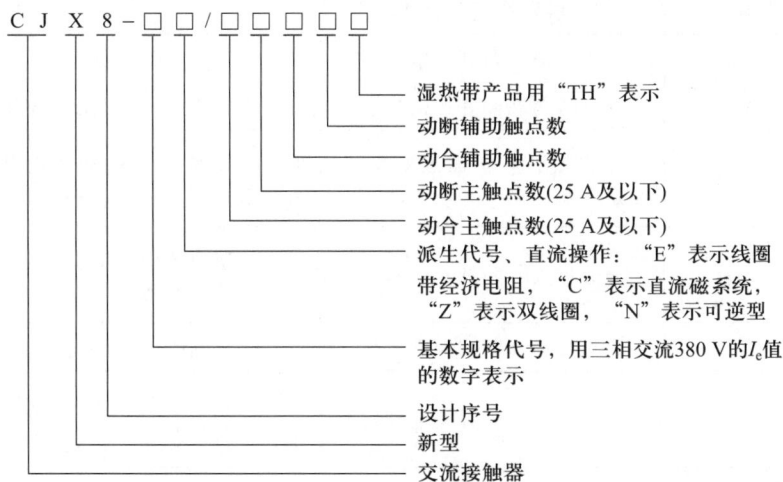

CJX8-□□/□□□□□

湿热带产品用"TH"表示
动断辅助触点数
动合辅助触点数
动断主触点数(25 A及以下)
动合主触点数(25 A及以下)
派生代号、直流操作:"E"表示线圈
带经济电阻,"C"表示直流磁系统,
"Z"表示双线圈,"N"表示可逆型
基本规格代号,用三相交流380 V的I_e值
的数字表示
设计序号
新型
交流接触器

图2-40　CJ 系列交流接触器型号的含义

2. 交流接触器的主要技术参数

① 额定电压:指主触点的额定工作电压,应等于负载的额定电压。一个交流接触器常规定几个额定电压;同时列出相应的额定电流或控制功率。通常,最大工作电压即为额定电压,常用的额定电压值为 220 V、380 V 和 660 V 等。

② 额定电流:指交流接触器主触点在额定工作条件下的电流值。常用额定电流等级为 5 A、10 A、20 A、40 A、60 A、100 A、150 A、250 A、400 A 和 600 A。对于 CJX 系列交流接触器,则有 9 A、12 A、16 A、22 A、32 A、38 A、45 A、63 A、75 A、85 A、110 A、140 A 和 170 A。

③ 通断能力:可分为最大接通电流和最大分断电流。最大接通电流是指主触点闭合时不会造成触点熔焊的最大电流值;最大分断电流是指主触点断开时可靠灭弧的最大电流,一般通断能力是额定电流的 5～10 倍,当然,这一数值与通断电路的电压等级有关,电压越高,通断能力越小。

④ 吸合电压和释放电压。吸合电压是指交流接触器吸合前,缓慢增加吸合线圈两端的

电压,交流接触器可以吸合时的最小电压。释放电压是指交流接触器吸合后,缓慢降低吸合线圈两端的电压,交流接触器释放时的最大电压。一般规定,吸合电压不低于线圈额定电压的85%,释放电压不高于线圈额定电压的70%。

⑤ 吸引线圈额定电压:是指交流接触器正常工作时,吸引线圈上所加的电压值。一般该电压数值以及线圈的匝数、线径等数据均标于线包上,而不是标于交流接触器外壳的铭牌上,使用时应加以注意。

⑥ 操作频率。交流接触器在吸合瞬间,吸引线圈需消耗比额定电流大 5 ~ 7 倍的电流,如果操作频率过高,则会使线圈严重发热,直接影响交流接触器的正常使用。为此,各厂家规定了交流接触器的允许操作频率,一般为每小时允许操作次数的最大值。

⑦ 交流接触器的电气寿命和机械寿命。目前交流接触器的机械寿命已达到一千万次以上,电气寿命为机械寿命的 5% ~ 20%。

常见接触器的使用类别、典型用途及主触点的接通和分断能力见表 2-13。

表 2-13　常见接触器的使用类别、典型用途及主触点的接通和分断能力

电流种类	使用类别	主触点接通和分断能力	典型用途
AC(交流)	AC1	允许接通和断开额定电流	无感或微感负载、电阻炉
	AC2	允许接通和断开 4 倍额定电流	绕线式异步电动机的起动和制动
	AC3	允许接通 6 倍额定电流和断开额定电流	笼型异步电动机的起动和运转中断开
	AC4	允许接通和断开 6 倍额定电流	笼型异步电动机的起动、反转、反接制动和点动
DC(直流)	DC1	允许接通和断开额定电流	无感或微感负载、电阻炉
	DC3	允许接通和断开 4 倍额定电流	并励直流电动机的起动、反转、反接制动和点动
	DC5	允许接通和断开 4 倍额定电流	串励直流电动机的起动、反转、反接制动和点动

交流接触器的选用参见表 2-14。

表 2-14　部分 CJ20 系列交流接触器的主要技术参数

接触器型号	额定绝缘电压 U_i/V	约定自由空气发热电流 I_{th}/A	三相笼型异步电动机的最大功率/kW(AC-3)			每小时操作循环次数/h(AC-3)	电寿命/万次(AC-3)	线圈功率起动/保持VA/VA	选用的熔断器(SCPD)型号
			220 V	380 V	660 V				
CJ20-10		10	2.2	4	4			65/9	RT16-20
CJ20-16		16	4.5	7.5	11		100	62/9.5	RT16-32
CJ20-25		32	5.5	11	13			93/14	RT16-50
CJ20-40	690	55	11	22	22	1 200		175/19	RT16-80

续表

接触器 型号	额定 绝缘 电压 U_i/V	约定自 由空气 发热 电流 I_{th}/A	三相笼型异步电动机的 最大功率/kW（AC-3）			每小时操 作循环次 数/h （AC-3）	电寿命 /万次 （AC-3）	线圈功率 起动/保持 VA/VA	选用的 熔断器 （SCPD） 型号
			220 V	380 V	660 V				
CJ20-63		80	18	30	35			480/57	RT16-160
CJ20-100		125	28	50	50		120	570/61	RT16-250
CJ20-160		200	48	85	85			855/85.5	RT16-315
CJ20-250		315	80	132				1 710/152	RT16-400
CJ20-400	690	400	115	200	220	600	60	1 710/250	RT16-500
CJ20-630		630	175	300	—			3 578/91.2	RT16-630

（五）交流接触器的选用

① 交流接触器的类型和极数根据控制电动机类型选择。

② 交流接触器的额定电流等级根据负载功率和操作情况来确定。控制电阻性负载时，主触点的额定电流应等于负载的额定电流;控制电动机时,主触点的额定电流应大于或稍大于电动机的额定电流。当交流接触器用于频繁起动、制动及正反转的场合时,应将主触点的额定电流降低一个等级使用。

③ 根据交流接触器主触点接通与分断主电路的电压等级来选择交流接触器的额定电压。所选交流接触器主触点的额定电压应大于或等于控制电路的电压。

④ 交流接触器吸引线圈的额定电压应由控制电路的电压确定。当控制电路简单,使用电器较少时,应根据电源等级选用380 V 或220 V 的电压。当电路较复杂时,从人身和设备安全的角度考虑,可选择36 V 或110 V 的电压,此时增加相应变压器设备的容量。

⑤ 交流接触器触点数和种类应满足主电路和控制电路的要求。

（六）交流接触器的安装与使用

交流接触器一般应安装在垂直面上,倾斜度不得超过5°,若有散热孔,则应将有散热孔的一面放在垂直方向上,以利于散热。安装和接线时,注意不要将零部件丢失或掉入交流接触器内部,安装孔的螺钉应装有弹簧垫圈和平垫圈,并拧紧螺钉以防振动引起的松脱。

交流接触器还可作为欠电压和失电压保护用,它的吸引线圈在电压为额定电压85%～105%的范围内可以保证电磁铁的吸合,但当电压降到额定电压的50%以下时,衔铁吸力不足,将自动释放而断开电源,以防止电动机中的过电流。

有的交流接触器触点嵌有银片,银片氧化后不影响导电能力,这类触点表面发黑,一般不需清理。带灭弧罩的交流接触器不允许不带灭弧罩使用,以防止短路事故。陶土灭弧罩质脆易碎,应避免碰撞,若有碎裂,应及时更换。

（七）交流接触器的故障及排除方法

1. 触点故障维修及调整

触点的一般故障有触点过热、磨损及熔焊等,其检修程序如下。

① 检查触点表面的氧化情况和有无污垢。银触点氧化层的电导率和纯银差不多,故银触点氧化时可不做处理。铜触点氧化时,要用小刀轻轻刮去其表面的氧化层。如果触点有

污垢,则可用有机溶剂将其清洗干净。

② 观察触点表面有无灼伤,如果有,要用小刀或整形锉修整触点表面,但不要修整得过于光滑,否则会使触点表面接触面减小,不可用纱布或砂纸打磨触点。

③ 触头如果有熔焊,则应更换触点,如果因触点容量不够而产生熔焊,则选用容量大一级的电器。

④ 检查触点的磨损情况。若触点磨损到只有 1/3~1/2 厚度时,应更换触点。检查触点有无机械损伤使弹簧变形导致的压力不够。若有,则应调整弹簧压力,使触点接触良好,可用纸条测试触点压力,方法是将一条比触点宽的纸条放在动、静触点之间,若纸条很容易拉出,则说明触点压力不够。一般对于小容量电器的触点,稍用力纸条便可拉出,对于较大容量的电器的触点,纸条拉出后有撕裂现象,均说明触点压力比较适合;若纸条被拉断,则说明触点压力太大。如果调整达不到要求,则应更换弹簧。

2. 电磁机构的故障维修

由于静铁芯和动铁芯的端面接触不良或动铁芯歪斜及短路损坏等都会引起电磁机构噪声过大,甚至引起线圈过热或烧毁。电磁机构的几种常见故障及处理方法如下。

① 衔铁噪声大。修理时先拆下线圈,检查静铁芯和动铁芯间的接触面是否平整,若不平整,应修平接触面。接触面如果有油污,则要清洗干净,若静铁芯歪斜或松动,则应加以校正或紧固。检查短路环有无断裂,如果有,则可用铜条或粗铜丝按原尺寸制好,在接口处焊接并修平即可。

② 线圈故障。由于线圈绝缘损坏或机械损伤导致匝间短路或接地、电源电压过高以及静铁芯和动铁芯接触不紧密,均可导致线圈电流过大,引起线圈过热甚至烧毁。烧毁的线圈应予以更换。但是如果线圈短路的匝数不多,且短路点又接近线圈的端头处,其余部分完好,则可将损坏的几圈去掉,继续使用。

③ 动铁芯吸不上。线圈通电后动铁芯不能被静铁芯吸合,应立即切断电源,以免烧毁线圈。若线圈通电后无振动和噪声,则应检查线圈引出线连接处有无脱落。并用万用表检查是否断线或烧毁;若线圈通电后有较大的振动和噪声,则应检查活动部分是否被卡住,静铁芯和动铁芯之间是否有异物。

接触器除了触点和电磁机构的故障,还常见下列故障。

① 触点断相。由于某相主触点接触不好或连接螺钉松脱,使电动机缺相运行,此时电动机会发出"嗡嗡"声,应立即停车检修。

② 触点熔焊。接触器主触点因长期通过过载电流引起两相或三相主触点熔焊,此时虽然按停止按钮,但主触点却不能分断,电动机不会停转,并发出"嗡嗡"声。此时应立即切断控制电动机的前一级开关,停车检查并修理。

③ 灭弧罩碎裂。接触器不允许无灭弧罩使用,灭弧罩碎裂后应及时更换。

二、中间继电器

中间继电器用于继电保护与自动控制系统中,以增加触点的数量及容量,它主要用于在控制电路中传递中间信号。中间继电器的结构和原理与交流接触器基本相同,它与接触器的主要区别在于:接触器的主触点可以通过大电流,而中间继电器的触点只能通过小电流,只能用于控制电路中。中间继电器的触点没有主辅之分,数量比较多。中间继电器的外形如图 2-41 所示。

图 2-41　中间继电器的外形

（一）中间继电器的结构及工作原理

如图 2-42 所示，中间继电器主要由线圈、铁芯、衔铁、动触点、静触点及辅助装置组成，线圈通电，动铁芯在电磁力作用下动作吸合，带动动触点动作，使动断触点分开，动断触点闭合，以改变控制电路的工作状态，从而实现既定的控制或保护的目的。线圈断电，动铁芯在弹簧的作用下带动动触点复位。

（二）中间继电器的符号表示

中间继电器的符号表示如图 2-43 所示。

（三）中间继电器的型号及规格

中间继电器型号的含义如图 2-44 所示。中间继电

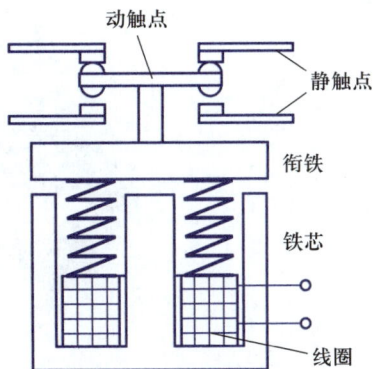

图 2-42　中间继电器的结构

器种类众多，主要的中间继电器分为电磁式继电器和静态集成电路式继电器两大类。电磁式继电器就是传统的继电器。为了使系统结构更加紧凑，或者方便应用在小容量电路中，常采用小型电磁式继电器，如图 2-45 所示。静态集成电路式中间继电器如图 2-46 所示，采用的是集成电路原理结构，由电子元器件和精密小型继电器等构成，具有良好的抗振动性，适用于各种电力继电保护和自动控制装置中，以增加保护和控制设备的触点容量和触点数量。

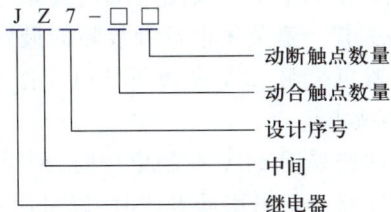

图 2-43　中间继电器的符号表示

图 2-44　中间继电器型号的含义

（四）中间继电器的选用依据

① 触点容量：触点的额定电压及额定电流应大于控制线路所使用的额定电压及额定电流。

② 触点的种类和数量应满足控制线路的需要。

③ 线圈的电压等级应与控制线路电源电压相等。

④ 继电器使用过程中的操作频率及设备的工作制式。

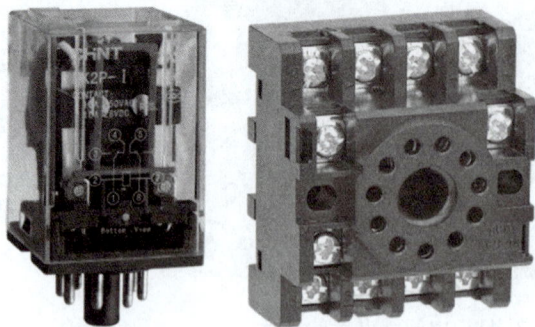

图 2-45　小型电磁式继电器

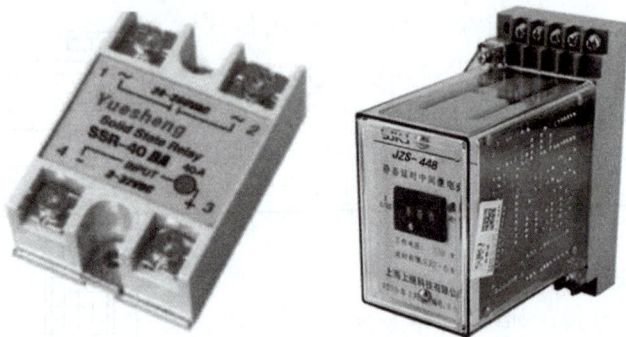

图 2-46　静态集成电路式中间继电器

（五）中间继电器的故障分析

电磁式中间继电器结构与接触器基本相同,故其触点部分和电磁系统的常见故障、诊断及处理方法可同接触器相同。特别是在工作过程中,中间继电器的触点容易产生虚接故障,这种故障常发生在设备控制期间,不一定经常或固定时间发生,因而难于捕捉,也不易判断,但是偶尔发生时便可造成重大事故。这种故障产生的原因是由于控制回路的接触电阻变化,使得电磁式中间继电器线圈两端的实际电压低于额定电压的 85%,从而使得铁芯不能吸合,引起电路失控。避免发生这种故障的最好办法如下。

① 尽量避免采用 12 V 及以下低电压作为控制电压,因为在这种低电压电路中,最容易发生触点虚接故障。

② 控制回路采用 24 V 控制电压时,采用并联型触点,以提高工作可靠性。

③ 控制回路必须采用低电压时,以采用 48 V 为好。

④ 控制回路最好采用 110 V 及以上电压作为额定控制电压,这样可有效防止触点虚接现象的产生。

三、时间继电器

输入信号后,经一定的延时才有输出信号的继电器称为时间继电器。对于电磁式时间继电器,当电磁线圈通电或断电后,经一段时间后延时触点状

微课：时间
继电器

态才发生变化,即延时触点才动作。

时间继电器种类很多,按照延时原理不同,有电磁阻尼式时间继电器、空气阻尼式时间继电器、电动式时间继电器和电子式时间继电器等。

按延时方式不同,时间继电器可分为通电延时时间继电器和断电延时时间继电器。通电延时时间继电器接收输入信号后延迟一定时间,输出信号才发生变化;当输入信号消失后,输出瞬时复原。断电延时时间继电器接收输入信号后,瞬时产生相应的输出信号,当输入信号消失后,延迟一定时间,输出信号才会复原。

(一) 时间继电器的结构及工作原理

下面以空气阻尼式时间继电器为例,介绍时间继电器的结构及工作原理。空气阻尼式时间继电器由电磁机构、延时机构和触点系统三部分组成,它利用空气阻尼原理达到延时的目的。

空气阻尼式时间继电器的延时方式有通电延时型和断电延时型两种,其外观区别在于:当衔铁位于静铁芯和延时机构之间时为通电延时型;当静铁芯位于衔铁和延时机构之间时为断电延时型。如图 2-47 所示为空气阻尼式时间继电器的结构原理图。

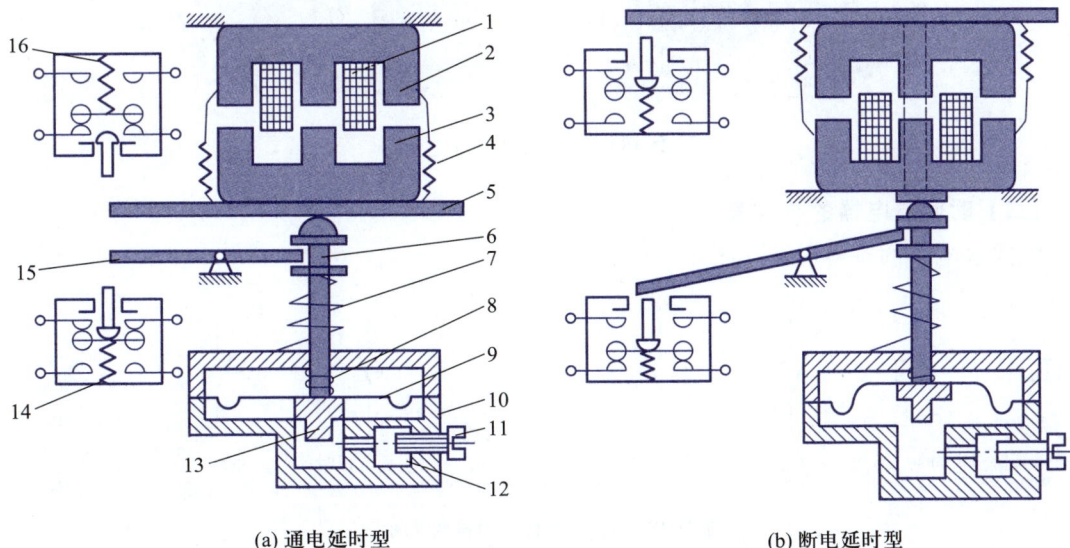

动画:时间继电器的工作原理

(a) 通电延时型 (b) 断电延时型

图 2-47 空气阻尼式时间继电器结构原理图

1—线圈;2—静铁芯;3—衔铁;4—反力弹簧;5—推板;6—活塞杆;7—塔形弹簧;8—弱弹簧;9—橡胶膜;10—空气室壁;11—调节螺钉;12—进气孔;13—活塞;14,16—微动开关;15—杠杆

通电延时型空气阻尼式时间继电器的结构如图 2-47(a)所示,当线圈 1 通电后,衔铁 3 吸合,活塞杆 6 在塔形弹簧 7 作用下带动活塞 13 及橡胶膜 9 向上移动,橡胶膜下方空气室内空气变得稀薄,形成负压,活塞杆只能缓慢移动,其移动速度由进气孔 12 气隙大小决定;经一段延时后,活塞杆通过杠杆 15 压动微动开关 14,使其触点动作,起到通电延时作用;而当线圈断电时,衔铁释放,橡胶膜下方空气室内的空气通过活塞肩部所形成的单向阀迅速排出,使活塞杆、杠杆、微动开关迅速复位。由线圈通电至触点动作的一段时间即为时间继电器的延时时间,延时长短可通过调节螺钉 11 调节进气孔的气隙大小来改变。微动开关 16

在线圈通电或断电时,在推板 5 的作用下都能瞬时动作,其触点为时间继电器的瞬动触点。

空气阻尼式时间继电器的延时时间有 0.4 ~ 180 s 和 0.4 ~ 60 s 两种规格,具有延时范围较宽、结构简单、价格低廉、工作可靠及寿命长等优点,是机床电气控制电路中常用的时间继电器。但因其延时精度较低、没有调节指示,因此只适用于延时精度要求不高的场合。

电磁式时间继电器一般只用于直流电路,且只能作直流断电延时动作;电动式时间继电器原理与钟表类似,由内部电动机带动减速齿轮转动获得延时,延时精度高,延时范围宽(0.4 ~ 72 h),但结构复杂,价格较高;电子式时间继电器是由延时电路来实现延时的,精度高,体积小,价格便宜,是现阶段应用最广泛的一种时间继电器,如图 2-48 所示。

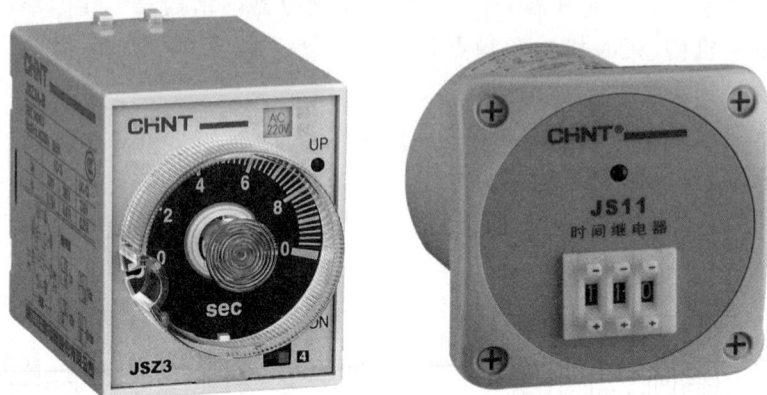

图 2-48　电子式时间继电器

(二)时间继电器的符号表示

时间继电器的符号表示如图 2-49 所示。

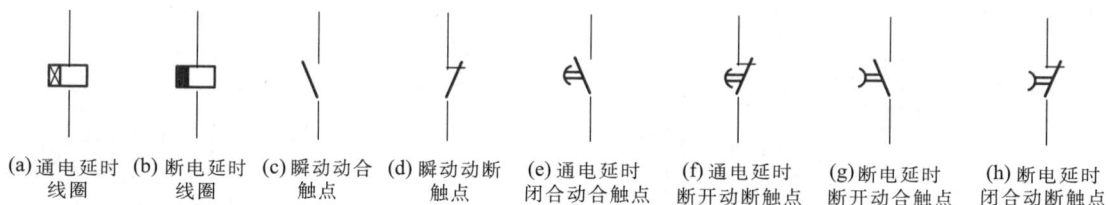

(a)通电延时　(b)断电延时　(c)瞬动动合　(d)瞬动动断　(e)通电延时　(f)通电延时　(g)断电延时　(h)断电延时
线圈　　　　线圈　　　　触点　　　　触点　　　　闭合动合触点　断开动断触点　断开动合触点　闭合动断触点

图 2-49　时间继电器的符号表示

(三)时间继电器的型号及规格

时间继电器型号的含义如图 2-50 所示。JS7—A 系列空气阻尼式时间继电器的主要技术数据见表 2-15。

(四)时间继电器的选用

① 根据控制电路的控制要求选择时间继电器的延时类型。

② 根据对延时精度要求的不同选择时间继电器的类型。对延时精度要求不高的场合,一般选用电磁式或空气阻尼式时间继电器;对延时精度要求高的场合,应选用电子式或电动式时间继电器。

③ 应考虑环境温度变化的影响。在环境温度变化较大的场合,不宜采用电子式时间继电器。

图 2-50　时间继电器型号的含义

表 2-15　JS7—A 系列空气阻尼式时间继电器技术数据

型号	吸引线圈电压/V	触点额定电流/A	触点额定电压/V	延时范围	延时触点				瞬动触点	
					通电延时		断电延时		动合	动断
					动合	动断	动合	动断		
JS7—1A	24,36,110,127,220,380,440	5	380	均有 0.4~60 s 和 0.4~180 s 两种产品	1	1	—	—	—	—
JS7—2A					1	1	—	—	1	1
JS7—3A					—	—	1	1	—	—
JS7—4A					—	—	1	1	1	1

④ 应考虑电源参数变化的影响。对于电源电压波动大的场合,选用空气阻尼式比电子式好;而在电源频率波动大的场合,则不宜采用电动式时间继电器。

⑤ 考虑延时触点种类、数量和瞬动触点种类、数量是否满足控制要求。

四、速度继电器

速度继电器是依靠速度大小使继电器动作与否的信号,配合接触器实现对电动机的反接制动,故速度继电器又称为反接制动继电器。

感应式速度继电器是靠电磁感应原理实现触点动作的。从结构上看,与交流电动机类似,速度继电器主要由定子、转子和触点三部分组成,如图 2-51 所示。定子的结构与笼型异步电动机相似,是一个笼型空心圆环,由硅钢片冲压而成,并装有笼型绕组。转子是一个圆柱形永久磁铁。

速度继电器的转轴与电动机的轴相连接。转子固定在转轴上,定子与转轴同心。当电动机转动时,速度继电器的转子随之转动,绕组切割磁场产生感应电动势和电流,此电流和永久磁铁的磁场作用产生转矩,使定子向转轴的转动方向偏摆,通过定子柄拨动动触点,使动断触点断开、动合触点闭合。当电动机转速下降到接近零时,转矩减小,定子柄在弹簧力的作用下恢复原位,触点也复原。

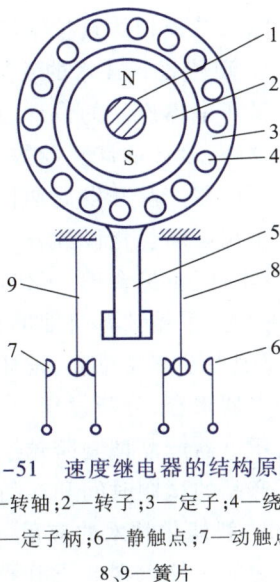

微课:速度继电器

图 2-51　速度继电器的结构原理图
1—转轴;2—转子;3—定子;4—绕组;
5—定子柄;6—静触点;7—动触点;
8、9—簧片

常用的感应式速度继电器有 JY1 和 JFZ0 系列,其技术数据见表 2-16。JY1 系列产品能在 3 000 r/min 的转速下可靠工作。JFZ0 系列产品的触点动作速度不受定子柄偏转快慢的影响,触点改用微动开关。一般情况下,速度继电器的触点在转速达到 120 r/min 以上时能动作,当转速低于 100 r/min 左右时触点复位。

表 2-16　JY1、JFZ0 系列速度继电器的技术数据

型号	触点额定电压/V	触点额定电流/A	触点数量		额定工作转速/(r/min)	允许操作频率/(次/h)
			正转时动作	反转时动作		
JY1、JFZ0	380	2	1 组转换触点	1 组转换触点	100 ~ 3 600	<30
					300 ~ 3 600	

速度继电器主要根据电动机的额定转速和控制要求来选择。

常见速度继电器的故障是电动机停车时不能制动停转,其原因可能是触点接触不良或定子柄断裂,导致无论转子怎样转动,动触头都不动作,此时,更换定子柄即可。

【任务实施】

C650 型卧式车床有功率为 7.5 kW 的主电动机、2.2 kW 的液压泵电动机和 0.75 kW 的快移电动机,都是三相异步电动机,每个电动机的通断都需要接触器控制,查阅资料,确定分别选用什么型号的接触器?

【知识拓展】

新技术在低压电器行业的应用

随着低压配电与控制系统的日益复杂化,市场对低压电器产品的性能与结构提出了更高的要求。电器产品的改进和发展,与新技术和标准的应用是密不可分的。新技术发展和应用直接影响到市场对产品的需求是否能实现;标准的制定直接制约着产品是否可以在市场上使用,也决定了产品的发展方向。新技术主要包括现代设计技术、智能化技术、现场总线技术以及模拟仿真技术等。

1. 现代设计技术的发展与应用

低压电器产品的设计过程十分复杂,要经过电器特性与机械特性的反复计算与研究。即使这样,设计的计算参数与产品实际性能,仍存在一定差距,必须通过反复的试验验证,因此低压电器产品开发周期长、资金投入大。

采用最新优化设计方法,以遗传算法建立优化动态数学模型,便可设计出体积小、重量轻、成本低、价格合理、工作可靠性能良好的电器产品。

同时,采用计算机辅助设计系统进行产品开发,集设计、制造和分析于一体,从零件设计、装配直至产品总装,设计者首先在计算机屏幕上直接观察零件装配中的干涉与碰撞以及开关电器闭合、分断过程中运动部件的动作情况及相关参数等,从而保证了设计的正确性,为低压电器产品试制跨越模型阶段创造了条件,使产品的设计过程变得简单、直观,大大缩短了产品的试制时间和产品开发周期,提高了企业的竞争能力。

2. 智能化技术的应用

智能化技术在低压电器中的应用,使低压电器技术在研究、检测、生产的各个环节上发

生了根本的变化。

例如,智能断路器将智能型监控器的功能与普通断路器集成在了一起,实现了断路器的智能化控制。通过物联网技术对配电设备进行数据采集处理、设备状态监测和预警报警等智能化管理,实现远程控制分合闸,当电路发生故障时,对使用中的电器产生保护,避免电气设备发生损坏;对电流、电压、功率、电量、漏电流、温度、断路器状态实时监控,当电气线路数据异常,实时推送给用电管理人员;当用电数据异常时(如欠电压、过电压、过载、漏电等),系统会自动预警、报警并断电,便于用电管理人员第一时间全面掌握用电异常情况,最大限度地预防电气火灾。智能断路器和传统断路器功能的区别如图 2-52 所示。

图 2-52　智能断路器和传统断路器功能的区别

传统的双金属片热继电器主要用于电动机的过载保护、堵转保护、缺相保护;智能断路器与双金属片热继电器相比较,保护功能更全面,也更智能。

智能断路器可实现过电流保护、三相电流不平衡、接地/漏电保护、起动超时保护、欠载、欠电压、过电压保护、欠功率保护、温度保护、外部故障保护、相序保护、失电压重启等保护功能;当有过载发生时,除了可以设置为跳闸保护外,还可以实现报警功能。智能断路器本身是互感器,不需要承受大电流的负载,还具有热继电器所不具备的控制功能、测量功能(三相电流、电压、功率、功率因数、电能、频率、热容量、电流不平衡率、漏电流值等)、故障记录功能(当前运行时间、当前停车时间、累计运行时间、起动电流、起动时间、操作次数、输入输出状态、故障记录、运行状态指示)、4~20 mA 输出功能、通信功能和状态量检测功能等。传统保护方式与智能保护方式的区别如图 2-53 所示。

各种智能电器元件的设计与开发,可以大大提高控制系统的自动化和智能化程度。

3. 现场总线技术的应用

现场总线是一种造价低、可靠性强并适合工业环境使用的通信系统,现场总线按国家标准采用统一的通信规范,因而它具有很好的互换性和互操作性。

可通信低压电器可以安装在带总线系统的智能化开关柜内,也可以安装在被控制设备现场,通过现场总线与上位机连接,进行实时数据交换。采用现场总线系统后,低压控制柜,特别是原电动机控制中心每一个抽屉发展成为独立的智能化控制单元,直接安装在现场,通过现场总线与上位机连接起来,很大程度上节省了主电路电缆和二次控制线路。总线技术的应用给低压配电和控制系统带来了一场新的革命。

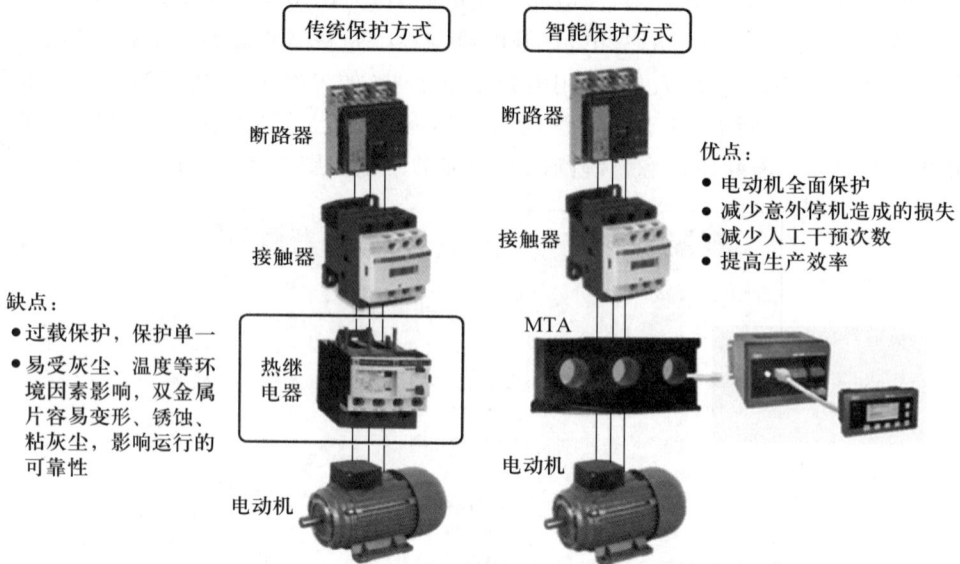

图 2-53　传统保护方式和智能保护方式的区别

4. 虚拟仿真技术的应用

低压电器的基本特性包括通断能力、温升、零部件的强度、热稳定、绝缘性能及其他电气性能等。为使电器产品满足预期的技术条件,必须经过反复试验。计算机模拟与仿真技术的应用使得在样机制作前,用户可以在设计阶段对电磁场、应力场、磁场等物理场进行仿真和分析,精确掌握电器产品的性能,得到产品设计的可行性方案,减少重复样机制作,降低试验费用,加快产品开发周期,提高产品性能指标。

【知识巩固】

一、填空

1. 接触器可分为_____和_____两类,它们都是由_____和_____两个主要部分组成,利用电磁铁的_____而动作,接触器_____失电压保护功能。

2. 用热继电器对电动机进行保护,其整定电流值应由_____来确定。热继电器可以用来防止电动机因_____而损坏,_____用于对电动机进行失电压保护。

3. 中间继电器的结构和原理与_____相同,额定电流一般为_____。

4. 电流继电器的吸引线圈应_____联在主电路中。欠电流继电器在主电路通过正常工作电流时,动铁芯已经被_____,当主电路的电流_____其整定电流时,动铁芯才被_____。电流继电器的文字符号是_____。

二、选择

1. 热继电器的保护特性与电动机过载特性贴近,是为了充分发挥电动机的(　　)能力。

　　A. 过载　　　　　　　　　B. 控制　　　　　　　　　C. 节流

2. 交流接触器的额定工作电压是指在规定条件下,能保证电器正常工作的(　　)电压。

    A. 最低   B. 最高   C. 平均

3. 电压继电器的线圈与电流继电器的线圈相比,特点是(　　　)

    A. 电压继电器的线圈与被测电路串联

    B. 电压继电器的线圈匝数多、导线细、电阻大

    C. 电压继电器的线圈匝数少、导线粗、电阻小

    D. 电压继电器的线圈匝数少、导线粗、电阻大

4. 交流接触器有(　　　)辅助触点。

    A. 5 对   B. 2 对   C. 7 对   D. 3 对

5. 下面关于继电器叙述正确的是(　　　)

    A. 继电器实质上是一种传递信号的电器   B. 继电器是能量转换电器

    C. 继电器是电路保护电器   D. 继电器是一种开关电器

6. 直流接触器的电磁系统包括(　　　)

    A. 线圈   B. 铁芯   C. 衔铁   D. 上述三种

7. 通电延时型时间继电器,它的动作情况是(　　　)。

    A. 线圈通电时触点延时动作,断电时触点瞬时动作

    B. 线圈通电时触点瞬时动作,断电时触点延时动作

    C. 线圈通电时触点不动作,断电时触点瞬时动作

    D. 线圈通电时触点不动作,断电时触点延时动作

8. 采用接触器动合触点自锁的控制线路具有(　　　)。

    A. 过载保护功能   B. 失电压保护功能   C. 过电压保护功能   D. 欠电压保护功能

三、判断

1. 交流接触器通电后如果铁芯吸合受阻,将导致线圈烧毁。(　　　)

2. 交流接触器铁芯端面嵌有短路铜环的目的是保证动、静铁芯吸合严密,不发生振动与噪声。(　　　)

3. 直流接触器比交流接触器更适用于频繁操作的场合。(　　　)

4. 热继电器的额定电流就是其触点的额定电流。(　　　)

5. 热继电器的保护特性是反时限的。(　　　)

6. 一台额定电压为 220 V 的交流接触器在交流 220 V 和直流 220 V 的电源上均可以使用。(　　　)

项目 三

三相异步电动机的控制

⚙ 学习目标

【知识目标】

1. 掌握三相异步电动机全压起动和减压起动控制原理。

2. 掌握三相异步电动机正反转的控制原理。

3. 了解三相异步电动机调速的控制原理。

4. 掌握三相异步电动机制动的控制原理。

5. 掌握三相异步电动机控制电气文件的绘制及制定方法。

【能力目标】

1. 能够根据控制要求,设计电气控制原理图。

2. 能够根据控制要求,选择合理的电器元件并绘制电器元件明细表。

3. 能够根据控制要求,绘制电器元件布置图和电气安装接线图。

4. 能够根据控制要求和现场要求,进行三相异步电动机控制线路的安装与调试。

5. 能够根据故障现象,分析电动机控制线路常见故障并进行排除。

【素质目标】

1. 能够遵章守纪,爱护公共财产。

2. 具有劳模精神、工匠精神和爱国意识。

3. 具有团队协作意识,共同分析与解决问题的能力。

4. 具有一定的创新能力、敏锐的观察力、准确的判断力、丰富的想象力、百折不挠的意志力。

5. 具有积极向上的学习新技术和新工艺的精神。

🔧 案例导入

作为一名企业维修电工,要求负责本公司、本车间机械设备电气系统线路和电器元件等安装、调试与维护、修理工作,熟悉所辖范围内电力、电气设备的用途、构造、原理、性能及操作维护保养内容,对电气设备进行大修、小修,修理或更换有缺陷的零部件,对机床等设备的电气装置、电工器材进行维护保养与修理,维护保养电工工具、器具及测试仪表,填写安装、运行、检修设备技术记录。所有这些工作的开展都离不开对用电设备控制系统工作原理、组成、安装方法等的熟练掌握。本项目就是介绍三相异步电动机典型控制线路的原理、安装、调试及维护方法。

任务 1

三相异步电动机的直接起动控制

【任务描述】

C650 型卧式车床,根据其工作需求,具体控制要求如下。

① 主运动驱动电动机:电动机采用直接起动连续运行方式,并有点动功能以便调整;能够实现正反转,停车时带有电气反接制动。

② 冷却泵电动机:单方向旋转、与主运动驱动电动机实现顺序起停,可单独操作。

③ 快速移动电动机:单向点动、短时工作方式。

④ 电路应有必要的保护和联锁,有安全可靠的照明电路。

【知识储备】

一、用刀开关直接控制电动机起停的控制系统

一些车间中用到的小型加工设备及一些农用设备中,电动机功率相对较小且不长时间工作,如砂轮机、小型锯床、农用粉碎机等,一般都选择用刀开关直接控制电动机的起动和停止,其电气原理图如图 3-1 所示。

图 3-1　用刀开关直接控制电动机起停的电气原理图

二、用接触器控制电动机直接起动的控制系统

机电设备上电动机的运行要求用接触器控制,用接触器主触点的通断控制电动机的起动和停止及其他运行状态。

(一)三相异步电动机的点动控制

对于 10 kW 以下或所在电网容量较大的电动机,可采用全电压直接起动的点动控制方法,其控制线路电气原理图如图 3-2 所示。

电路的工作原理如下。

① 合上电源开关 QS,按下起动按钮 SB,接触器 KM 线圈得电→KM 主触点闭合→电动机运行。

② 松开控制按钮 SB,接触器 KM 线圈断电→KM 线圈失电→KM 主触点断开→电动机停止。

因为控制按钮 SB 内部复位弹簧的原因,当按下按钮时电动机运行,松开按钮则电动机停止,这种控制方式为电动机的点动控制。

(二)三相异步电动机的连续运行控制

三相异步电动机连续运行控制线路电气原理图如图 3-3 所示,在 SB2 起动按钮处并联一接触器 KM 的辅助触点。

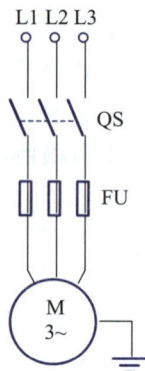

微课:三相异步电动机点动与连续运行控制

图 3-2 三相异步电动机点动控制线路电气原理图

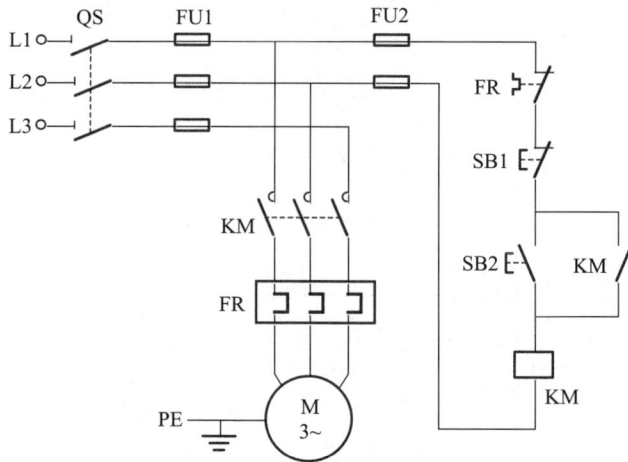

图 3-3 三相异步电动机连续运行控制线路电气原理图

电路的工作原理如下。

① 合上电源开关 QS,按下起动按钮 SB2,接触器 KM 线圈得电→KM 主触点、辅助触点闭合→电动机运行。

② 松开 SB2→KM 辅助触点继续闭合→电动机继续运行。

③ 按下停止按钮 SB1,接触器 KM 线圈断电→KM 线圈失电→KM 主触点、辅助触点断开→电动机停止。

在这个电路中,即使松开起动按钮 SB2,电动机也能继续运行,这种用接触器 KM 的辅助触点保持电动机连续运行的控制环节称为自保(自锁)。与起动按钮 SB2 并联的接触器的辅助触点称为自锁触点。

该电路中,熔断器 FU1 和 FU2 起到短路保护的作用,热继电器 FR 起到过载保护作用;当电路电压降低或断电后,电磁力不足以使衔铁吸合,衔铁复位,电动机停止运行,所以该电路还有零电压和失电压保护功能。

(三)点动与连续运行混合控制

电动机的点动与连续运行的区别就在于点动控制线路没有自锁环节。机床设备在正常运行时,一般都是在连续运行状态,但在试车或调整刀具与工件相对位置时,还需要点动控制,所以一般设备都要求电动机既能点动控制,又能实现连续运行控制,其控制线路电气原理图如图 3-4 所示。

(a) 利用转换开关实现混合控制

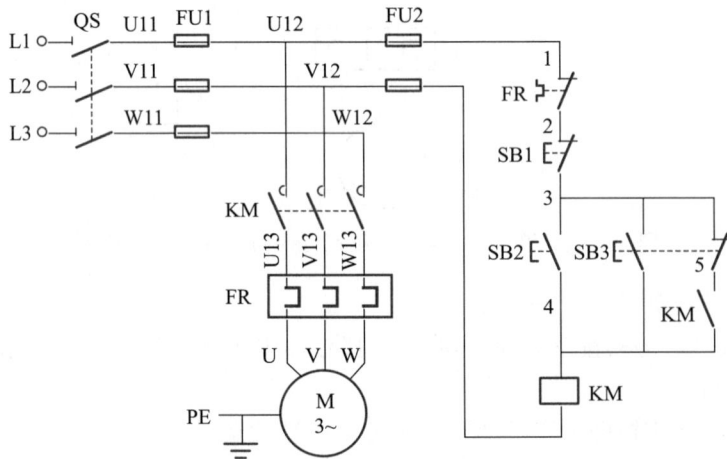

Y-112 M-4.4 kW
380 V、8.8 A、△接法、1 440 r/min

(b) 利用按钮的复合结构实现混合控制

图 3-4　点动与连续运行混合控制线路电气原理图

三、电气控制系统图

为了便于电气控制系统的设计、分析、安装、调整、使用和维修,需要将电气控制系统中各电气元件及其连接线路,用一定的图形表达出来,这种图就是电气控制系统图。电气控制系统图包括"三图一表",即电气原理图、电器元件布置图、电气安装接线图、电器元件明细表。

电气原理图是用图形符号、文字符号、项目代号等表示电路各个电器元件之间关系和工作原理的图纸。

电器元件布置图主要用于表明各种电气设备在机械设备上和电气控制柜中的实际安装位置,为机械电气在控制设备的制造、安装、维护、维修提供必要的资料。

电气安装接线图是为进行装置、设备或成套装置的布线提供各个电气安装接线图项目之间电气连接的详细信息,包括连接关系、线缆种类和敷设线路。

(一)电气原理图

电气原理图的目的是便于阅读和分析控制线路,应根据结构简单、层次分明清晰的原则,采用电器元件展开形式绘制,包括所有电器元件的导电部件和接线端子,但并不按照电器元件的实际布置位置来绘制,也不反映电器元件的实际大小。电气原理图中所有电器元件都应采用国家标准中统一规定的图形符号和文字符号进行表示。电气原理图与电器元件实物的对应关系如图 3-5 所示。

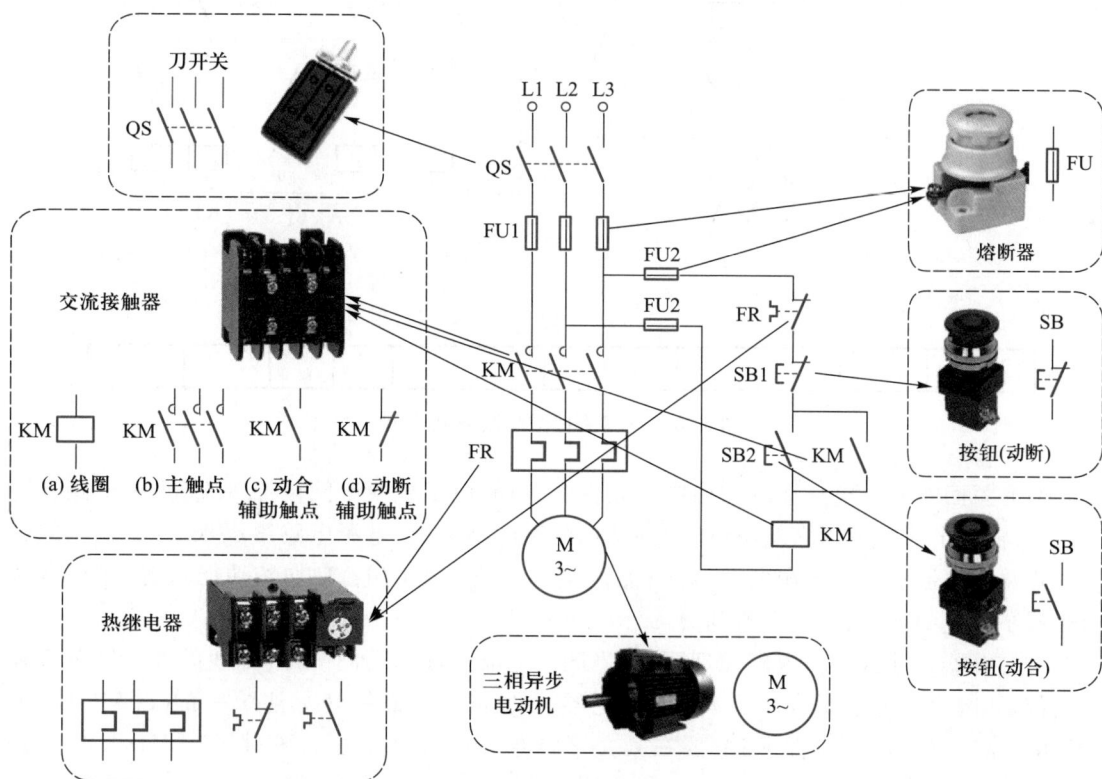

微课:电气原理图

图 3-5　电气原理图与电器元件实物对应关系

电气原理图主要由主电路和辅助电路两大部分组成。主电路是电气控制线路中大电流通过的部分,包括从电源到电动机之间相连的电器元件;一般由组合开关、熔断器、接触器主触点、热继电器的热元件和电动机等组成。辅助电路是控制线路中除主电路以外的电路,其流过的电流比较小。辅助电路包括控制电路、照明电路、信号电路和保护电路。其中控制电路是由按钮、接触器和继电器的线圈及辅助触点、热继电器触点、保护电器触点等组成,主要控制接触器线圈的通电和断电,进而控制主电路的通断。绘制电气原理图,一般要遵循以下原则,下面以图3-6所示电路为例进行说明。

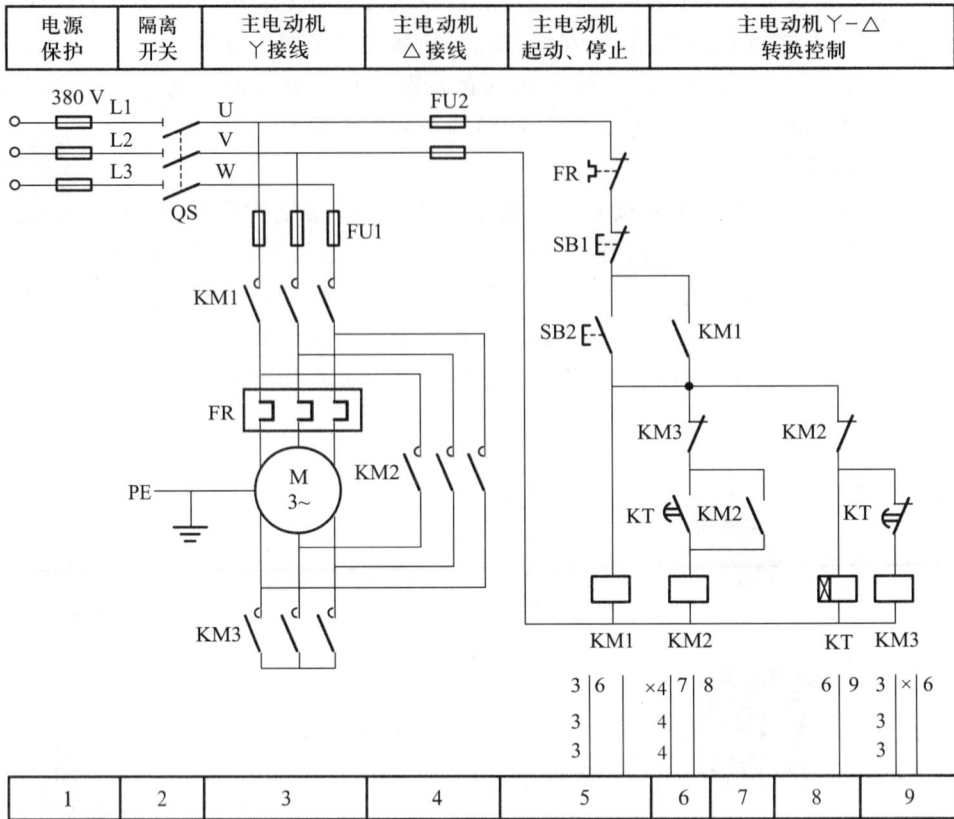

图3-6 电气原理图绘制原则示例

(1)图面布局。电气原理图中电器元件的布局,应根据便于阅读原则安排;主电路在图面左侧,辅助电路在图面右侧,耗能元件画在电路的最下端;电源电路绘成水平线,受电的动力装置及其电器支路与电源电路垂直;无论主电路还是辅助电路,均按功能布置,尽可能按动作顺序从上到下、从左到右排列。

(2)电器元件区分。电气原理图中,当同一电器元件的不同部件(如线圈、触点)分散在不同位置时,为了表示是同一元件,要在电器元件的不同部件处标注统一的文字符号(如KM、KT等);对于同类电器元件,要在其文字符号后加数字序号来区别(如KM1、KM2);在继电器、接触器线圈下方列有触点表,以说明线圈和触点的从属关系。

(3)电器状态。电气原理图中,所有电器元件的可动部分均按没有通电或没有外力作用时的状态画出;继电器、接触器的触点,按其线圈不通电时的状态画出;控制器按手柄处于零位时的状态画出;按钮、行程开关等触点按未受外力作用时的状态画出;热继电器触点按未发生过载动作时的状态画出。

(4)图形原则。电气原理图中,应尽量减少线条和避免线条交叉;各导线之间有电联系时,在交点处画实心圆点;无直接电联系的交叉导线,交叉处不能画黑圆点;根据图面布置需要,可以将图形符号旋转绘制,一般逆时针方向旋转 90°,但文字符号不可倒置;当图形垂直放置时为从左到右时,即垂线左侧为动合触点,右侧为动断触点;当图形水平放置时为从下到上时,即水平线下方为动合触点,上方的触点为动断触点。

(5)图面分区。图面分区时,竖边从上到下用英文字母,横边从左到右用阿拉伯数字分别编号,每个区域都可用代号来区分,如 A3、C6 等;图面下方的图区横向编号是为了便于检索电气线路,方便阅读分析而设置的;图区横向编号的上方对应文字表明了该区元件或电路的功能,以利于理解全电路的工作原理。

(6)电器元件索引。在电气原理图中,在接触器和继电器的线圈下方,需注明其触点的索引代号,如图中接触器 KM1 线圈下面的触点索引代号,就分别表示主触点、辅助动合触点和辅助动断触点的索引位置,未使用触点用"×"表示。

(二)电器元件布置图

电器元件布置图主要是表明电气设备上所有电器元件的实际位置,为电气设备的安装及维修提供必要的资料。电器元件布置图可根据电气设备的复杂程度集中绘制或分别绘制,图中不需标注尺寸,但是各电器元件代号应与有关图纸和电器元件明细表上所有的元器件代号相同,在图中往往留有 10% 以上的备用面积及导线管(槽)的位置,以供改进设计时使用。绘制电器元件布置图时,一般也遵循以下几点原则。

① 机床的轮廓线用细实线或点划线表示,电器元件均用粗实线绘制出简单的外形轮廓。

② 电动机要和被拖动的机械装置画在一起,行程开关应画在获取信息的位置;操作手柄应画在便于操作的位置。

③ 各电器元件之间,上、下、左、右应保持一定的间距,并且应考虑电器元件的发热和散热因素,应便于布线、接线和检修;若采用板前走线槽配线方式,则应适当加大各排电器元件间距,以利于布线和维护。

④ 体积大和较重的电器元件应安装在电器板的下面,而发热元件应安装在电器板的上面。

⑤ 强电弱电分开并注意屏蔽,防止外界干扰。

⑥ 电器元件的布置应考虑整齐、美观、对称。

⑦ 外形尺寸与结构类似的电器元件放置在一起,以利于加工、安装和配线;需要经常维护、检修、调整的电器元件,其安装位置不宜过高或过低。

电器元件布置图示例如图 3-7 所示。

(三)电气安装接线图

电气安装接线图主要用于电气设备的安装配线、线路检查、线路维修和故障处理。在图中要表示出各电气设备、电器元件之间的实际接线情况,并标注出外部接线所需的数据。在电气安装接线图中各电器元件的文字符号、电器元件连接顺序、线路号码编制都必须与电气原理图一致,如图 3-8 所示。

绘制电气安装接线图时,线路采用字母、数字、符号及其组合标记。三相交流电源采用 L1、L2、L3 标记,中性线采用 N 标记;电源开关之后的三相交流电源主电路分别按 U、V、W 顺序标记;分级三相交流电源主电路采用三相文字代号 U、V、W 前加上阿拉伯数字 1、2、3 等来标记,如 1U、1V、1W 及 2U、2V、2W 等;控制电路采用阿拉伯数字编号,一般由三位或三位

微课:电器
元件布置图

微课:电气
安装接线图

以下的数字组成,标记方法按"等电位"原则进行。在垂直绘制的电路中,标号顺序一般由上至下编号;凡是被线圈、绕组、触点或电阻、电容元件所间隔的线段,都应标以不同的阿拉伯数字来作为线路的区分标记。绘制电气安装接线图时,还需遵循以下几条原则。

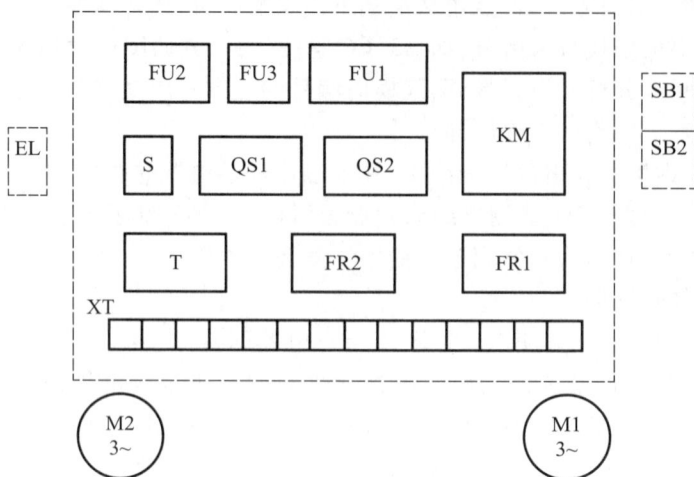

图 3-7　电器元件布置图示例

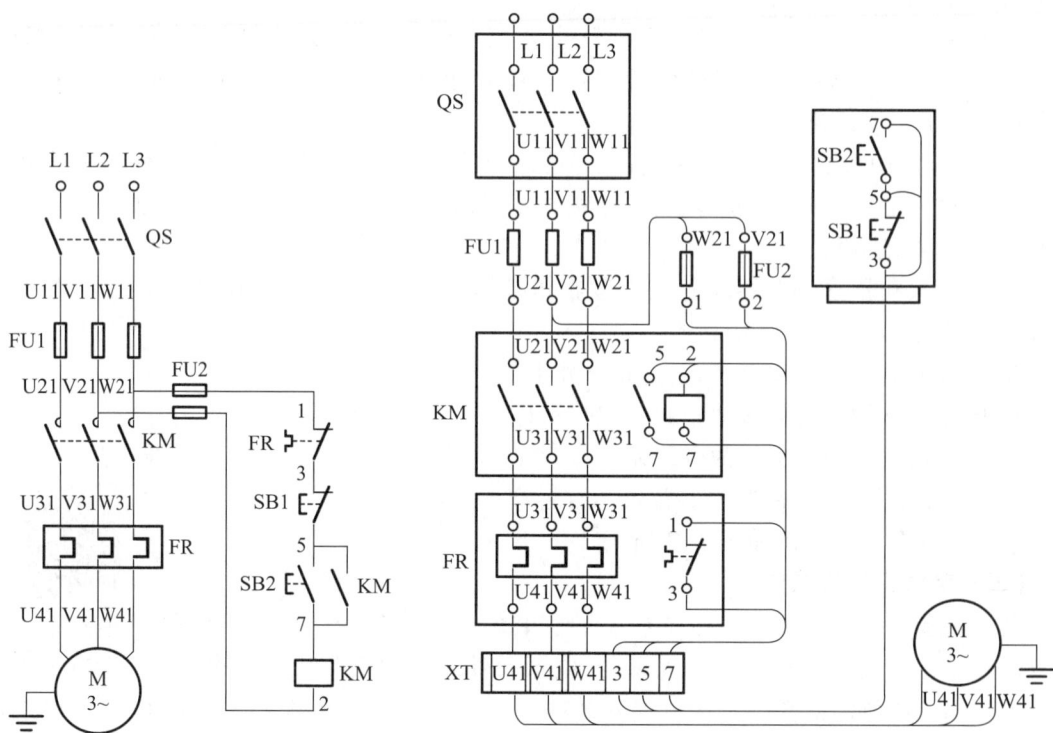

图 3-8　电气安装接线图与电气原理图对照示例

① 各电器元件在图中的位置应与实际的安装位置一致,电器元件所占图面按实际尺寸以统一比例绘制。

② 各电器元件用规定的图形符号绘制,同一电器元件的各部件必须画在一起,并用点

划线框起来,有时将多个电器元件用点划线框起来,表示它们是安装在同一安装底板上的。

③ 不在同一控制柜或配电屏上的电器元件的电气连接必须通过端子排进行连接,安装底板上有几条接至外电路的引线,端子板上就应绘出几个线的接点。

④ 走向相同的相邻导线可以绘成一股线。

⑤ 各电器元件的文字符号及端子排的编号应与电气原理图一致,并按电气原理图的连线进行连接。

⑥ 画连接线时,应标明导线的规格、型号、颜色、根数和穿线管的尺寸。

(四)电器元件明细表

电器元件明细表是把成套装置、设备中的各组成元件(包括电动机)的名称、型号、规格、数量列成表格,供准备材料及维修使用。C616 型卧式车床电器元件明细表见表 3-1。

微课:电器元件明细表

表 3-1　C616 型卧式车床电器元件明细表

符号	名称	型号规格	数量	备注
M1	主电动机	JO2-41-4,4 kW,1 440 r/min	1	
M2	润滑电动机		1	
M3	冷却泵电动机	JCB-22,125 W,2 790 r/min	1	
KM1、KM2	交流接触器	CJ0-20,380 V	2	
KM3	交流接触器		1	
KA	中间继电器	JZ7-44,380 V	1	
FR	热继电器	JR0-20/3	1	
FU1	熔断器		3	
FU2	熔断器		3	
FU3	熔断器	RL1-15/2 A	2	
FU4	熔断器	RL1-15/2 A	1	
SA1	鼓形转换开关	HZ3-452	1	
QS1	转换开关	HZ2-25/3	1	
QS2	转换开关	HZ2-10/3	1	
TC	控制变压器	380/36V,6.3 V	1	
HL	指示灯	6.3 V	1	
EL	照明灯	36 V	1	

【任务实施】

三相异步电动机连续运行控制线路的安装与调试

根据电气控制系统图中电器元件明细表、电器元件布置图和电气安装接线图的相关原则,完成 7.5 kW 三相异步电动机连续运行控制线路的电器元件明细表(填入表 3-2)、电器元件布置图和电气安装接线图等电气工艺文件制定,并进行控制线路的安装与调试。

1. 电气工艺文件制定

表 3-2　三相异步电动机连续运行控制线路电器元件明细表

符号	名称	型号规格	数量	备注

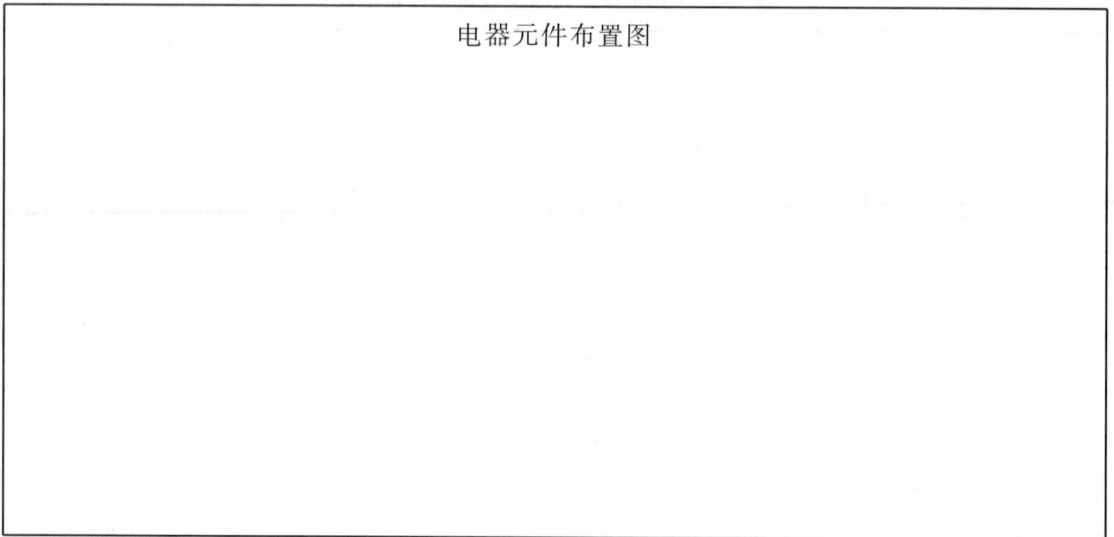

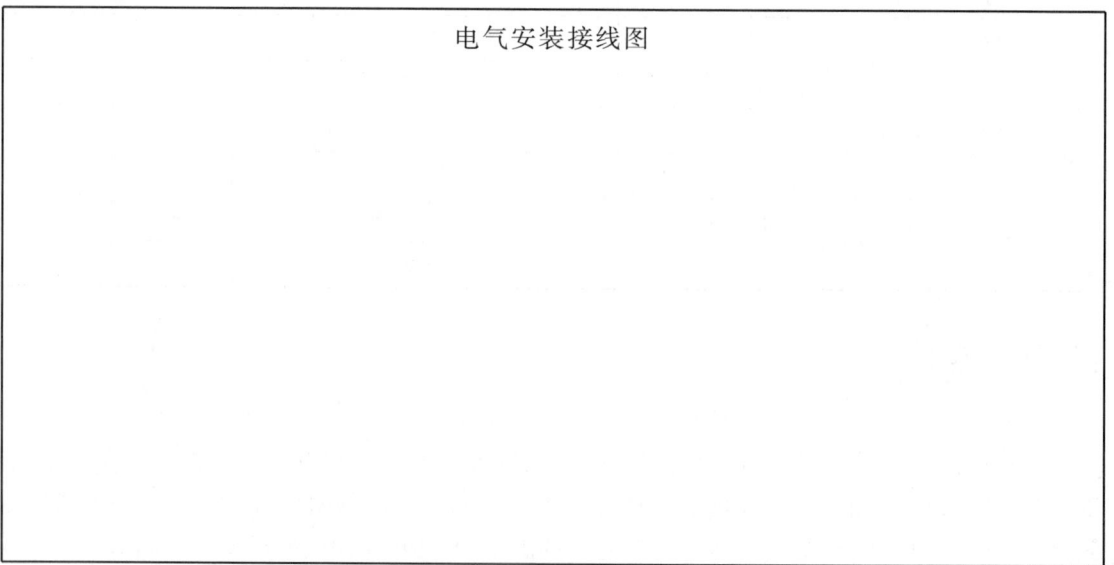

电器元件布置图

电气安装接线图

2. 电气控制线路安装与调试

（1）准备工具

试电笔、螺丝刀、尖嘴钳、斜口钳、剥线钳、电工刀、万用表等。

（2）线路安装

安装前，首先要检查各电器元件是否良好。安装时，要注意位置整齐、匀称，各电器元件之间距离合理，便于电器元件更换；紧固电器元件时要用力均匀，紧固程度要适当。

导线连接可用单股线（硬线）或多股线（软线）连接，用单股线连接时，要求连线横平竖直，沿安装板走线，尽量少出现交叉线，拐角处应为直角；用多股线连接时，安装板上应搭配有行线槽，所有连线沿线槽内走线。导线线头裸露部分不能超过 2 mm，每个接线柱不允许超过两根导线，导线与电器元件连接要接触良好，以减小接触电阻，导线与电器元件连接处是螺钉的，导线线头要沿顺时针方向绕线。布线要美观、整洁、便于检查。

主电路 U、V、W 三相分别用黄色、绿色、红色导线，中性线（N）用黑色导线，保护地线（PE）必须采用黄绿双色导线。三相电源按相序自上而下编号为 L1、L2、L3；经过电源开关后，在出线端子上按相序依次编号为 U11、V11、W11。主电路中有支路的，应从上至下、从左至右，每经过一个电器元件的线桩后，编号要递增，如 U11、V11、W11，U12、V12、W12……

控制电路与照明、指示电路，导线颜色一般选用红色。应从上至下、从左至右，逐行用数字来依次编号，每经过一个电器元件的接线端子，编号要依次递增。

（3）控制线路检测

安装完毕的控制线路必须经过认真检查以后，才允许通电试车，以防止错接、漏接导致不能正常运转或引发短路事故。

用万用表检测主电路。将万用表两表笔接在 FU1 输入端至电动机星形联结中性点之间，分别测量 U 相、V 相、W 相在接触器不动作时的直流电阻，读数应为"∞"；用螺丝刀将接触器的触点系统按下，再次测量三相的直流电阻，读数应为每相定子绕组的直流电阻，如果有异常，则可从熔断器 FU1 输入端依次向下，逐个检测电器元件，根据所测数据判断主电路是否正常。

万用表检测控制电路。将万用表两表笔分别接在 FU2 两输入端，读数应为"∞"按下起动按钮 SB2 时，读数应为接触器线圈的支流电阻。如有异常，可将万用表一端置于 FU2，沿电气原理图依次向下，逐个检测电器元件，根据所测数据判断控制电路是否正常。

（4）通电试车

通电前一定先确保周围人员和设备的安全，再合上电源开关 QS，用试电笔检查熔断器出线端，氖管亮则说明电源接通。按下起动按钮 SB2，电动机得电连续运转，观察电动机运行是否正常，若有异常现象应马上停车。出现故障后，需要停电排除检修，如果需要带点检修，一定做好安全防护措施，遵守电工操作规范。

3. 电气控制线路的故障排除（见表3-3）

表 3-3　电气控制线路的故障排除

故障现象	故障原因	维修方法
电源刀开关一送电就跳闸	刀开关下桩头以下的电路存在短路（相间短路或者对地短路）	可用绝缘电阻表、万用表检查电路短路位置，进行维修

续表

故障现象	故障原因	维修方法
接触器一吸合就跳闸	接触器下桩头以下的电路存在短路（相间短路、对地短路），热元件相间短路，电动机有短路故障，到电动机的接线相间或对地短路	可用绝缘电阻表、万用表检查电路短路位置，进行维修
接触器能够吸合，但电动机没有声音	三相电源不正常（220 V 控制电压），热元件两相开路，电动机两相线圈开路，到电动机的接线断两根	用万用表依次测量相关位置
接触器吸合后电动机有嗡嗡声音，不能转动（电动机单相或卡死）	三相电源不正常（断一相电源），刀开关、接触器、热元件一相开路，电动机一相线圈开路，到电动机的接线断一根、电动机轴承卡死、机械负载卡死	用万用表检查相关元件是否断开，或者手动检查电动机负载端有无卡死
接触器不能吸合	电源电压达不到接触器吸合电压、控制按钮触点故障（动断触点或动合触点）、接触器辅助触点接触不良、热继电器动断触点断开	用万用表依次排查

【知识拓展】

YB2 系列防爆三相异步电动机采用 155（F）级绝缘，绕组温升（电阻法）按 80K 考核（其中机座号 315L 的 2、4 级和机座号 355 允许按 105K 考核），外壳防护等级为 IP55，冷却方式为 IC411，工作方式为 S1 连续。

YB2 系列电动机，除具有功率高、转矩大、温升低、振动小等许多优点外，还具有结构先进、使用安全可靠等显著特点。

YB2 系列电动机适用于有甲烷的环境或煤矿井下等存在爆炸型混合物的场所一般性传动。

【知识巩固】

一、填空

1. 一般三相异步电动机的功率在_____以下可采用直接起动。

2. 在点动控制线路中交流接触器可以起到_____的作用。

3. 点动控制的定义为_____。

二、选择

1. 电动机点动控制时，主电路可以省略（　　　）。

　A. 刀开关　　　　　　　B. 接触器　　　　　　　C. 热继电器　　　　　　D. 熔断器

2. 电动机点动控制线路中熔断器起到（　　　）保护。

　A. 过载　　　　　　　　B. 短路　　　　　　　　C. 失电压　　　　　　　D. 过电压

3. 电动机点动控制线路中为什么可以省略热继电器（　　　）

　A. 工作时间长　　　　　B. 工作时间短　　　　　C. 工作时间不确定　　　D. 不想用

三、简答题

在图 3-9 所示的点动控制线路中，刀开关 QS、熔断器 FU1、FU2 和起动按钮 SB、接触器 KM 主触点各起了什么作用？并分析线路工作原理。

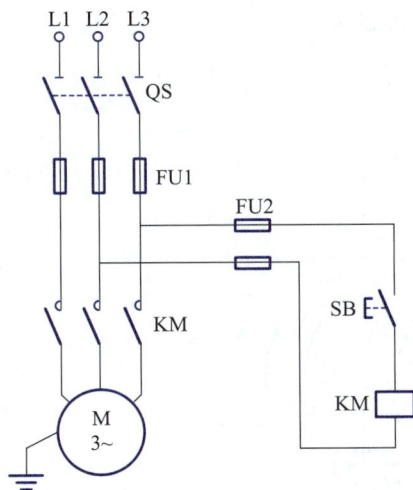

图 3-9　简答题图

三相异步电动机的正反转控制

大多生产设备和 C650 型卧式车床一样,对电动机都有正反转控制要求。由三相异步电动机的工作原理可知,改变通入电动机定子绕组三相电源的相序,即把接入电动机的三相电中的任意两相对调,电动机即可反转。

【知识储备】

一、电动机正反转的手动控制

电动机的正反转控制实质上是两个相反的单方向运行线路,在电路中,只需用两个接触器就可以实现,如图 3-10 所示。

电路工作原理如下。

闭合电源开关 QF,按下正转起动按钮 SB1,接触器 KM1 线圈通电→KM1 主触点闭合,KM1 辅助动合触点自锁→电动机正转;按下停止按钮 SB3,接触器 KM1 线圈断电→接触器主触点、辅助动合触点断开→电动机停止。

按下反转起动按钮 SB2,接触器 KM2 线圈通电→KM2 主触点闭合,KM2 辅助动合触点自锁→电动机反转;按下停止按钮 SB3,接触器 KM2 线圈断电→接触器主触点、辅助动合触点断开→电动机停止。

在 KM1 和 KM2 线圈所在回路中,串入了对方的动断触点,如果当电动机在正转过程中,KM1 辅助动断触点断开,即使按下反转起动按钮 SB2,KM2 线圈也不能接通;同样如果电动机在反转过程中按下正转起动按钮 SB1,也不能使其起动;这种将自己的动断触点串入对方线圈回路中的环节称为互锁(连锁),互锁环节保证了 KM1 和 KM2 两个接触器主触点不会同时接通,避免电路短路危险的发生。

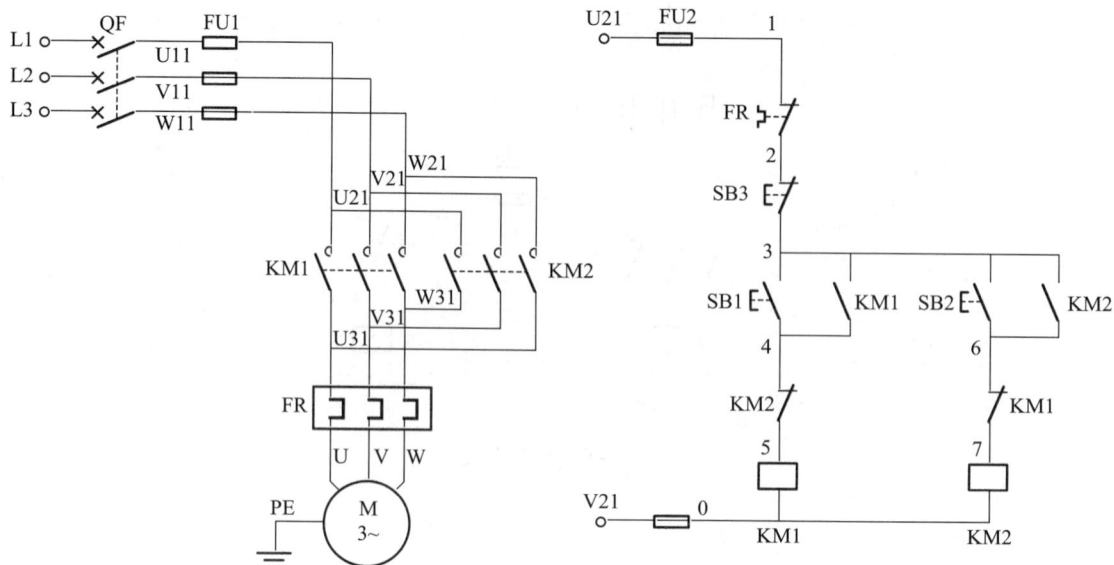

图 3-10 三相异步电动机正反转控制线路电气原理图

如图 3-10 所示,当电动机处于正转过程中时,必须先按停止按钮 SB2,然后再反向起动,这种控制线路称为正-停-反控制电路。大多生产设备一般都要求不停车实现电动机的正反转直接切换,采用按钮的复合触点,将控制线路设计为如图 3-11 所示,即可实现电动机的正-反-停控制。

图 3-11 三相异步电动机的正-停-反控制线路电气原理图

在此控制电路中,既有 KM1 和 KM2 的动断辅助触点实现互锁,又有按钮 SB1 和 SB2 复合按钮的双重联锁,称为双重联锁控制线路。首先闭合电源开关 QF,电路工作原理如下。

（1）起动控制

按下正向起动按钮 SB1,SB1 动断触点断开,对 KM2 线圈实现联锁,之后 SB2 动合触点闭合→KM1 线圈通电→KM1 动断触点断开,对 KM2 实现联锁,之后 KM1 自锁触点闭合,同时 KM1 主触点闭合→电动机 M 定子绕组加正向电源直接正向起动运行。

按下反向起动按钮 SB2,SB2 动断触点断开,对 KM1 线圈实现联锁,之后 SB2 动合触点闭合→KM2 线圈通电→KM2 动断触点断开,对 KM1 实现联锁,之后 KM2 自锁触点闭合,同时 KM2 主触点闭合→电动机 M 定子绕组加反向电源直接反向起动。

（2）停止控制

按下停止按钮 SB3,KM1（或 KM2）线圈断电→KM1（或 KM2）主触点断开→电动机 M 定子绕组断电并停转。

这个电路既有接触器联锁,又有按钮联锁,称为双重联锁的可逆控制电路,为机床电气控制系统所常用。

二、电动机正反转的自动控制

工业或者民用很多设备,大都有工作范围限制,移动部件到极限位置,需要停止或者反向运动,X6132 型万能卧式铣床工作台有前后、左右及上下的自动运行,当运行到某一方向的限位时,工作台必须停止或反向运动。控制设备运动部件移动到限位或者固定位置就改变运动状态,通常使用行程开关或者限位开关实现。下面以控制工作台自动往返运动为例介绍,如图 3-12 所示,SQ1 和 SQ2 分别是工作台左右限位的两个行程开关,工作台移动到左、右限位位置后要自动反向运行,以防止超程。

微课：电动机正反转的自动控制

电路工作原理如下。

闭合电源开关 QS,按下起动按钮 SB2→KM1 线圈得电并自锁→电动机正转→工作台向左移动至左移预定位置→挡铁压下 SQ2→SQ2 动断触点断开→KM1 线圈失电,随后 SQ2 动合触点闭合→KM2 线圈得电→电动机由正转变为反转→工作台开始向右移动至右移预定位置→挡铁压下 SQ1→KM2 线圈失电,KM1 线圈得电→电动机由反转变为正转→工作台再次向左移动,如此周而复始地自动往返工作。

按下停止按钮 SB1→KM1（或 KM2）线圈失电→KM1（或 KM2）主触点断开→电动机停转→工作台停止移动。

为了更好地保护设备移动部件不会因行程开关失灵而超程出现安全事故,一般会在一侧限位设置两个行程开关,一个设置在限位内侧几毫米以内,一个设置在限位位置,如图 3-13 所示,如果行程开关 SQ1 功能失灵,则 SQ3 还能起到限位保护作用。

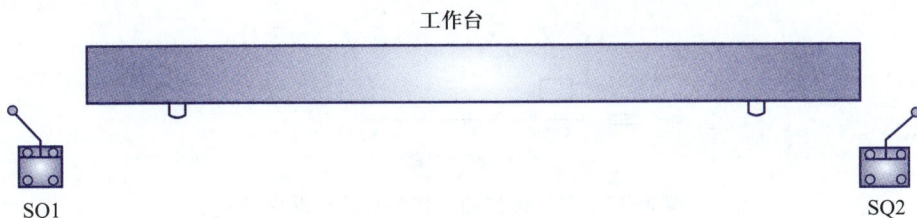

工作台

SQ1　　　　　　　　　　　　　　　　　　　　　　SQ2

(a) 示意图

(b) 电气原理图

图 3-12　工作台自动往返运动

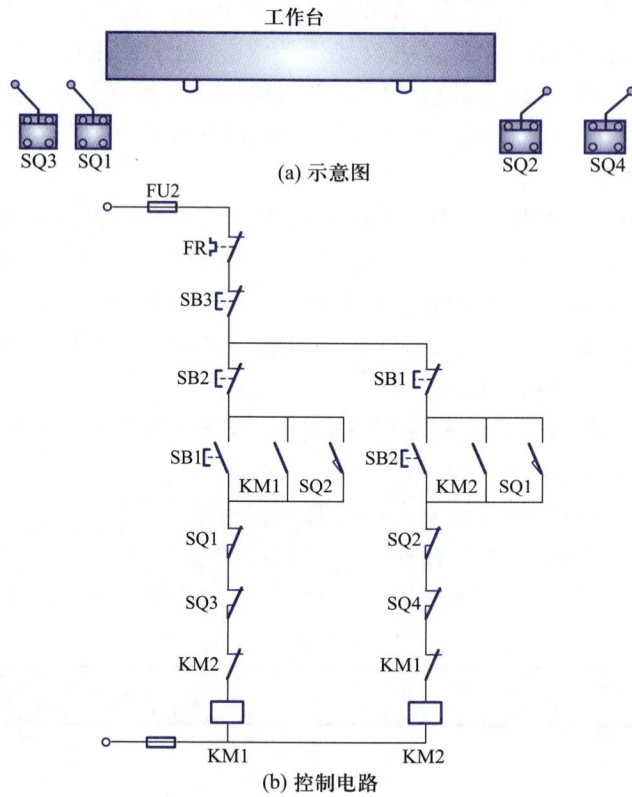

(a) 示意图

(b) 控制电路

图 3-13　双重保护的工作台自动往返控制

【任务实施】

三相异步电动机正反转控制线路安装与调试

根据任务一介绍的电气控制系统图中电器元件明细表、电器元件布置图和电气安装接线图的相关原则,完成 7.5 kW 三相异步电动机正反转控制线路的电器元件明细表(填入表 3-4)、电器元件布置图和电气安装接线图的绘制。

1. **电气工艺文件制定**

表 3-4　三相异步电动机正反转控制线路电器元件明细表

符号	名称	型号规格	数量	备注

三相异步电动机正反转控制线路电器元件布置图

三相异步电动机正反转控制线路电气安装接线图

2. 电气控制线路安装与调试

根据电动机正反转控制线路电气原理图、电气安装接线图等工艺文件,按照电气安装与调试要求,进行控制线路的安装与调试,并在表 3-5 中记录工作过程。

表 3-5　工作过程记录

工作任务	工作情况记录
工具准备	
线路安装	
线路检测	
通电试车	

3. 故障排除

如果线路出现表 3-6 中的故障现象,根据控制原理分析故障原因并进行排除。

表 3-6　故障分析与排除

故障现象	故障原因	维修方法
按下正、反转起动按钮,电动机均不能正常转动,接触器 KM1 和 KM2 能够吸合		
按下正、反转起动按钮,电动机均不能正常转动,接触器 KM1 和 KM2 也不能够吸合		
电动机能够正转,但是不能正常反转		
电动机能够正常正、反转,但是不能停止		

【知识巩固】

一、填空

1. 自锁是在＿＿＿＿＿＿按钮处＿＿＿＿＿＿自身的＿＿＿＿＿触点,互锁又称＿＿＿＿＿＿,是在＿＿＿＿＿＿处＿＿＿＿＿＿的＿＿＿＿＿触点。

2. 三相异步电动机正反转控制线路中,KM1 和 KM2 两个接触器任何时候只能接通其中一个,因此在接通其中一个之后就要设法保证另一个不能接通,这种相互制约的控制称为＿＿＿＿＿＿＿＿控制。

3. 三相异步电动机正反转控制线路中熔断器的作用是＿＿＿＿＿＿;热继电器的作用是＿＿＿＿＿＿。

4. 三相异步电动机正反转控制线路中,电动机的连续运行采用_____。

二、选择

1. 三相异步电动机的正反转控制的关键是改变(　　　)

  A. 电源电压 　　　　　　B. 负载大小 　　　　　　C. 电源相序 　　　　　　D. 电源电流

2. 为了避免正反转接触器同时得电,线路采取(　　　)

  A. 功率控制 　　　　　　B. 自锁控制 　　　　　　C. 互锁控制 　　　　　　D. 位置控制

3. 在图 3-14 所示电路中,正常操作时能够实现正反转的图是(　　　)

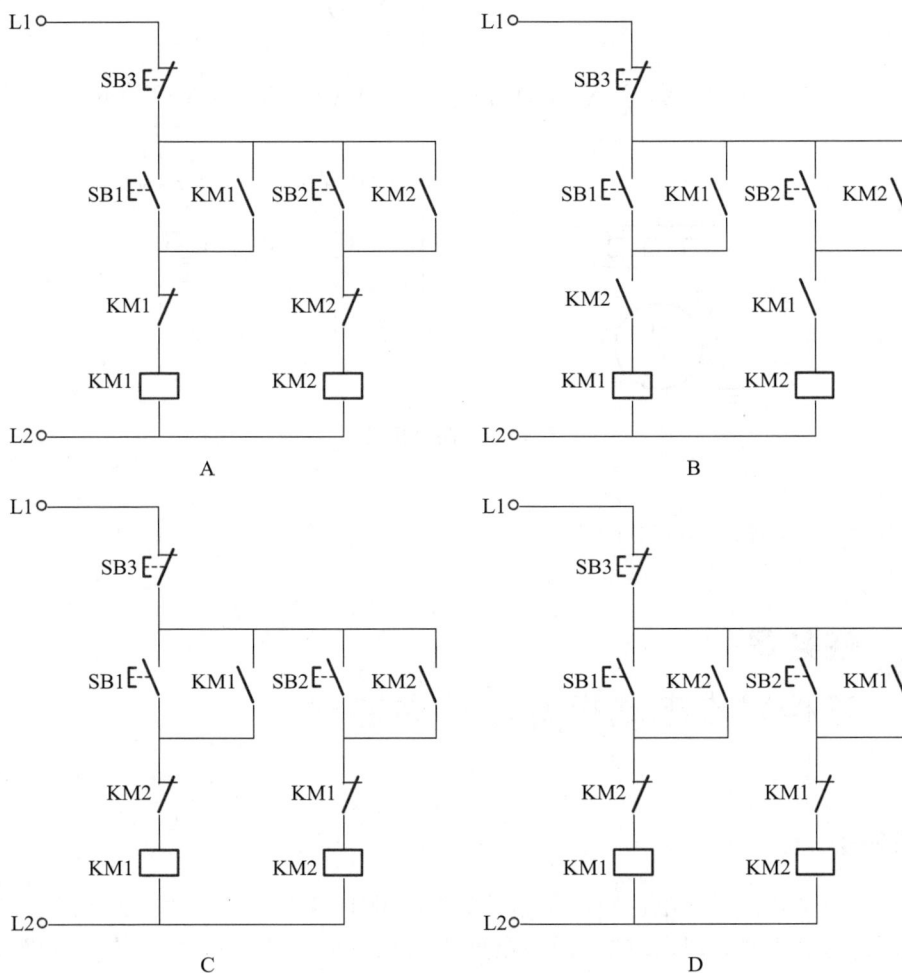

图 3-14　选择题 3 图

三、电路分析

1. 在图 3-15 所示电路中:

  QS 是_____,其作用是_____;

  FU 是_____,其作用是_____;

  KM1 是_____,其作用是_____;

  KM2 是_____,其作用是_____;

  FR 是_____,其作用是_____;

SB1 是＿＿＿＿＿＿＿＿＿，其作用是＿＿＿＿＿＿＿＿＿；

SB3 是＿＿＿＿＿＿＿＿＿，其作用是＿＿＿＿＿＿＿＿＿。

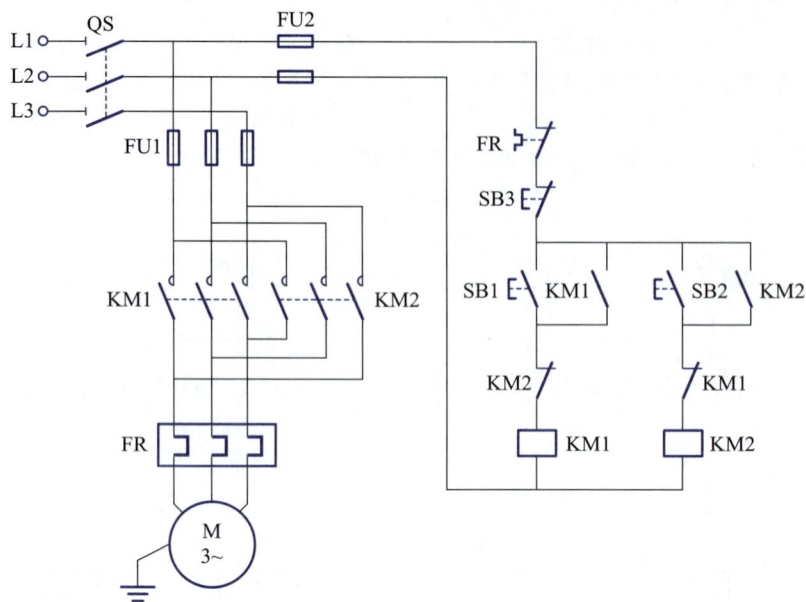

图 3-15　电路分析题图

2. 该控制电路的功能是＿＿＿＿＿＿＿＿＿＿＿＿＿＿＿。
3. 简述正转控制工作原理。

任务 3

三相异步电动机减压起动控制

【知识储备】

三相异步电动机的起动电流一般可达额定电流的 4~7 倍，过大的起动电流一方面会导致电网电压的显著下降，直接影响在同一电网中其他用电设备的正常工作；另一方面，电动机频繁起动会严重发热，加速绕组老化，缩短电动机的使用寿命，因此直接起动只适用于小容量电动机。当电动机容量较大（大于 10 kW）时，一般会采用减压起动。

减压起动，就是在电动机起动时减小加在电动机定子绕组上的电压，当电动机转速提升到一定值后，再将加在电动机定子绕组上的电压恢复至额定工作电压，以获得较小的起动电流。减压起动的目的是减小起动电流，但是在起动电流减小的同时，起动转矩也随之降低，因此减压起动只适用于空载或轻载情况下使用。

常用的减压起动方法有定子绕组串电阻减压起动、星形—三角形（丫—△）减压起动、自耦变压器减压起动和延边三角形减压起动。

一、星形—三角形(丫—△)减压起动控制线路

星形—三角形(丫—△)减压起动适用于正常工作三角形（△）联结的电动机,起动时采用星形联结,每相绕组电压较低,待电动机达到正常转速后,切换成三角形联结,全压运行,星形—三角形(丫—△)减压起动控制线路电气原理图如图 3-16 所示。

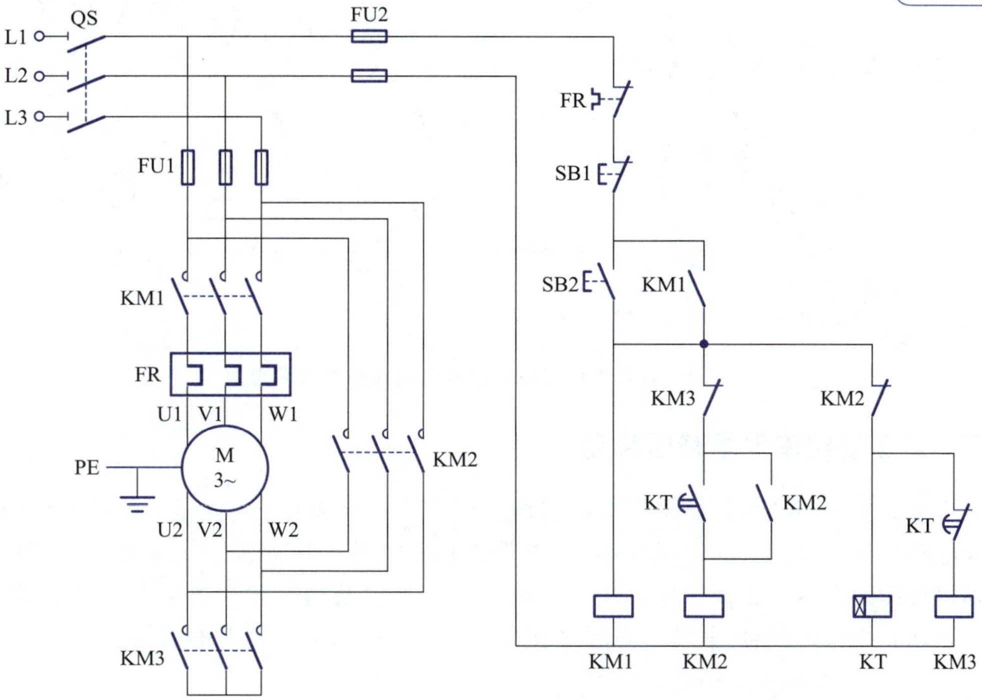

微课:电动机星形—三角形减压起动控制线路

图 3-16　星形—三角形(丫—△)减压起动控制线路电气原理图

合上 QS,按下 SB2,接触器 KM1 线圈得电,接触器 KM1 主触点、辅助动合触点闭合→接触器 KM3、通电延时时间继电器 KT 线圈得电→KM3 主触点闭合(时间继电器开始延时)→电动机定子绕组接线成丫联结减压起动→KT 延时时间到,延时断开的动断触点断开→KM3 线圈失电→KM3 主触点断开,丫联结断开→延时闭合的动合触点闭合→KM2 线圈接通,电动机△联结运行。

KM2 和 KM3 的辅助动断触点串入对方线圈回路中,形成互锁保护;当 KM2 线圈通电,电动机△联结方式正常运行时,KM2 辅助动断触点同时将 KM3 和 KT 线圈同时断开,除了互锁保护外,还及时将时间继电器线圈断电,提高了时间继电器的使用寿命。

二、自耦变压器减压起动

微课:自耦变压器减压起动

自耦变压器减压起动是指电动机起动时利用自耦变压器来减小加在电动机定子绕组上的起动电压,待电动机起动后,再使电动机与自耦变压器脱离,从而在全压下正常运动。

可以按允许的起动电流和所需的起动转矩来选择自耦变压器的不同抽头实现减压起动,而且不论电动机的定子绕组采用丫或△联结都可以使用,如图 3-17 所示。但是自耦变压

器减压起动控制线路中设备体积大,所需投资较高。

图 3-17　自耦变压器减压起动控制线路电气原理图

三、定子绕组串电阻减压起动

　　定子绕组串电阻减压起动是指电动机起动时在定子绕组中串接电阻,通过电阻的分压作用使电动机定子绕组上的电压减小,待电动机转速上升至接近额定转速时,将电阻切除,使电动机在额定电压下正常工作,如图 3-18 所示。这种起动方式适用于电动机容量不大、起动不频繁且平稳的场合,其特点是起动转矩小、加速平滑,但电阻上的能量损耗大。

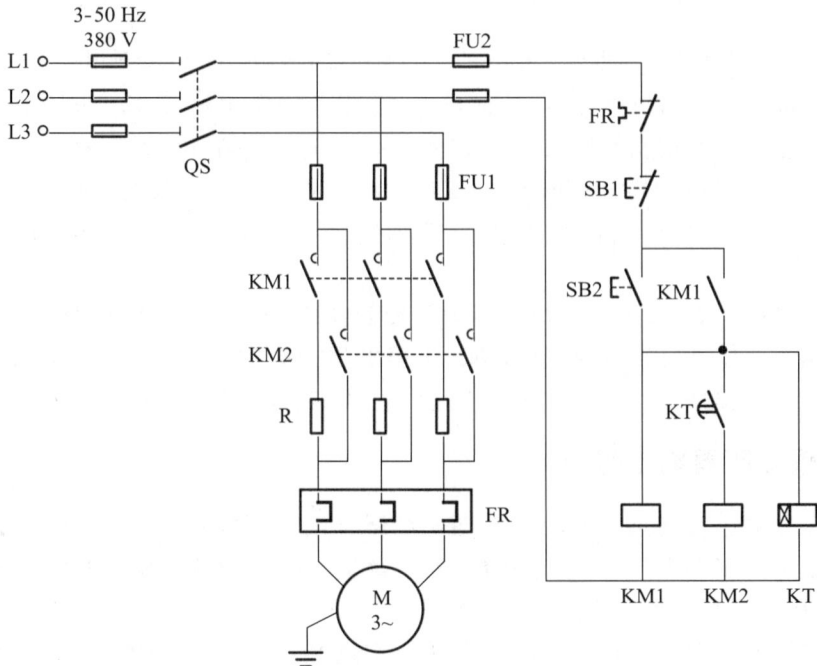

图 3-18　定子绕组串电阻减压起动控制线路电气原理图

【任务实施】

三相异步电动机星形—三角形减压起动控制线路安装与调试

根据任务一电气控制系统图中电器元件明细表、电器元件布置图和电气安装接线图的相关原则,完成 15 kW 三相异步电动机星形—三角形减压起动控制线路电器元件明细表(填入表 3-7 中)、电器元件布置图和电气安装接线图的绘制。

1. 电气工艺文件制定

表 3-7 三相异步电动机星形—三角形减压起动控制线路电器元件明细表

符号	名称	型号规格	数量	备注

三相异步电动机星形—三角形减压起动控制线路电器元件布置图

三相异步电动机星形—三角形减压起动控制线路电气安装接线图

2. 电气控制线路安装与调试

根据三相异步电动机星形—三角形减压起动控制线路电气原理图、电气安装接线图等工艺文件,按照电气安装与调试要求,进行控制线路的安装与调试,并在表 3-8 中记录工作过程。

表 3-8 工作过程记录

工作任务	工作情况记录
工具准备	
线路安装	
线路检测	
通电试车	

3. 故障排除

如果线路出现表 3-9 中故障现象,根据控制原理分析故障原因并进行排除。

表 3-9　故障分析与排除

故障现象	故障原因	维修方法
按下起动按钮后,电动机无法起动,KM1 线圈不吸合		
电动机星形起动正常,但无法转换为三角形运行		
电动机星形起动点动,松开按钮即停止,但长按起动按钮可正常切换三角形运行		

【知识巩固】

一、填空

1. 三相异步电动机常用的减压起动方法有＿＿＿＿＿＿、＿＿＿＿＿＿和＿＿＿＿＿＿等。

2. 减压起动的目的是减小＿＿＿＿＿＿电流。

3. 星形—三角形减压起动适用于额定运行为＿＿＿＿＿＿接法且容量较大的电动机,起动电流为直接起动的＿＿＿＿＿＿,适用于＿＿＿＿＿＿或＿＿＿＿＿＿起动的场合。

二、选择

1. 三相异步电动机既不增加起动设备,又能适当增加起动转矩的一种减压起动方法是(　　　)

    A. 定子串电阻减压起动　　　　　　　　　　B. 定子串自耦变压器减压起动

    C. 星—三角减压起动　　　　　　　　　　　D. 延边三角形减压起动

2. 采用星形—三角形减压起动的电动机,正常工作时定子绕组接成(　　　)

    A. 三角形　　　　　　　　　　　　　　　　B. 星形

    C. 星形或三角形　　　　　　　　　　　　　D. 定子绕组中间带抽头

3. 在电动机减压起动控制过程中常用的控制原则是(　　　)

    A. 速度　　　　　　　　B. 电流　　　　　　　　C. 电压　　　　　　　　D. 时间

4. 电动机的星形—三角形减压起动控制主要用于下列哪种场合(　　　)

    A. 满载状态起动　　　　B. 重载状态起动　　　　C. 对起动无要求　　　　D. 空、轻载状态起动

任务 **4**

三相异步电动机调速控制

【知识储备】

三相异步电动机转速公式为

$$n_1 = \frac{60f(1-s)}{p}$$

式中:f 为交流电源频率;s 为电动机转差率;p 为电动机磁极对数。

由上式可知,电动机的转速与电源频率成正比,与磁极对数成反比,转差率越小,电动机转速越大。三相异步电动机实现调速控制,可通过改变电动机磁极对数和频率进行调速。

一、双速电动机调速

由电动机转速公式可知,磁极对数 p 和转速 n_1 成反比,减小旋转磁场磁极对数,就可增大电动机转速。双速电动机属于异步电动机变极调速,是通过改变定子绕组的连接方法达到改变定子旋转磁场的磁极对数,从而改变电动机的转速。改变磁极对数的方法有:可以在定子槽内嵌有两个不同磁极对数的共有绕组,通过外部控制线路的切换来改变电动机定子绕组的接法来实现改变磁极对数;也可在定子槽内嵌有两个不同磁极对数的独立绕组;还可以在定子槽内嵌有两个不同磁极对数的独立绕组,而且每个绕组又可以有不同的联结方式。这种调速方法是有级调速,不能平滑调速,而且只适用于笼型异步电动机。

以两个磁极对数共有绕组,通过改变外部控制线路的方法改变电动机定子绕组的接法来实现磁极对数改变的双速电动机为例,绕组从三角形改为双星形,如图 3-19 和图 3-20 所示,改为双星形后,磁极对数减小一半,转速增大一倍,这种变极调速后,电动机额定功率基本不变。利用这种变速方法,在改变磁极对数时,应把接到电动机进线端子上的电源相序改变一下。

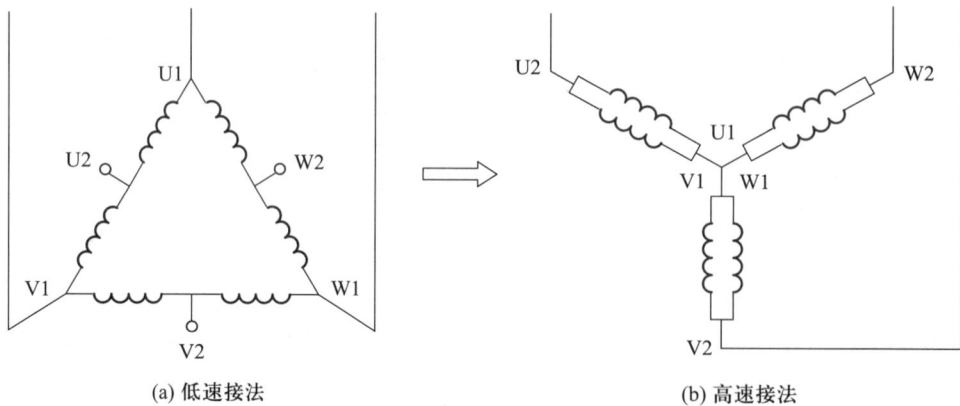

(a) 低速接法　　　　　　　　　　　(b) 高速接法

图 3-19　双速电动机定子绕组接线方法

电路工作原理如下。

合上电源开关 QF,按下起动按钮 SB2,SB2 复合动断触点断开 KA 和 KM2 线圈,SB2 复合动合触点接通 KM1 线圈→KM1 主触点闭合,KM1 辅助动合触点自锁→L1 接 U1、L2 接 V1、L3 接 W1,U2、V2、W2 悬空。电动机在△联结下运行,此时电动机 $p=2$、$n_1=1\,500\text{r/min}$。

按下按钮 SB3,SB3 的复合动断触点断开 KM1 线圈,SB3 的复合动合触点接通 KA 和 KM2 线圈→KA 动合触点自锁,KM2 主触点和辅助动合触点吸合。U1、V1、W1 与三相电源 L1、L2、L3 脱离,定子绕组三个首端 U1、V1、W1 连在一起,并把三相电源 L1、L2、L3 引入接 U2、V2、W2,此时电动机在YY联结下运行,这时电动机 $p=1$,$n_1=3\,000\text{ r/min}$。

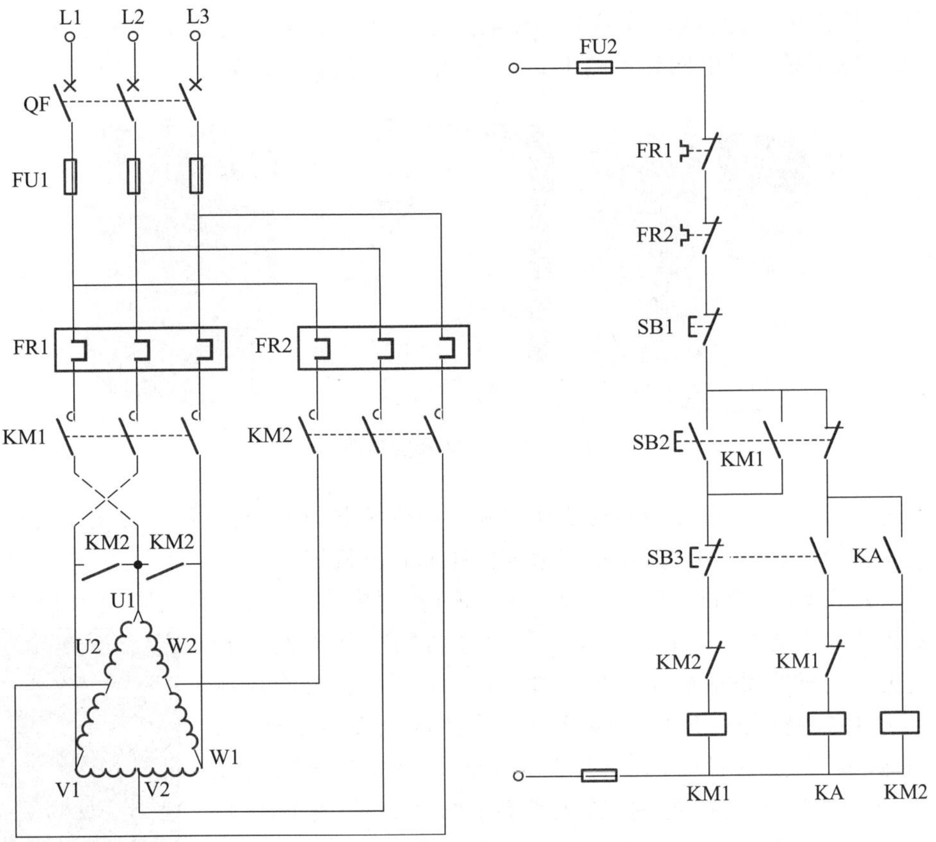

图 3-20　双速电动机控制线路电气原理图

此控制回路中 SB2 的动合触点与 KM1 线圈串联,SB2 的动断触点与 KM2 线圈串联,同样 SB3 按钮的动断触点与 KM1 线圈串联,SB3 的动合触点与 KM2 线圈串联,这种控制就是按钮的互锁控制,保证△联结与丫丫联结两种接法不可能同时出现,同时 KM2 辅助动断触点接入 KM1 线圈回路,KM1 辅助动断触点接入 KM2 线圈回路,也形成互锁控制。

二、变频调速

目前,变频调速是采用非常广泛的一种调速方式。变频器(Variable-frequency Drive,VFD)是应用变频技术与微电子技术,通过改变电动机工作电源频率的方式来控制交流电动机的电力控制设备,其实物图如图 3-21 所示。变频器主要由整流(交流变直流)、滤波、逆变(直流变交流)、制动、驱动、检测、微处理等单元组成。变频器靠内部绝缘栅场效应晶体管(IGBT)的开断来调整输出电源的电压和频率,根据电动机的实际需要来提供其所需要的电源电压,进而达到节能、调速的目的,另外,变频器还有很多的保护功能,如过电流、过电压、过载保护等。随着工业自动化程度的不断提高,变频器也得到了非常广泛的应用。

变频器按频率变换的方法分为交—交型变频器和交—直—交型变频器。交—交型变频器可将工频交流电直接转换成频率、电压均可以控制的交流电,故称直接式变频器。交—直—交型变频器则是先把工频交流电通过整流装置转变成直流电,然后再把直流电变换成频率、电压均可以调节的交流电,称为间接型变频器。交—直—交变频器需要两次换能,变频效率较低,输出频率范围宽,适用于各种电力拖动装置。交—交变频器无直流环节,变频效率高,最高输出频率是电网频率的 1/3 ~ 2/3,适用于大功率低频装置。

图 3-21　变频器实物图

按用途不同,变频器可分为通用变频器和专用变频器,专用变频器主要用于在性能方面要求较高或有特殊要求的装置,如精密数控机床和卷扬机等。

按控制方式不同,变频器可分为 V/f(压/频)控制模式、转差频率控制(V/f 闭环控制)、矢量控制和转矩控制等。V/f 控制模式是通过压频变换器使变频器的输出电压与输出频率成比例地改变,即 V/f = 常数;转差频率控制(V/f 闭环控制)是通过控制转差 Δn,来控制电动机的转矩,达到控制电动机转速的目的;矢量控制是交流电动机用模拟直流电动机的控制方法来进行控制;转矩控制(称为 DSC 或 DTC 控制)是一种具有高控制性能的交流调速技术,完成了交流调速的又一次技术飞跃。

把直流电逆变成交流电的环节较易控制,因此在频率的调节范围内,以及改善频率后电动机的特性等方面都有明显的优势。

下面以正泰 NVF5 系列变频器为例,介绍变频器的使用方法。

(一)变频器的铭牌

正泰 NVF5 系列变频器的铭牌如图 3-22 所示。

(二)变频器型号的含义

正泰 NVF5 系列变频器型号的含义如图 3-23 所示。

(三)变频器端子接线图

变频器端子接线图如图 3-24 所示。

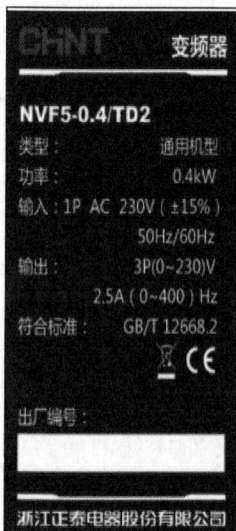

图 3-22　正泰 NVF5 系列
变频器的铭牌

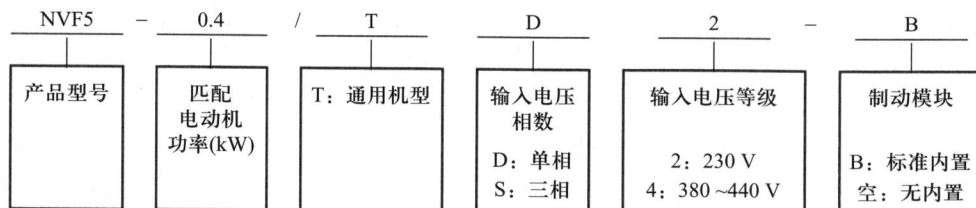

图 3-23　正泰 NVF5 系列变频器产品型号的含义

AO 拨码开关:拨在左侧时,输出 0 ~ 20 mA 或者 4 ~ 20 mA 模拟量电流;拨在右侧时,输出 0~10 V 模拟量电压。

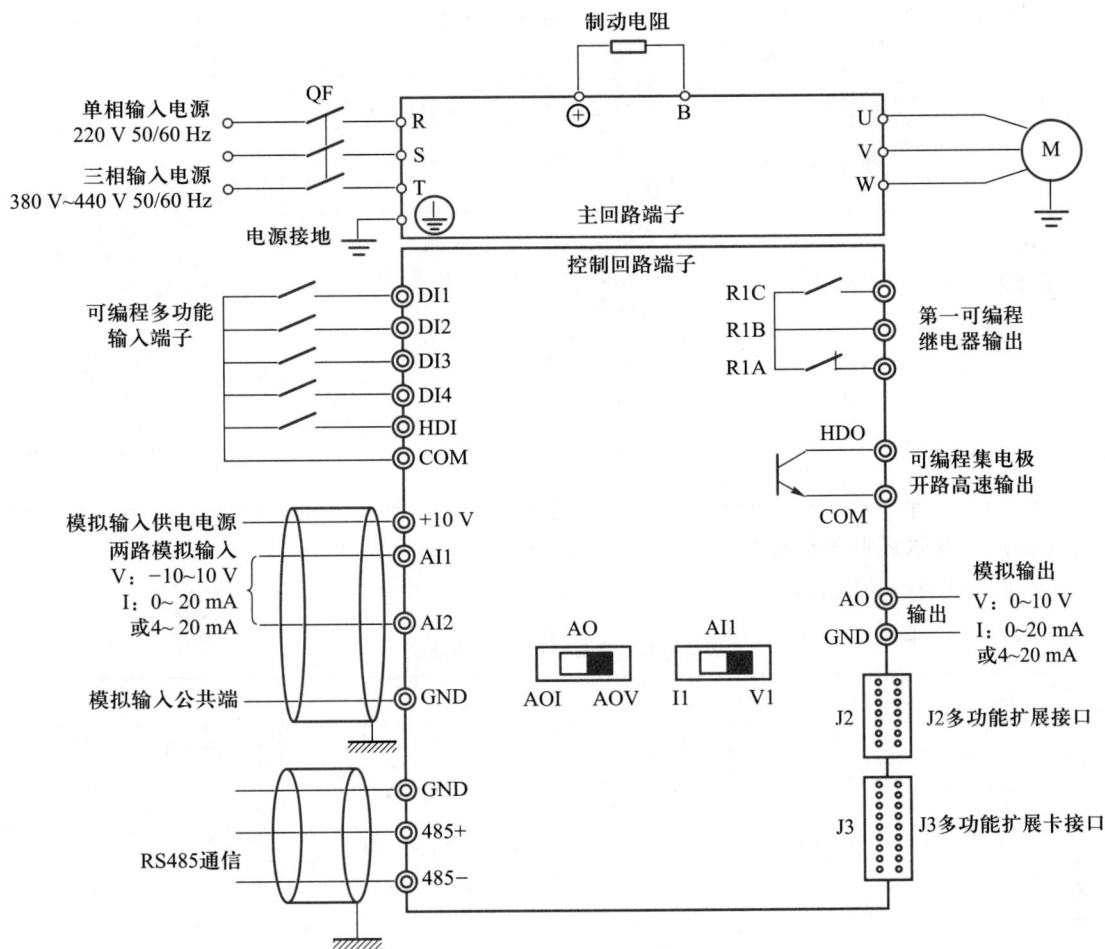

图 3-24　变频器端子接线图

AI1 拨码开关:拨在左侧时,输入 0~20 mA 或者 4~20 mA 模拟量电流;拨在右侧时,输入 0~10 V 模拟量电压。

（四）主回路端子接线标识

主回路端子接线标识及端子功能说明详见图 3-25 和表 3-10。

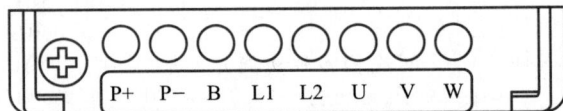

(a) 单相230 V系列(NVF5-0.4/TD2~2.2/TD2)

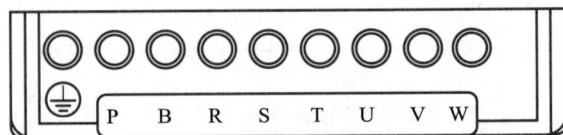

(b) 三相380 V系列(NVF5-0.4/TS4-B~7.5/TS4-B、NVF5-1.5 GS~7.5 GS

图 3-25　主回路端子接线标识

表 3-10 主回路端子功能说明表

端子符号	端子名称	功能描述	接线注意事项
R、S、T	主回路电源输入	三相交流电压输入端,与电网连接	① 必须按照端子功能接线,否则有损坏变频器的危险,甚至导致火灾;
L1、L2	主回路电源输入	单相交流电压输入端,与电网连接	
U、V、W	变频器输出	三相交流电压输出端,一般与电动机连接	② 制动单元的配线长度不应超过 10 m,应使用双绞线或紧密双线并行配线;
⏚	接地端子	安全保护接地端,必须可靠接地,接地线截面积不能小于变频器输入电源线的截面积	③ 外接制动电阻时,不可将制动电阻直接接在直流母线上,否则有损坏变频器的危险,甚至引发火灾
P N	直流母线连接正负电源端子	三相机型直流母线正负电源端子	
P+ P-		单相机型直流母线正负电源端子	
P B	外接制动电阻连接端子	制动电阻连接端子	
P+ B			

(五)控制回路端子功能

控制回路端子功能见表 3-11。

表 3-11 控制回路端子功能表

类别	端子	名称	端子功能说明	规格
电源	+10 V	+10 V 电源	提供 +10 V 参考电源	最大允许输出电流:5 mA
	GND	+10 V 电源地	模拟信号和 +10 V 电源的参考地	
模拟输入	AI1	模拟单端输入 AI1	AI1 可由拨码开关选择电压或者电流输入 AI1 和 AI2 出厂默认都为电压输入。	电压信号输入范围:-10 ~ +10 V
	AI2	模拟单端输入 AI2		电流信号输入范围:0 ~ 20 mA 或 4 ~ 20 mA
模拟输出	AO	模拟输出	模拟电压/电流信号输出,电压、电流信号由拨码开关选择,见功能码 F6.08	电压输出范围:0 ~ 10 V 电流输出范围:0 ~ 20 mA 或 4 ~ 20 mA
通信	485+	RS485 通信接口	RS485 差分信号正端	标准 RS485 通信接口 请使用双绞线或屏蔽线
	485-		RS485 差分信号负端	
多功能输入端子	DI1	多功能输入端子 1	可编程多种功能开关量输入端子,见功能码 F5.01 ~ F5.05	DI1 ~ DI4 最高输入频率:200 Hz; HDI 最高输入频率为 100 kHz; 输入电压范围 +20 ~ 24 V,公共端:为 COM 端子
	DI2	多功能输入端子 2		
	DI3	多功能输入端子 3		
	DI4	多功能输入端子 4		
	HDI	高速输入端子 HDI		
多功能输出端子	HDO	高速脉冲输出端子	可编程多种功能脉冲信号输出端子,见功能码 F6.09	电压范围:20 ~ 24 V 电流范围:0 ~ 50 mA 输出频率范围:0 ~ 100 kHz (由 F6.12 设定)

类别	端子	名称	端子功能说明	规格
电源	+24 V	+24 V电源	对外提供+24 V电源	最大输出电流:100 mA
	COM	+24 V电源公共端	+24 V电源的参考地	COM与GND内部隔离
继电器输出端子1	R1A	继电器输出1	可编程多功能继电器输出端子,见功能码F6.02	R1A–R1B:动断;R1B–R1C:动合;触点容量:NO 5 A/NC 3 A 250 V(AC)
	R1B			
	R1C			
继电器输出端子2	R2B	继电器输出2	可编程多功能继电器输出端子,见功能码F6.03	R2B–R2C:动合;触点容量:NO 5A 250 V(AC)
	R2C			

（六）主电路配线

变频调速主电路配线如图3-26所示。

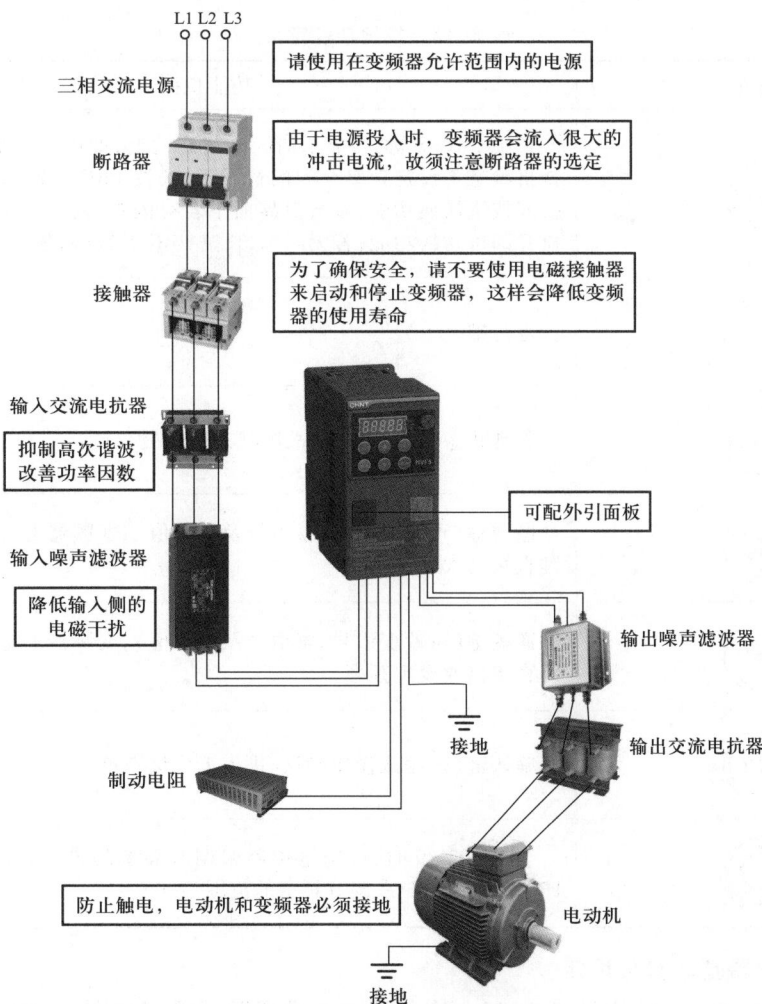

图3-26　变频调速主电路配线

（七）操作面板使用

变频器操作面板示例如图 3-27 所示。按键功能定义详见表 3-12。

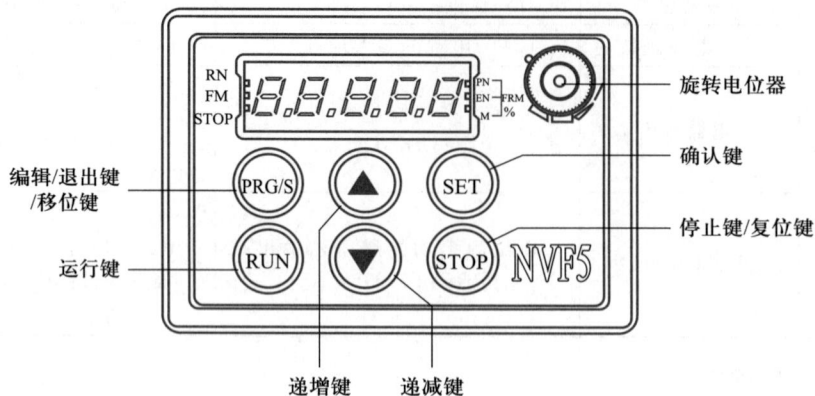

图 3-27 变频器操作面板示例

表 3-12 按键功能定义

按键	功能说明
PRG/S	长按 PRG/S 键，若显示的闪烁状态改变，即可松开功能切换功能；待机状态下设定频率全闪的情况下，长按 PRG/S 键，显示全不闪，则松开按键切换功能；参数值界面下若有闪烁，则长按 PRG/S 键不闪，松开即可切换功能；若无闪烁，长按 PRG/S 键闪，松开即可切换功能
RUN	运行键
STOP	正常状态下为停止键；故障状态下为复位键
▲	递增键（可改变组号、索引号及参数值），变频器上电后可通过该按键直接增大设定频率
▼	递减键（可改变组号、索引号及参数值），变频器上电后可通过该按键直接修改设定频率
SET	确认键（数据或操作确认/进入下一级菜单）
◎	当 F0.02=9 时，可用电位器来调节频率的大小，并且可通过改变 F7.12 和 F7.13 来调节频率的范围

（八）变频器基本参数设定

变频器基本参数设定详见表 3-13。变频器参数设置调试流程如图 3-28 所示。

表 3-13　变频器基本参数设定

功能码	名称	参数详细说明	默认值
F0.00	控制方式选择	0:无 PG 矢量控制;1:保留;2:V/F 控制	2
F0.01	运行命令通道选择	0:键盘控制 1:端子控制(端子默认功能:DI1 正转,DI2 反转,DI3 减速停机,DI4 自由停机) 2:通信控制 3:外引面板控制	0
F0.02	主频率源选择	0:数字设定;1:AI1;2:AI2;3:保留;4:高速脉冲 HDI 给定;5:多段指令;6:简易 PLC;7:闭环 PID;8:保留;9:旋转电位器	0
F0.05	数字设定	F0.09 ~ F0.08	5.00 Hz
F0.06	电动机运行方向	0:默认方向;1:反向运行;2:禁止反转	0
F0.07	最大输出频率	F0.08 ~ 600.00 Hz	50.00 Hz
F0.08	运行频率上限	F0.09 ~ F0.07	50.00 Hz
F0.09	运行频率下限	0.00 Hz ~ F0.08	0.00 Hz
F0.14	加速时间 1	0.0 ~ 6 500.0 s	机型确定
F0.15	减速时间 1	0.0 ~ 6 500.0 s	机型确定
F0.20	参数初始化	0:无效操作 1:清除故障记录信息 2:恢复出厂参数(不包括电动机参数和 F711) 3:自定义参数恢复出厂值(除 F7.11 和电动机参数外) 4:所有参数恢复出厂值 5:备份参数 6:使用备份参数 7:保存备份参数	0
F2.00	电动机类型选择	0:普通异步电动机;1:保留;2:保留	0
F2.01	电动机额定功率	0.1 ~ 1 000.0 kW	机型确定
F2.02	电动机额定电压	0 V ~ 变频器额定电压	机型确定
F2.03	电动机额定电流	0.1 ~ 1 000.0 A	机型确定
F2.04	电动机额定频率	0.01 Hz ~ F0.07	机型确定
F2.05	电动机极数	2 ~ 24	4
F2.06	电动机额定转速	0 ~ 60 000 r/min	1 430 r/min
F2.22	电动机参数自学习	0:无操作;1:电动机静态自学习;2:电动机动态自学习	0
F7.11	菜单模式选择	1:简易型菜单模式 2:自定义菜单模式 3:工程型菜单模式	1

确认主回路和控制回路接线正确 —— 参照电气安装接线图进行操作，确保接线正确

确认后上电 —— 通电后，面板显示数据正常，默认显示5.0 Hz

通过F0.0选择控制模式 —— 参照F0.00的功能说明，进行选择，默认为V/F控制

按照电动机实际参数，设置电动机参数 —— 对照电动机铭牌，正确设置F2组F2.01~F2.06中电动机参数

是否需要参数自学习 —— 否 / 是

是否能脱开电动机负载 —— 否 / 是

将F2.22设为1，按RUN键，进行静态自学习

将F2.22设为2，按RUN键，进行动态自学习

设成5.00 Hz电动机运行，判断电动机方向是否正确

通过F0.05设置运行频率

按照工况调整加减速时间

确认电动机可运行后，电动机空载，按面板上的RUN运行，测量三相电流平衡

确认电动机空载运行正常后，如可以加载，电动机带载运行，确认测量三相电流平衡且电流小于电动机额定电流

基本调试完成，停机，按设备工艺要求调试其他参数

记录测试的电流值和调试的参数值

基本调试完成，停机，设置其他控制参数，按实际工况运行

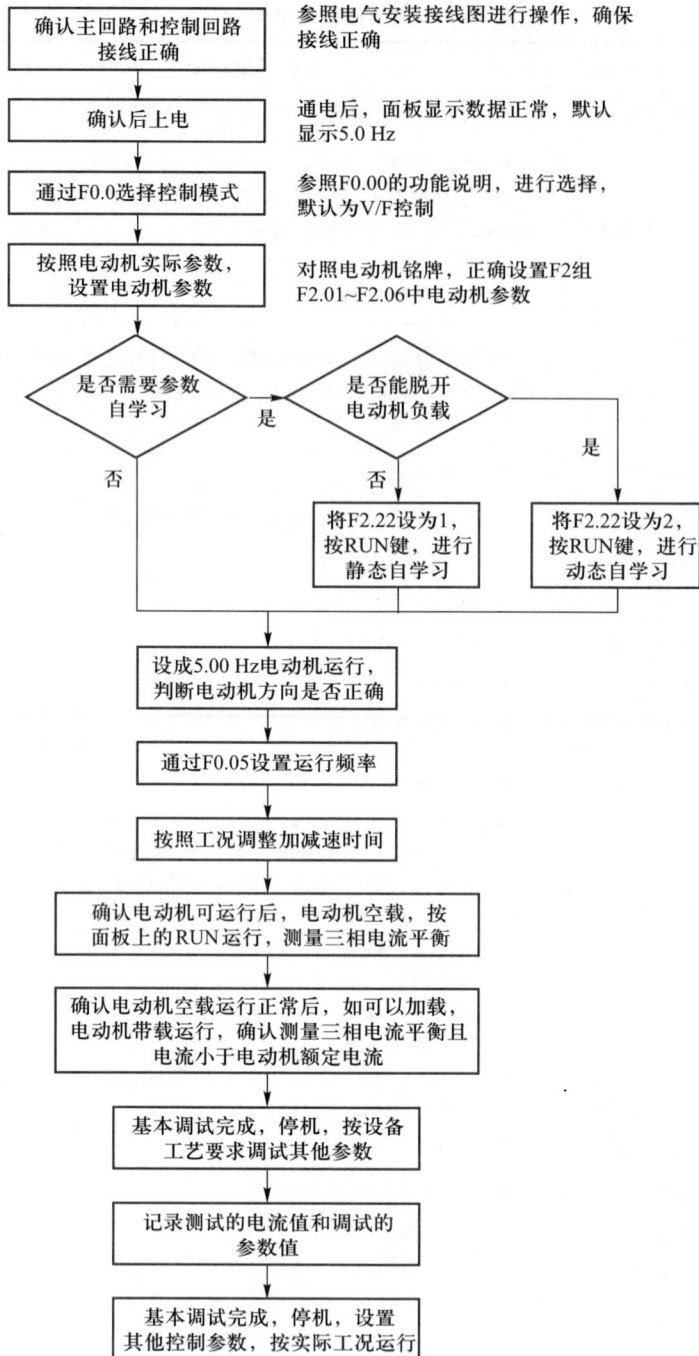

图 3-28　变频器参数设置调试流程

【任务实施】

利用变频器对三相异步电动机进行调速控制

现有一个立体仓库系统，通过码垛机器人进行物料的存储与搬运。立体仓库有 4 行 7

列共 28 个工位,码垛机器人有 X、Y、Z 三个移动轴,每个移动轴由一台三相异步电动机驱动。其中 X 和 Y 轴电动机功率为 200 W,工作电压为 380 V,工作频率为 50 Hz,额定电流为 0.86 A,额定转速 1 300 r/min。设计 X 轴和 Y 轴驱动电动机控制线路,要求电动机用变频器控制,可实现正反转运行和调速控制。完成控制线路设计,并绘制电气原理图,制定相关电气系统文件。

1. 绘制变频器控制电动机的控制线路电气原理图

2. 变频器参数设定表(见表 3-14)

表 3-14　变频器参数设定表

参数	设置值	作用

3. 电气控制线路安装与调试

根据控制电气原理图、电气安装接线图等工艺文件,按照电气安装与调试要求,进行控制线路的安装与调试,并在表 3-15 中记录工作过程。

表 3-15　工作过程记录

工作任务	工作情况记录
工具准备	
线路安装	
线路检测	

续表

工作任务	工作情况记录
通电试车	

4. 故障排除

如果线路出现表 3-16 中故障现象,根据控制原理分析故障原因并进行排除。

表 3-16　故障分析与排除

故障现象	故障原因	维修方法
变频器运行后电动机不起动		
电动机不能调速		
电动机加速		
电动机异常发热		

【知识巩固】

一、选择

1. 变频器按照用途可分为通用变频器和( )。
   A. 低压变频器　　　　　　B. 单相变频器　　　　　　C. V/f 控制变频器　　　　D. 专用变频器

2. ( )变频器是将工频交流电直接转换成频率、电压均可以调节的交流电。
   A. 交—交　　　　　　　　B. 交—直—交　　　　　　C. 间接型　　　　　　　　D. 三相

3. 变频器节能主要表现在( )的应用上。
   A. 电梯的智能控制　　　　　　　　　　　　　　　　B. 机、水泵
   C. 电弧炉自动加料系统　　　　　　　　　　　　　　D. 机床

4. 变频器是通过改变电动机( )的方式来控制交流电动机的电力控制设备。
   A. 作电源频率　　　　　　B. 工作电源电压　　　　　C. 工作电源电流　　　　　D. 工作电源功率

5. 交—直—交型变频器由( )环节实现变频。
   A. 整流　　　　　　　　　B. 滤波　　　　　　　　　C. 逆变　　　　　　　　　D. 控制电路

6. 负载电压变化较大的场合常选用( )变频器。
   A. 电流型　　　　　　　　B. 电压型　　　　　　　　C. 二者均可　　　　　　　D. 二者都不可以

7. 交—交变频器的最高输出频率一般只能达到电源频率的( )。
   A. 1/3　　　　　　　　　　B. 1/2　　　　　　　　　　C. 1/4　　　　　　　　　　D. 1/3 ~ 1/2

二、判断

1. PWM 控制变频器是脉宽控制。( )

2. 变频器具有过电流、过电压、过载等很多保护功能。( )

任务 **5**

三相异步电动机的制动控制

　　多数机电设备在停车时都要求快速平稳地停车,如果直接切断三相交流电,电动机转子在惯性作用下会继续转动,如果需要快速停止,则需要对电动机进行制动控制。制动,就是给电动机一个与转动方向相反的转矩使它迅速停转(或限制其转速)。

　　制动的方法一般有两类,即机械制动和电气制动。

　　机械制动是利用机械装置使电动机断开电源后迅速停转的方法,机械制动常用的方法有电磁抱闸和电磁离合器制动。

　　电气制动是使电动机产生一个和转子转速方向相反的电磁转矩,使电动机的转速迅速下降。三相交流异步电动机常用的电气制动方法有能耗制动、反接制动和回馈制动。

【知识储备】

一、反接制动

微课:反接
制动

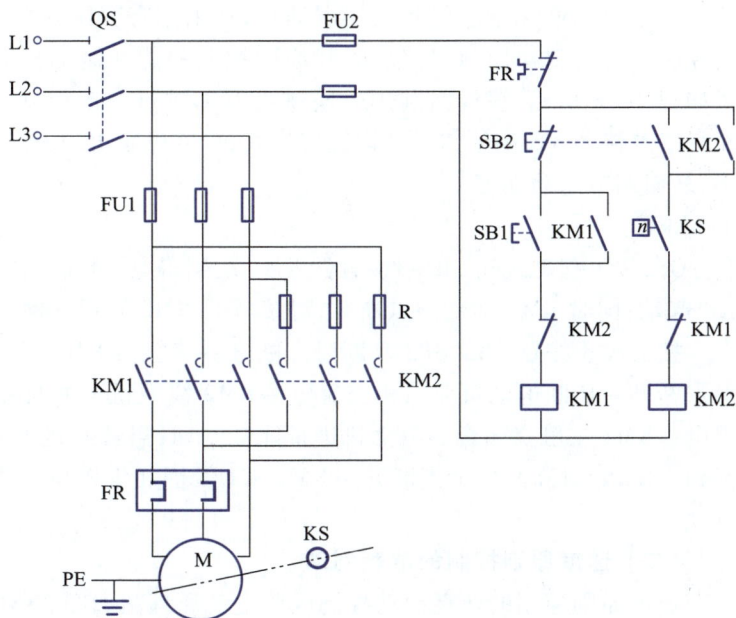

　　反接制动是利用改变电动机电源相序的方法使定子绕组产生相反方向的旋转磁场,从而产生制动转矩的制动方法。当电动机正常运转需要制动时,将三相电源相序切换,当电动机转速接近零时,为了防止电动机反向起动,控制电路是采用速度继电器来检测电动机的转速,并及时切断三相电源。速度继电器 KS 的转子与电动机的轴相连,当电动机正常运转时,速度继电器的动合触点闭合,当电动机停车转速接近零时,KS 的动合触点断开,切断接触器的线圈电路,如图 3-29 所示。

图 3-29　电动机反接制动控制电路

电路工作原理如下

闭合电源开关 QS，按下起动按钮 SB1，接触器 KM1 线圈得电→KM1 主触点及辅助触点闭合→电动机起动，当电动机转速达 140 r/min 时→速度继电器 KS 动作→动合触点闭合，为反接制动做准备。

按下停止按钮 SB2，SB2 动断触点断开 KM1 线圈→KM1 主触点断开→切断电动机原三相交流电，但是电动机仍因惯性高速运行，KS 动合触点处于闭合状态；KM2 线圈得电并自锁→KM2 主触点闭合→电动机进行反接制动，当电动机转速降至 100 r/min 时，速度继电器复位→KS 动合触点断开→电动机结束反接制动。

在进行反接制动时，转子与旋转磁场的相对速度接近于两倍的同步转速，所以定子绕组中流过的反接制动电流相当于全压直接起动的两倍，因此反接制动的特点就是制动迅速、效果好，但是冲击大，反接制动电流大。因此反接制动通常仅适用于 10 kW 以下的电动机，并且为了减小冲击电流，通常在制动电路中串入限流电阻。

二、能耗制动

当电动机切断交流电源后，立即在定子绕组的任意两相中通入直流电，这样做惯性运转的转子因切割磁力线而在转子绕组中产生感应电流，又因受到静止磁场的作用，产生电磁转矩，正好与电动机的转向相反，使电动机制动迅速停转。由于这种制动方法是在定子绕组中通入直流电以消耗转子惯性运转的动能来进行制动的，所以称为能耗制动。

电动机进行能耗制动后，转速迅速降低至零时，就需要将直流电源切断，使用时间继电器或速度继电器都可以切断能耗制动，用时间继电器切断能耗制动的电路称为时间原则控制的能耗制动，用速度继电器结束能耗制动的控制电路称为速度原则控制的能耗制动。

（一）时间原则控制的能耗制动

微课：时间原则控制的能耗制动

对于 10 kW 以上容量较大的电动机，多采用有变压器全波整流的时间原则控制的能耗制动控制线路。时间原则控制的能耗制动控制线路电气原理图如图 3-30 所示，该线路利用时间继电器来进行自动控制。直流电源由单相桥式整流器 VC 供给，TC 是整流变压器，可变电阻 R_P 用于调节直流电流大小，从而调节制动强度。

电路工作原理如下。

闭合电源开关 QS，按下起动按钮 SB1→接触器 KM1 线圈得电→KM1 主触点及辅助动合触点闭合→电动机起动；同时 KM1 动断触点断开，对接触器 KM2 实现互锁。

微课：速度原则控制的能耗制动

按下停止按钮 SB2，SB2 动断触点断开→接触器 KM1 线圈断电→KM1 主触点断开→切断电动机原三相交流电→KM2 线圈得电并自锁，同时 KT 线圈得电→KM2 主触点闭合→电动机进行能耗制动，当转速接近零时，KT 延时时间到→KT 延时断开的触点断开→KM2、KT 线圈相继断电→电动机结束能耗制动。

（二）速度原则控制的能耗制动

速度原则控制的能耗制动控制线路电气原理图如图 3-31 所示。

【任务实施】

三相异步电动机时间原则能耗制动控制线路

根据任务一电气控制系统图中电器元件明细表、电器元件布置图和电气安装接线图的相关原则,完成 15 kW 三相异步电动机时间原则能耗制动控制电器元件明细表(填入表 3–17)、电器元件布置图和电气安装接线图的绘制。

图 3–30　时间原则控制的能耗制动控制线路电气原理图

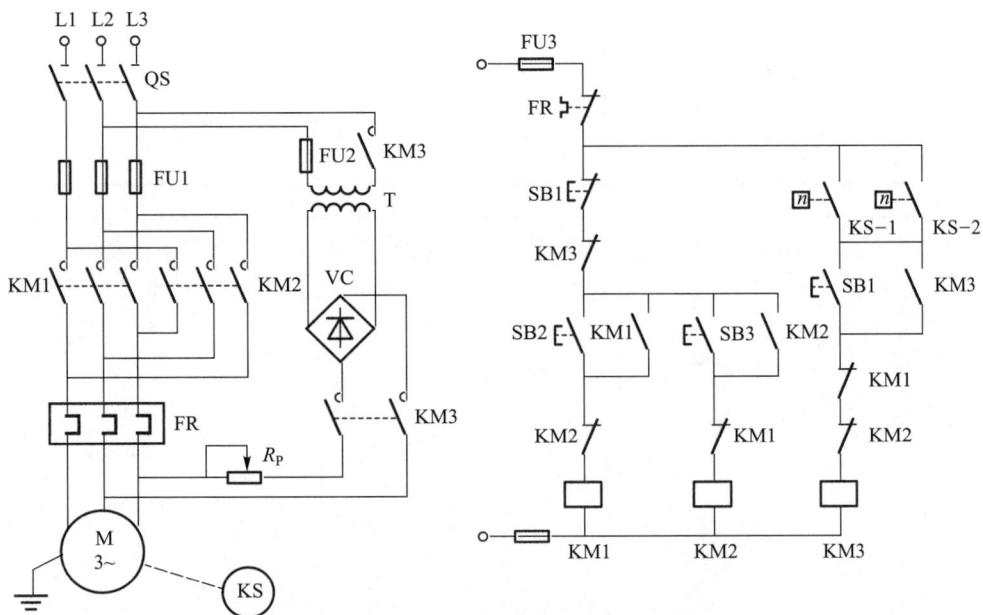

图 3–31　速度原则控制的能耗制动线路电气原理图

1. 电气工艺文件制定

表 3-17　三相异步电动机时间原则能耗制动控制线路电器元件明细表

符号	名称	型号规格	数量	备注

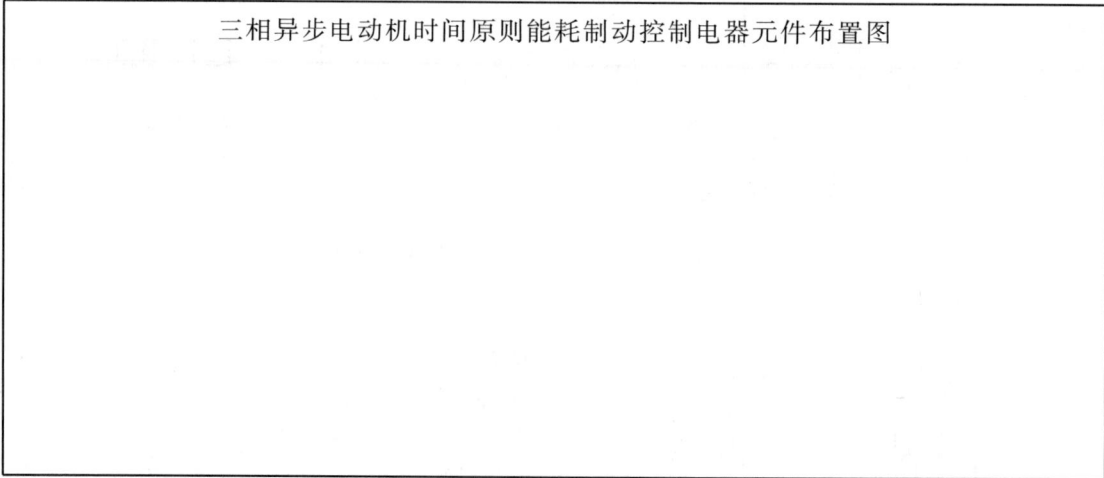

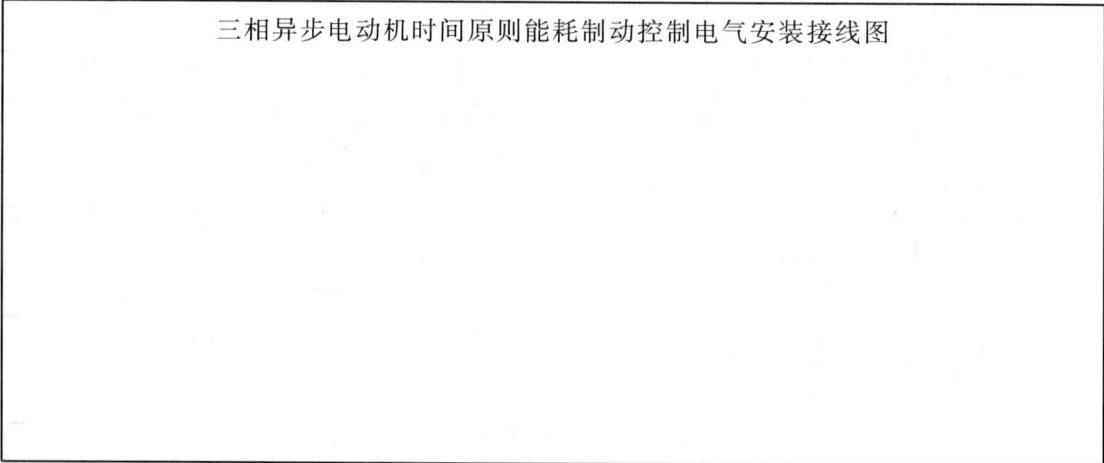

三相异步电动机时间原则能耗制动控制电器元件布置图

三相异步电动机时间原则能耗制动控制电气安装接线图

2. 电气控制线路安装与调试

根据电动机能耗制动控制线路电气原理图、电气安装接线图等工艺文件,按照电气安装与调试要求,进行控制线路的安装与调试,并在表3–18中记录工作过程。

表3–18　工作过程记录

工作任务	工作情况记录
工具准备	
线路安装	
线路检测	
通电试车	

3. 故障排除

如果线路出现表3–19中故障现象,根据控制原理分析故障原因并进行排除

表3–19　故障分析与排除

故障现象	故障原因	排除方法
按下停止按钮后,KM2 主触点没有吸合		
按下停止按钮后,没有进行能耗制动		
电动机停止运行后,KM2 还处于吸合状态		

【知识巩固】

一、填空

1. 制动就是给电动机一个与转动方向_____的转矩使它迅速停转。

2. 制动的方法一般有_____和_____。

3. 三相笼型异步电动机电磁抱闸的制动原理属于_____。

4. _____是依靠改变电动机定子绕组的电源来产生制动转矩,迫使电动机迅速停转的。

5. 当电动机切断交流电源后,立即在定子绕组的任意两相中入迫使电动机迅速停转的方法称为_____。

二、简答与分析

1. 简述能耗制动和反接制动的优缺点和适用场合。

2. 画出有变压器单相桥式整流单向起动能耗制动控制线路电气原理图。

3. 在电动机制动控制中,电磁抱闸制动器也是常用的一种制动方式。如图 3-32 所示,按下停止按钮 SB1,接触器 KM 失电断开,同时电磁抱闸线圈 YB 也失电,在弹簧的作用下,闸瓦与闸轮紧紧抱住电动机转轴,使电动机快速停止。分析电磁抱闸控制电路,在制动时可能会发生什么问题? 如何解决?

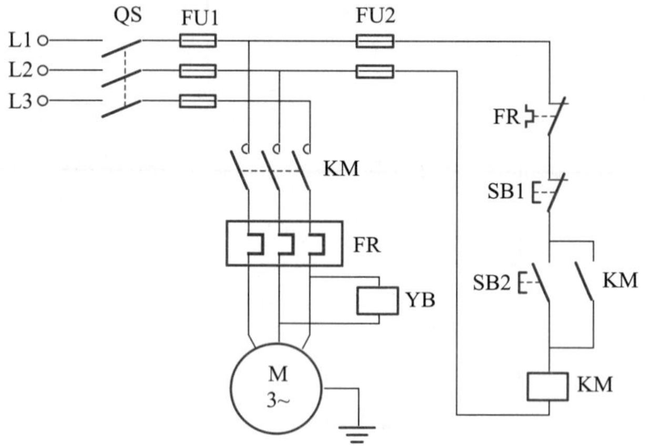

图 3-32　简答与分析题 3

设备控制线路设计与调试

学习目标

【知识目标】

1. 掌握 C650 型卧式车床的运动形式和控制要求。
2. 掌握 C650 型卧式车床的电气控制原理。
3. 能够根据控制要求和工作原理,绘制 C650 型卧式车床控制线路的电气原理图。
4. 了解 X62W 型铣床的运动形式和控制要求。
5. 了解 X62W 型铣床的电气控制原理,了解 X62W 铣床控制线路的电气原理图。

【能力目标】

1. 能够根据 C650 型卧式车床控制要求,进行电气工艺文件的制定。
2. 能够根据 C650 型卧式车床故障现象,分析常见故障原因并进行排除。
3. 能够根据 X62W 型铣床控制要求,读懂铣床电气工艺文件。
4. 能够根据 X62W 型铣床故障现象,分析常见故障原因并进行排除。

【素质目标】

1. 能够遵章守纪,爱护公共财产。
2. 具有劳模精神、工匠精神和爱国意识。
3. 具有团队协作意识和共同分析与解决问题的能力。
4. 具有一定的创新能力、敏锐的观察力、准确的判断力、丰富的想象力、百折不挠的意志力。
5. 具有积极学习新技术和新工艺的精神。

案例导入

作为一名企业维修电工,要求负责本公司、本车间机械设备以及电气系统线路和电器元件等安装、调试与维护、修理工作,熟悉所辖范围内电力、电气设备的用途、构造、原理、性能及操作维护保养内容,对电气设备进行大修、小修,修理或更换有缺陷的零部件,对机床等设备的电气装置、电工器材进行维护保养与修理,维护保养电工工具、器具及测试仪表,填写安装、运行、检修设备技术记录。读懂机床等用电设备的电气原理图、电器元件布置图和电气安装接线图等电气工艺文件,并能根据要求定期对设备进行维护保养、对常见故障进行分析和排除,这是一名维修电工应具备的基本能力。本模块就是以 C650 型卧式车床、X62W 型万能卧式铣床为例,学习机床电气控制系统原理分析方法以及常见故障的分析与排除方法。

任务 1

C650 型卧式车床控制系统设计、安装与调试

【任务描述】

某车间有一台 C650 型卧式车床,一天该车床在开机后,主运动驱动电动机能够点动,但不能正反转,作为车间设备维修人员,该如何分析这个故障并进行处理呢?

【知识储备】

C650 型卧式车床属于中型车床,是机械加工中常用加工设备,加工工件回转半径最大可达 1 020 mm,长度可达 3 000 mm。其结构主要由床身、主轴变速箱、进给箱、溜板箱、刀架、尾架、丝杆和光杆等部分组成。

微课:C650 型卧式车床的结构、运动形式和控制要求

一、C650 型卧式车床运动形式分析

① 主运动:卡盘或顶尖带动工件的旋转运动。

② 进给运动:溜板带动刀架的纵向或横向直线运动。

③ 辅助运动:刀架的快速进给与快速退回(C650 型卧式车床的床身较长,为减少辅助工作时间,提高效率,降低劳动轻度,便于对刀和减少辅助工时)。

④ 车床的调速采用变速箱(车床溜板箱和主轴变速箱之间通过齿轮传动来连接,两种运动通过同一台电动机带动并通过各自的变速箱调节主轴转速或进给速度)。

二、C650 型卧式车床控制要求

① 主轴的主运动驱动电动机(简称主电动机):电动机采用直接起动连续运行方式,并有点动功能以便调整;能够实现正反转,停车时带有电气反接制动。

② 冷却泵电动机:单方向旋转,与主轴电动机实现顺序起停,可单独操作。

③ 快速移动电动机:单向点动、短时工作方式。

④ 电路应有必要的保护和联锁,有安全可靠的照明电路。

微课:C650 型卧式车床的控制线路分析

三、C650 型卧式车床电气原理图

C650 型卧式车床控制线路电气原理图如图 4-1 所示。

(一)主电路分析

1. 主电动机电路

(1)电源引入与故障保护

三相交流电源 L1、L2、L3 经熔断器后,由电源开关 QS 引入 C650 型卧式车床主电路。主电动机电路中,FU1 熔断器为短路保护环节,FR1 是热继电器的热元件,对电动机 M1 起过载保护作用。

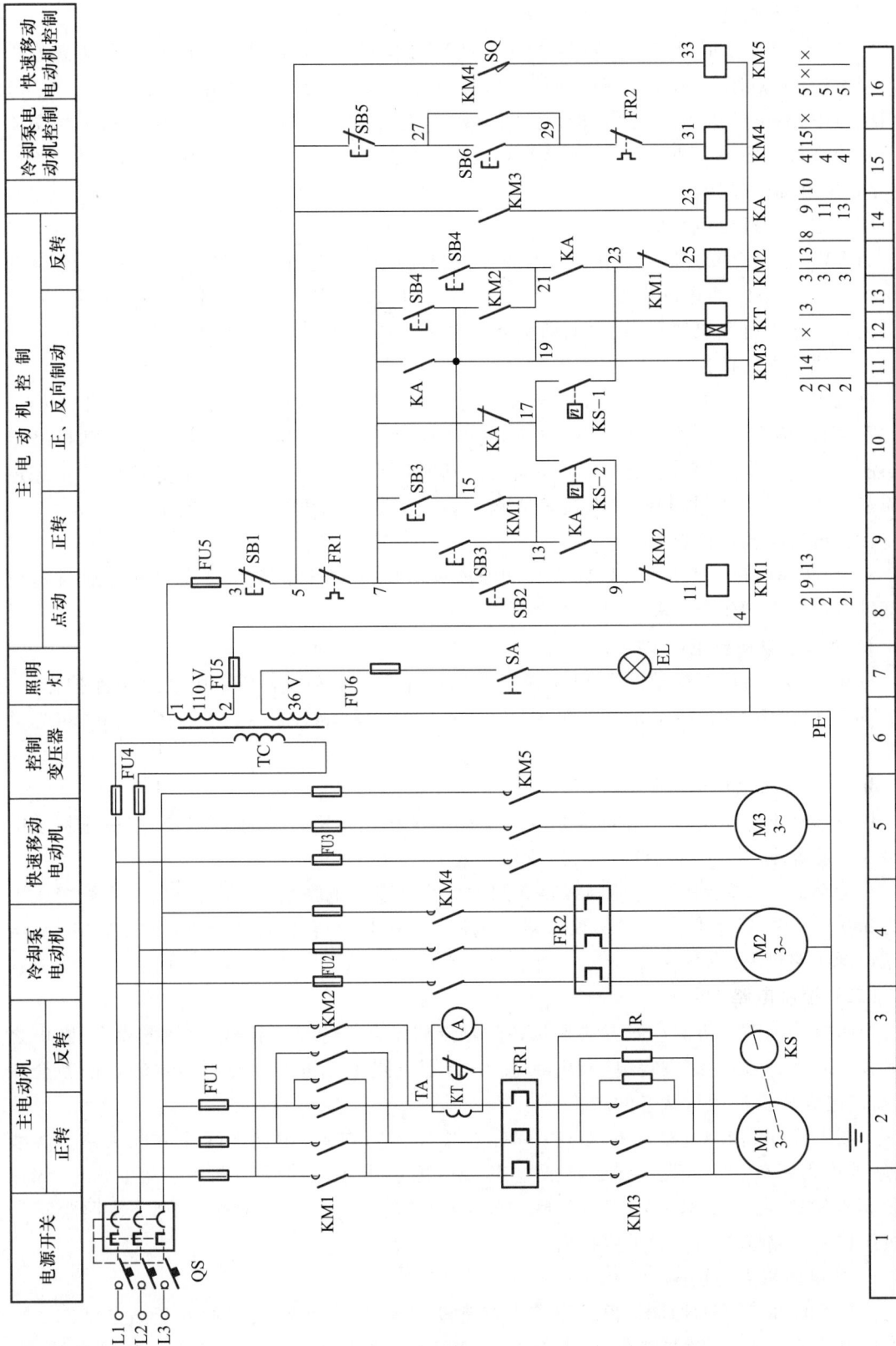

图4-1　C650型卧式车床控制线路电气原理图

（2）主电动机正反转

KM1 与 KM2 分别为交流接触器 KM1 与 KM2 的主触点。根据电气控制基本知识分析可知，KM1 主触点闭合、KM2 主触点断开时，三相交流电源将分别接入电动机的 U1、V1、W1 三相绕组中，主电动机 M1 将正转；反之，当 KM1 主触点断开、KM2 主触点闭合时，三相交流电源将分别接入主电动机 M1 的 W1、V1、U1 三相绕组中，与正转时相比，U1 与 W1 进行了换接，导致主电动机反转。

（3）主电动机全压与减压状态

当 KM3 主触点断开时，三相交流电源电流将流经限流电阻 R 而进入电动机绕组，电动机绕组电压将减小，主电动机处于减压状态。如果 KM3 主触点闭合，则电源电流不经限流电阻而直接接入电动机绕组中，主电动机处于全压运转状态。

（4）绕组电流监控

电流表 A 在电动机 M1 主电路中起绕组电流监视作用，通过 TA 线圈空套在绕组一相的接线上，当该接线有电流流过时，将产生感应电流，通过这一感应电流间接显示电动机绕组中当前电流值。其控制原理是当 KT 动断延时断开触点闭合时，TA 产生的感应电流不经过电流表 A，而一旦 KT 触点断开，电流表 A 就可以检测到电动机绕组中的电流。

（5）电动机转速监控

KS 是和 M1 主电动机主轴同转安装的速度继电器，根据检测到的主电动机主轴转速对速度继电器触点的闭合与断开进行控制。

2. 冷却泵电动机电路

冷却泵电动机电路中熔断器 FU4 起短路保护作用，热继电器 FR2 则起过载保护作用。当 KM4 主触点断开时，冷却泵电动机 M2 停转不供液；而 KM4 主触点一旦闭合，M2 将起动供液。

3. 快速移动电动机电路

快速移动电动机电路中熔断器 FU3 起短路保护作用。KM5 主触点闭合时，快速移动电动机 M3 起动，而 KM5 主触点断开，快速移动电动机 M3 停止。

主电路通过 TC 变压器与控制线路和照明灯线路建立电联系。TC 变压器一次侧接入电压为 380 V，二次侧有 36 V、110 V 两种供电电源，其中 36 V 给照明灯线路供电，而 110 V 给车床控制线路供电。

（二）控制电路

控制电路读图分析的一般方法是从各类触点的闭合、分断与相应电磁线圈得电、断电之间的关系入手，并通过线圈得电、断电状态，分析主电路中受该线圈控制的主触点的断合状态，得出电动机受控运行状态的结论。

在图 4-1 中，控制电路从 6 区至 16 区，各支路垂直布置，相互之间为并联关系。各线圈、触点均为原态（即不受力态或不通电态），而原态中各支路均为断路状态，所以 KM1、KM3、KT、KM2、KA、KM4、KM5 等各线圈均处于断电状态，这一现象可称为"原态支路常断"，是机床控制电路读图分析的重要技巧。

1. 主电动机点动控制

按下 SB2，KM1 线圈通电，根据原态支路常断现象，其余所有线圈均处于断电状态。因此主电路中为 KM1 主触点闭合，由电源开关 QS 引入的三相交流电源将经 KM1 主触点、限流电阻接入主电动机 M1 的三相绕组中,主电动机 M1 串电阻减压起动。一旦松开 SB2,KM1 线圈断电,电动机 M1 断电停转。SB2 是主电动机 M2 的点动控制按钮。

2. 主电动机正转控制

按下 SB3,KM3 线圈通电与 KT 线圈同时通电,并通过动合辅助触点 KM3 闭合而使 KA 线圈通电,KA 线圈通电又导致 KA 动合辅助触点闭合,使 KM1 线圈通电。而 KM1 动合辅助触点与 KA 动合辅助触点对 SB3 形成自锁。主电路中 KM3 主触点与 KM1 主触点闭合,电动机不经限流电阻 R 则全压正转起动。

绕组电流监视电路中,因 KT 线圈通电后延时开始,但由于延时时间还未到达,所以 KT 动断延时断开触点保持闭合,感应电流经 KT 触点短路,导致电流表 A 中没有电流通过,避免了全压起动初期绕组电流过大而损坏电流表 A。KT 线圈延时时间到达时,电动机已接近额定转速,绕组电流监视电路中的 KT 将断开,感应电流流入电流表 A 将绕组中电流值显示在表 A 上。

3. 主电动机反转控制

按下 SB4,KM3 线圈与 KT 线圈通电,与正转控制类似,KA 线圈通电,使 KM2 线圈通电。主电路中 KM2、KM3 主触点闭合,电动机全压反转起动。KM1 线圈所在支路与 KM2 线圈所在支路通过 KM2 与 KM1 动断触点实现电气控制互锁。

4. 主电动机的反接制动控制

（1）正转制动控制

KS-1 是速度继电器的正转控制触点,当电动机正转起动至接近额定转速时,KS-1 闭合并保持。制动时按下 SB1,控制电路中所有电磁线圈都将断电,主电路中 KM1、KM2、KM3 主触点全部断开,电动机断电降速,但由于正转转动惯性,需较长时间才能降为零速。

一旦松开 SB1,则经 KS-1,使 KM2 线圈通电。主电路中 KM2 主触点闭合,三相电源电流经 KM2 使 U1、W1 两相换接,再经限流电阻 R 接入三相绕组中,在电动机转子上形成反转转矩,并与正转的惯性转矩相抵消,电动机迅速停车。

在电动机正转起动至额定转速,再从额定转速制动至停车的过程中,KS-2 反转控制触点始终不产生闭合动作,保持动合状态。

（2）反转制动控制

KS-2 在电动机反转起动至接近额定转速时闭合并保持。与正转制动类似,按下 SB1,电动机断电降速。一旦松开 SB1,则经 KS-2,使线圈 KM1 通电,电动机转子上形成正转转矩,并与反转的惯性转矩相抵消使电动机迅速停车。

5. 冷却泵电动机起停控制

按下 SB6,线圈 KM4 通电,并通过 KM4 动合辅助触点对 SB6 自锁,主电路中 KM4 主触点闭合,冷却泵电动机 M2 转动并保持。按下 SB5,KM4 线圈断电,冷却泵电动机 M2 停转。

6. 快速移动电动机点动控制

行程开关由车床上的刀架手柄控制。转动刀架手柄,行程开关 SQ 将被压下而闭合,KM5 线圈通电。主电路中 KM5 主触点闭合,驱动刀架快速移动电动机 M3 起动。反向转动刀架手柄复位,行程开关 SQ 断开,则电动机 M3 断电停转。

7. 照明电路控制

灯 EL 的开关 SA 置于闭合位置时,EL 灯亮;SA 置于断开位置时,EL 灯灭。

四、C650 型卧式车床控制线路电器元件明细表

C650 型卧式车床控制线路电器元件明细表见表 4-1。

表 4-1　C650 型卧式车床控制线路电器元件明细表

符号	名称	符号	名称
M1	主电动机	SB1	总停按钮
M2	冷却泵电动机	SB2	主电动机正向点动按钮
M3	快速移动电动机	SB3	主电动机正转按钮
KM1	主电动机正转接触器	SB4	主电动机反转按钮
KM2	主电动机反转接触器	SB5	冷却泵电动机停转按钮
KM3	短接限流电阻接触器	SB6	冷却泵电动机起动按钮
KM4	冷却泵电动机起动接触器	TC	控制变压器
KM5	快速移动电动机起动接触器	FU1 ~ FU6	熔断器
KA	中间继电器	FR1	主电动机过载保护热继电器
KT	通电延时时间继电器	FR2	冷却泵电动机保护热继电器
SQ	快移电动机点动行程开关	R	限流电阻
SA	开关	EL	照明灯
KS	速度继电器	TA	电流互感器
A	电流表	QS	隔离开关

五、C650 型卧式车床电气控制线路的特点

从对主电路、控制电路的分析,C650 型卧式车床电电气控制线路有以下几个特点。

① 主轴的正反转不是通过机械方式来实现,而是通过电气方式,即主电动机的正反转来实现的,从而简化了机械结构。

② 主电动机的制动采用了电气反接制动形式,并用速度继电器进行控制。

③ 由于控制电路中电器元件很多,故通过控制变压器 TC 与三相电网进行电隔离,提高了操作和维修时的安全性。

④ 中间继电器 KA 起着扩展接触器 KM3 触点的作用。从电路中可见到 KM3 的动合触点直接控制 KA,故 KM3 和 KA 的触点的闭合和断开情况相同。从图 4-1 中可见 KA 的动合触点用了三个,动断触点用了一个,而 KM3 的辅助动合触点只有两个,故不得不增设中间继电器 KA 进行扩展。可见,电气控制线路要考虑电器元件触点的实际情况,在线路设计时更应引起重视。

微课: C650 型卧式车床的控制线路电气故障诊断

【任务实施】

1. 学习了 C650 型卧式车床控制线路的电气原理图,如果主轴电动机能够点动,但不能正反转,问题可能会出现在哪里?应该如何排除故障?

2. 如果 C650 型卧式车床出现表 4-2 中一些故障，又该如何分析和排除呢？

表 4-2 故障分析与排除

故障现象	故障原因	故障排除方法
主电动机能够点动，但不能正反转		
主电动机能够正转和反接制动，但不能反转		
主电动机正反转正常，但均不能反接制动		
主电动机正反转正常，但始终转速很低，电阻 R 发烫		
主电动机工作正常，冷却泵电动机和快速移动电动机不能工作		

【知识拓展】

数控车床又称为 CNC 车床，即计算机数字控制车床，是国内使用量最大、覆盖面最广的一种数控机床，约占数控机床总数的 25%，是集机械、电气、液压、气动、微电子和信息等多项技术为一体的机电一体化产品。数控机床是按照事先编制好的加工程序，自动地对被加工零件进行加工。将零件的加工工艺路线、工艺参数、刀具的运动轨迹、位移量、切削参数以及辅助功能，按照数控机床规定的指令代码及程序格式编写成加工程序单，再把这些程序单中的内容记录在控制介质上，然后输入到数控机床的数控装置中，从而指挥机床加工零件。数控车床有以下多个普通车床所达不到的优点。

① 加工精度高，具有稳定的加工质量。

② 可进行多坐标的联动，能加工形状复杂的零件。

③ 加工零件改变时，一般只需要更改数控程序，可省生产准备时间。

④ 数控车床本身的精度高、刚性大，可选择有利的加工用量，生产率高（一般为普通车床的 3~5 倍）。

⑤ 数控车床自动化程度高，可以减轻劳动强度。

【知识巩固】

一、填空

1. C650 型卧式车床的保护环节有_____、_____、_____、_____等。

2. C650 型卧式车床控制线路中,中间继电器在电路中的作用是_____,速度继电器在电路中的作用是_____。

3. 在 C650 型卧式车床控制线路中,KM1 线圈下有 $\begin{smallmatrix}2\\2\\2\end{smallmatrix}\Big|\begin{smallmatrix}9\\\end{smallmatrix}\Big|\begin{smallmatrix}13\\\end{smallmatrix}$,其中,2 表示_____,9 表示_____,13 表示_____。

二、简答

1. 中间继电器在控制线路中起到什么作用? 什么时候会用到中间继电器?

2. 简述 C650 型卧式车床按下起动按钮 SB4 后的反向起动过程。

3. 如果将 C650 型卧式车床控制线路电气原理图中的 KS-1 和 KS-2 两触点位置对换,还有没有反接制动作用? 为什么?

任务 2

X62W 型万能卧式铣床控制系统设计与分析

【任务描述】

某车间有一台 X62W 型万能卧式铣床,一天此铣床在开机使用时,不能左右进给,而其他进给方向正常。作为车间设备维修人员,你如何分析这个故障并进行处理呢?

【知识储备】

铣床是用于加工零件的平面、斜面、沟槽等型面的机床,装上分度头后,可以加工齿轮或螺旋面,装上回转圆工作台则可以加工凸轮和弧形槽。万能铣床是一种多用途机床,可以用圆柱铣刀、盘铣刀、角度铣刀、成型铣刀及端面铣刀等刀具对各类零件进行平面、斜面、螺旋面及成型表面的加工。X62W 型万能卧式铣床的型号表示中,X 表示铣床,6 代表卧式,2 代表 2 号工作台,W 表示万能。其结构如图 4-2 所示。

一、X62W 型万能卧式铣床运动形式分析

① 主运动:铣刀的旋转运动为铣床的主运动,铣削加工有顺铣和逆铣两种加工方式。

② 进给运动:工作台纵向、横行和垂直三种运动形式、六个方向的直线运动为进给运动,由一台进给电动机拖动。

③ 辅助运动:铣床的辅助运动为工作台纵向、横行和垂直三个方向上的快速移动。

④ 瞬时冲动:为保证变速时齿轮易于啮合,减小齿轮端面的冲击,要求变速时有短时转动(电动机冲动)控制。

⑤ 冷却:在切削过程中,需要有冷却液降低加工过程中的温度。

图 4-2　X62W 型万能卧式铣床结构

二、X62W 型万能卧式铣床的控制要求

1. 主运动驱动电动机

由一台笼型异步电动机拖动。为满足顺铣和逆铣两种加工方式要求，主轴电动机应能正反转，但正反转操作并不频繁（批量顺铣或逆铣），因此可以采用万能转换开关来改变电源相序，从而实现主轴电动机的正反转。为了提高主轴旋转的均匀性，并消除铣削加工时的振动，在主轴上装有飞轮，主轴转动惯性较大，停车的快捷性受到影响，主轴电动机采取制动措施以实现准确停车。

2. 瞬时冲动

主轴的转速与进给速度有较宽的调节范围，X62W 型万能卧式铣床采用变速箱齿轮换挡的方式进行调节。为了保证调节转速时齿轮易于啮合，减小齿轮端面的冲击，要求控制电路在转速调节时能对电动机有瞬时冲动控制。

3. 进给运动

三个方向的进给运动由一台笼型异步电动机拖动，进给电动机能实现正反转运行。

4. 回转圆工作台

回转圆工作台运动只有一个转向，且与工作台进给运动不能同时进行，须由连锁保证。

5. 辅助运动

可通过采用电磁铁吸合来改变传动链的传动比从而实现快速移动。

6. 联锁控制

根据工艺要求，主轴旋转与工作台进给应有联锁控制，即进给运动要在铣刀旋转之后才能进行，加工结束时必须在铣刀停转前停止进给运动；工作台可以做向上、向下、向左、向右、向前、向后六个方向上运动，但在任何时刻都只能有一个方向的运动，为了保证这种效果，工作台在六个方向上的运动要有连锁；圆工作台的旋转运动与工作台的纵向、横行和垂直三个方向的运动之间也有连锁控制,即圆工作台旋转时,工作台不能向其他方向移动。

7．两地控制

为操作方便,应能在两处控制各部件的起动与停止。

8．冷却泵控制

由一台电动机单向运行,供给铣削时的冷却液。

三、X62W 型万能卧式铣床控制线路的电气原理图

X62W 型万能卧式铣床控制线路的电气原理图如图 4-3 所示。

（一）主电路分析

主电路如图 4-4 所示。

1．电源引入与故障保护

三相交流电源 L1、L2、L3 经电源开关 QS、熔断器 FU1,引入 X62W 型万能卧式铣床主电路,主电动机电路中,熔断器 FU1 和 FU2 为短路保护环节,FR1、FR2、FR3 是热继电器的热元件,对电动机 M1、M2、M3 起过载保护作用。

2．主电动机 M1

M1 由接触器 KM3 控制电路的通断,由万能转换开关 SA5 预选转向,KM2 的主触点串联两相电阻与速度继电器 KS 配合实现停车反接制动。通过机械结构和接触器 KM2 进行变速冲动控制。

3．进给电动机 M2

M2 由接触器 KM4、KM5 的主触点控制正反转运行,并由接触器 KM6 主触点控制快移电磁铁 YA,决定工作台移动速度,KM6 接通为快速,断开为慢速。

4．冷却泵电动机 M3

M3 由接触器 KM1 控制,单方向旋转。

（二）控制电路分析

1．主电动机的控制

主电动机控制电路如图 4-5 所示。

① 正反转控制:先由转换开关 SA5 选择主电动机 M1 的转动方向,实现铣削加工的顺铣和逆铣。

② 起动控制:按下 SB1（或 SB2）→KM3 线圈通电并自锁→KM3 的主触点闭合,主电动机 M1 起动运行。

③ 停止控制:按下 SB3 或 SB4→KM3 线圈随即断电,但此时速度继电器 KS 的正向触点或反向触点（KS-1 或 KS-2）总有一个处于闭合状态→接触器 KM2 线圈通电→KM2 的主触点闭合→电源接反相序→主电动机 M1 串入电阻 R 进行反接制动→电动机转速低于 120rad 以下,KS-1 或 KS-2 触点断开,反接制动停止。

④ 主轴瞬时冲动控制:控制主电动机瞬时冲动控制手柄时→限位开关 SQ7 受压,动合触点 SQ7-1 接通→KM2 线圈→M1 被反接制动,实现短时冲动控制。

2．进给电动机的控制

X62W 型万能卧式铣床的运动有 纵向（左右）、横向（前后）、升降（上、下）六个方向。一台电动机拖动,由纵向操作手柄和十字操作手柄两个操作手柄控制运行方向,纵向操作手柄有左、右、停三个位置,十字操作手柄有前、上、停、下、后五个位置,如图 4-6 所示。

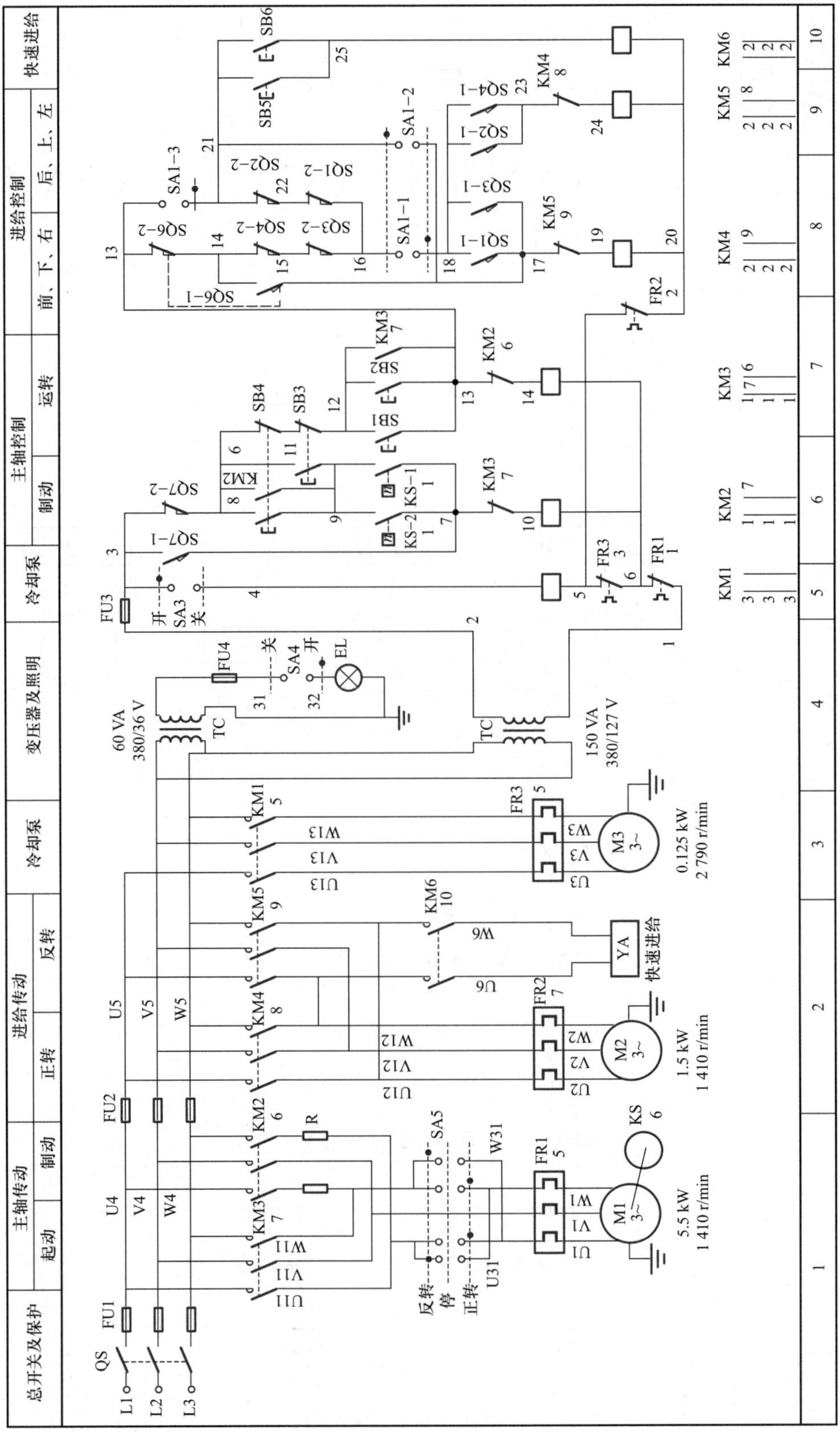

图4-3　X62W型万能卧式铣床控制线路的原理图

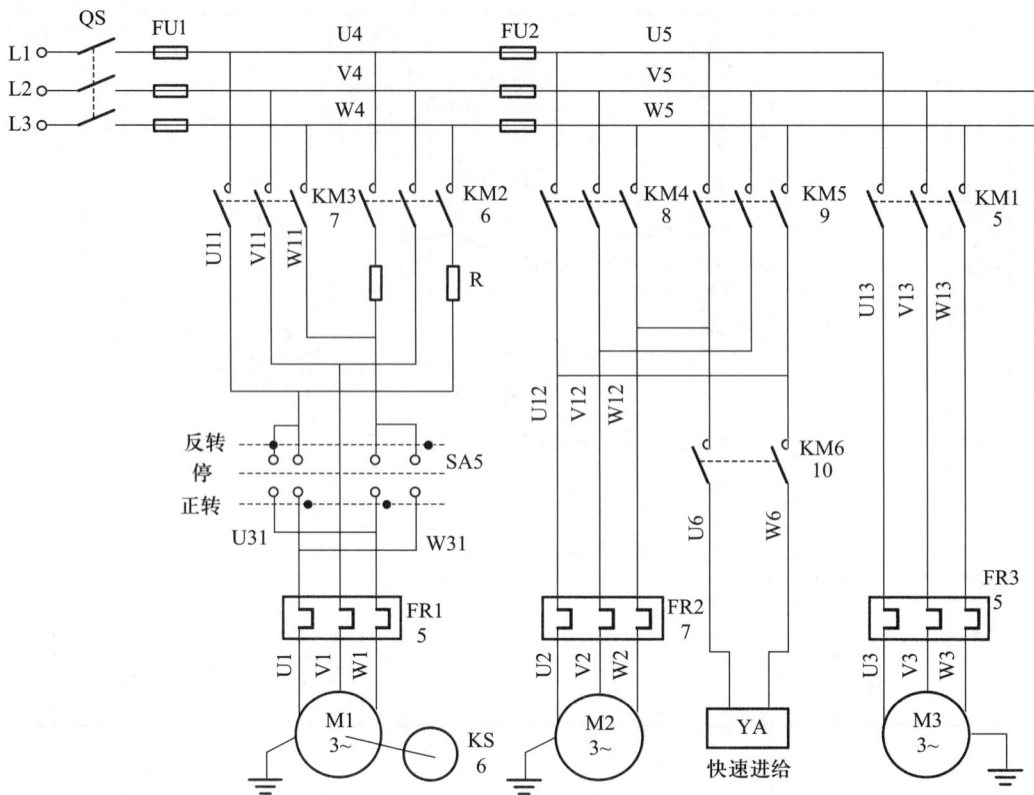

图 4-4　主电路

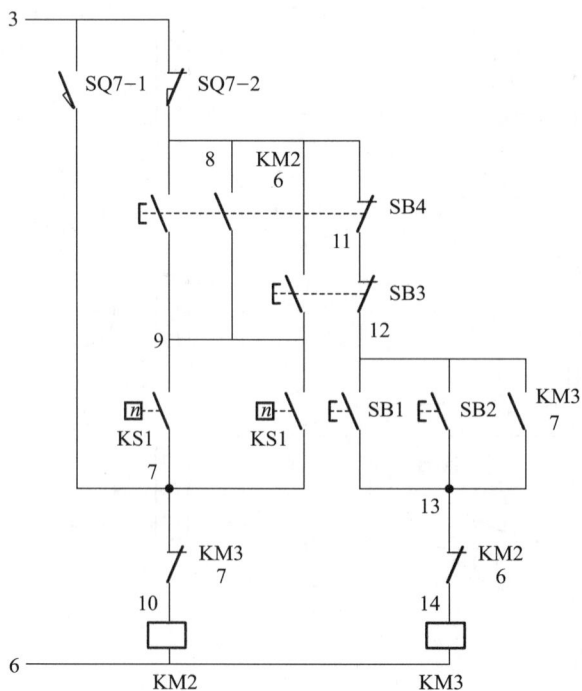

图 4-5　主电动机的控制电路

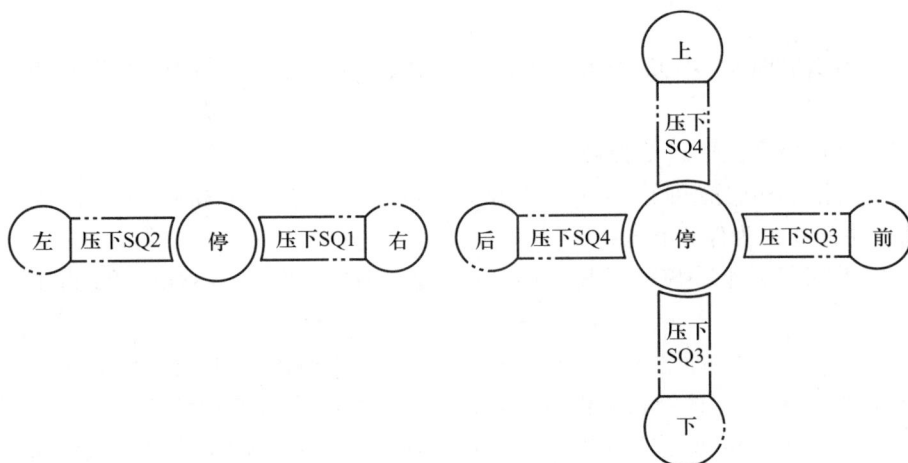

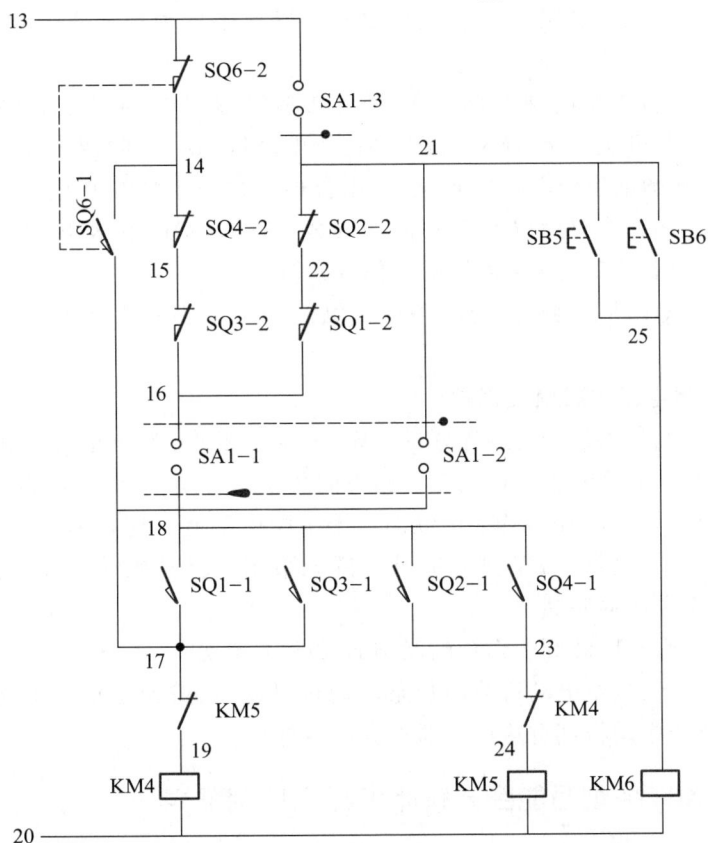

图4-6　进给电动机的控制电路

① 工作台选择：转换开关 SA1 为长工作台和回转圆工作台操作状态选择开关。SA1-1和 SA1-3 接通时，长工作台工作；SA1-2 接通时，回转圆工作台工作，由转换开关实现两个工作台的联锁。

② 工作台纵向(左右)进给控制：纵向操作手柄向右，压下位置开关 SQ1；操作手柄向左，压下位置开关 SQ2；操作手柄在中间 0 位为停止状态。

a. 纵向手柄扳向右→SQ1 受压，SQ1-1 接通，SQ1-2 断开→KM4 线圈得电→工作台

133

右移。

b. 纵向手柄扳向左→SQ2 受压,SQ22-1 接通,SQ1-2 断开→KM5 线圈得电→工作台左移。

③ 工作台前后和上下进给控制。

a. 十字操作手柄向前和下,压下位置开关 SQ3;操作手柄向上和后,压下位置开关 SQ4;操作手柄在中间 0 位为停止状态。

b. 十字手柄扳向上→SQ4 受压,SQ4-1 接通,SQ4-2 断开→KM5 线圈得电→工作台上移。

④ 互锁:长工作台的垂直和横向运动中,纵向操作手柄在中间零位,SQ1-2、SQ2-2 动断触点闭合,转换开关 SA1 选择长工作台方式,否则横向和垂直运动无法进行。

⑤ 工作台的快速移动:按下 SB5(或 SB6)→KM6 得电→KM6 的主触点闭合→电磁铁 YA 通电,快速离合器吸合→工作台快速向操作手柄预选的方向移动。松开 SB5 或 SB6→YA 线圈断电,工作台改为工进。

⑥ 工作台进给变速冲动控制:进给变速手柄外拉→对准需要速度,将手柄拉出到极限→压动限位开关 SQ6→KM4 得电→进给电动机 M2 正转,便于齿轮啮合。

⑦ 回转圆工作台进给控制:长工作台各个操作手柄在 0 位,且将工作台选择开关 SA1 置于回转圆工作台接通位置。按下 SB1(或 SB2)→KM3 和 KM4 线圈得电→主电动机 M1 转动,进给电动机 M2 正转→回转圆工作台回转。

SQ1~SQ4 动断触点闭合的条件是纵向和十字手柄均在零位,才能保证回转圆工作台回转。

3. 控制电路的联锁及保护

主运动与进给运动的顺序联锁 KM3 的动合触点:为防止刀具和铣床的损坏,要求只有主轴旋转后才允许有进给运动和进给方向的快速移动,即顺序控制。

工作台六个方向的联锁(由纵向和十字操作手柄实现):六个方向的进给运动中同时只能有一种运动产生,X62W 型万能卧式铣床采用了机械操纵手柄和位置开关相配合的方式来实现六个方向的联锁。

长工作台与回转圆工作台的联锁通过 SA1 实现。

保护环节:当主电动机或冷却泵电动机过载时,进给运动必须立即停止,以免损坏刀具和铣床,每个电动机都有热继电器作为过载保护。

四、X62W 型万能卧式铣床电器元件明细表

X62W 型万能卧式铣床电器元件明细详见表 4-3。

五、X62W 型万能卧式铣床电气控制线路的特点

从对主电路、控制电路的分析,X62W 型万能卧式车床控制线路有以下几个特点。

① 采用电磁磨擦离合器的传动装置,实现主电动机的停车制动和主轴上刀时的制动,以及对工作台工作进给和快速进给的控制。

② 主轴变速与进给变速均设有变速冲动环节。

③ 进给电动机的控制采用机械挂挡—电气开关联动的手柄操作,而且操作手柄扳动方

向与工作台运动方向一致,具有运动方向的直观性。

④ 工作台上、下、左、右、前、后六个方向的运动具有联锁保护。

表 4-3　X62W 型万能卧式铣床电器元件符号及名称

符号	名称	符号	名称
M1	主电动机	SB1	总停按钮
M2	进给电动机	SB2	主电动机正向点动按钮
M3	冷却泵电动机	SB3	主电动机正转按钮
YA	快速进给电磁铁	SB4	主电动机反转按钮
KM1	主电动机正转接触器	SB5	冷却泵电动机停转按钮
KM2	主电动机反转接触器	SB6	冷却泵电动机起动按钮
KM3	短接限流电阻接触器	TC	控制变压器
KM4	冷却泵电动机起动接触器	FU1 ~ FU6	熔断器
KM5	快移电动机起动接触器	FR1	主电动机过载保护热继电器
KA	中间继电器	FR2	冷却泵电动机保护热继电器
KT	通电延时时间继电器	R	限流电阻
SQ	快移电动机点动行程开关	EL	照明灯
SA	开关	TA	电流互感器
KS	速度继电器	QS	隔离开关
A	电流表		

【任务实施】

1. 学习了 X62W 型万能卧式铣床控制线路的电气原理图,如果铣床使用中不能左右进给,而其他进给方向正常,问题可能会出现在哪里? 应该如何排除故障?

2. 如果本铣床出现表 4-4 中的其他一些故障,又该如何分析和排除呢?

表 4-4　故障分析与排除

故障现象	故障原因	排除方法
工作台不能前后上下进给		
主轴无变速冲动		
无进给冲动		
工作台不能向左运动		
工作台不能向右运动		
工作台不能向前向下运动		
工作台不能向后向上运动		
主轴不能制动		
冷却泵不能起动		

【知识拓展】

数控技术是用数字信息对机械运动和工作过程进行控制的技术,它是集传统的机械制造技术、计算机技术、现代控制技术、传感检测技术、网络通信技术和光机电技术等于一体的现代制造业的基础技术,具有高精度、高效率、柔性自动化等特点,对制造业实现柔性自动化、集成化和智能化起着举足轻重的作用。

随着世界科技进步和机床工业的发展,数控机床作为机床工业的主流产品,已成为实现装备制造业现代化的关键设备。我国航天航空、国防军工制造业需要大型、高速、精密、多轴、高效数控机床;汽车、摩托车、家电制造业需要高效、高可靠性、高自动化的数控机床和成套柔性生产线;电站设备、冶金石化设备、轨道交通设备、船舶制造业需要以高精度、重型为特征的数控机床;IT、生物工程等高技术产业需要纳米级和亚微米超级精密加工数控机床;产业升级的工程机械、农业机械等传统制造行业,特别是蓬勃发展的民营企业,需要大量数控机床进行装备。因此,加快发展数控机床产业也是我国装备制造业发展的现实要求。

数控技术由机床本体、数控系统及外围技术三部分组成,常见的有数控车床、数控铣床、加工中心等。机床本体主要由床身、立柱、导轨、工作台等基础件和刀架、刀库等配套件组成。数控系统由输入输出设备、计算机数控(Computer Numerical Control,CNC)装置、可编程控制器(Programmable Logic Control,PLC)及主轴伺服驱动装置、进给伺服驱动装置以及测量装置等组成。其中,计算机数控装置是数控系统的核心。外围技术主要包括工具技术(主要指刀具系统)、编程技术和管理技术。

1. 数控技术的主要特点

(1) 提高加工精度

数控机床是高度综合的机电一体化产品,是由精密机械和自动控制系统组成的,其本身具有很高的定位精度和重复定位精度,机床的传动系统与机床的结构具有很高的刚度及热稳定性;在设计传动结构时采取了减少误差的措施,并由数控系统自动进行补偿,所以,数控机床有较高的加工精度,尤其是提高了同批零件加工的一致性,使产品质量稳定,合格率高,这一点是普通机床无法与比拟的。

(2) 提高生产效率

数控机床可以采用较大的切削用量,有效地节省了加工时间。数控机床或加工中心还有自动换速、自动换刀和其他自动化操作功能,使辅助时间大大缩短,且一旦形成稳定加工过程,无须进行工序间的检验与测量。所以,采用数控加工的生产率是普通机床的 3~4 倍,甚至更多。

(3) 提高适应性

数控机床按照被加工零件的数控程序来进行自动化加工,当加工对象改变时,只要改变数控程序,不必用靠模、样板等专用工艺装备,这有利于缩短生产准备周期,促进产品的更新换代。

(4) 提高零件的可加工性

一些由复杂曲线、曲面形成的机械零件,用常规工艺方法和手工操作难以加工,甚至无法完成,而由数控机床采用多坐标轴联动即可轻松实现。

（5）提高经济效益

数控机床（特别是加工中心）大多采用工序集中，一机多用，在一次装夹的情况下，可以完成零件大部分工序的加工，一台数控机床或加工中心可以代替数台普通机床。这样既可以减少装夹误差，节约工序间的运输、测量、装夹等辅助时间，又可以减少机床种类，节省机床占地面积，带来较高的经济效益。

2. 数控技术的发展趋势

数控技术不仅给传统制造业带来了革命性的变化，使制造业成为了工业化的象征，而且随着数控技术的不断发展和应用领域的不断扩大，它对国计民生一些重要行业的发展起着越来越重要的作用。尽管十多年前就出现了高精度、高速度的趋势，但是科学技术的发展是没有止境的，高精度、高速度的内涵也在不断变化，正在向着精度和速度的极限发展。从世界上数控技术发展的趋势来看，主要有以下几个方面。

（1）机床的高速化、精密化、智能化、微型化发展

随着汽车、航空航天等工业轻合金材料的广泛应用，高速加工已成为制造技术的重要发展趋势。高速加工具有缩短加工时间、提高加工精度和表面质量等优点，在模具制造等领域的应用也日益广泛。机床的高速化需要新的数控系统、高速电主轴和高速伺服进给驱动，以及机床结构的优化和轻量化。高速加工不仅是设备本身，而是机床、刀具、刀柄、夹具和数控编程技术，以及人员素质的集成。高速化的最终目的是高效化，机床仅是实现高效的关键之一，绝非全部，生产效率和效益在"刀尖"上。

（2）五轴联动加工和复合加工机床快速发展

采用五轴联动对三维曲面零件进行加工，可用刀具最佳几何形状进行切削，不仅光洁度高，而且效率也大幅度提高。一般认为，一台五轴联动机床的效率可以等于两台三轴联动机床，特别是使用立方氮化硼等超硬材料铣刀进行高速铣削淬硬钢零件时，五轴联动加工可比三轴联动加工发挥更高的效益。但过去因五轴联动数控系统主机结构复杂等原因，其价格要比三轴联动数控机床高出数倍，加之编程技术难度较大，制约了五轴联动机床的发展。当前数控技术的发展，使得实现五轴联动加工的复合主轴头结构大为简化，其制造难度和成本大幅度降低，数控系统的价格差距缩小。因此五轴联动技术促进了复合主轴头类型五轴联动机床和复合加工机床的发展。

（3）新结构、新材料及新设计方法的发展

机床的高速化和精密化要求机床的结构简化和轻量化，以减少机床部件运动惯量对加工精度的负面影响，大幅度提高机床的动态性能。例如，借助有限元分析对机床构件进行拓扑优化，设计箱中箱结构以及采用空心焊接结构和使用铝合金材料等已经开始从实验室走向实用。

我国机床设计和开发要尽快从二维 CAD 向三维 CAD 过渡。三维建模和仿真是现代设计的基础，是企业技术优势的源泉。在此三维设计基础上进行 CAD/CAM/CAE/PDM 的集成，加快新产品的开发速度，保证新产品的顺利投产，并逐步实现产品生命周期管理。

（4）开放式数控系统的发展

许多国家对开放式数控系统进行了研究，数控系统开放化已经成为数控系统的未来之路。所谓开放式数控系统，就是数控系统的开发可以在统一的运行平台上，面向机床厂家和最终用户，通过改变、增加或剪裁结构对象（数控功能），形成系列化，并且可以方便地将用户

的特殊应用和技术诀窍集成到控制系统中,快速实现不同品种、不同档次的开放式数控系统,形成具有鲜明个性的名牌产品。

（5）可重组制造系统的发展

随着产品更新换代速度的加快,专用机床的可重构性和制造系统的可重组性日益重要。通过数控加工单元和功能部件的模块化,可以对制造系统进行快速重组和配置,以适应变型产品的生产需要。机械、电气和电子、液体和气体,以及控制软件的接口规范化和标准化都是实现可重组性的关键。

（6）虚拟机床和虚拟制造的发展

为了加快新机床的开发速度和质量,在设计阶段借助虚拟现实技术,可以在机床还没有制造出来以前,就能够评价机床设计的正确性和使用性能,在早期发现设计过程的各种失误,减少损失,提高新机床开发的质量。

【知识巩固】

分析题:结合实训用 X62W 型万能铣床控制线路电气原理图,回答以下问题。

1. 简述铣床工作台向左运动的工作原理,并描述电流通过的路径。

2. 简述回转圆工作台运动的工作原理并描述电流通过的路径。

3. 如果主电动机能起动,但不能制动,试分析原因,并在图上画出故障范围。

4. 如果工作台可以左右运动,但不能上下运动,试分析原因,并在图上画出故障范围。

5. 如果主电动机不能起动,试分析可能出现的故障(从主电路和控制电路进行分析)。

6. 如果电动机运行过程中出现嗡嗡的异响,转速变慢,判断是什么原因？这时应做何处理？

PLC 指挥单台电动机点动和连续运行

学习目标

【知识目标】

1. 理解 PLC 结构组成与工作原理。

2. 掌握三菱 FX_{2N} 系列 PLC 的输入输出继电器及基本指令（LD、LDI、OUT、AND、ANI、OR、ORI、END）。

3. 了解 PLC 与继电器—接触器控制系统的区别。

4. 熟知 PLC 的编程语言及控制系统的设计步骤。

5. 掌握三菱 FX_{2N} 系列 PLC 的继电器（X 和 Y）。

【能力目标】

1. 能够理解 PLC 的工作过程。

2. 能够对三菱 FX_{2N} 系列 PLC 进行最基本的操作。

3. 会安装 PLC 与电动机、按钮、接触器的控制线路。

4. 会进行编程、调试，实现电动机的点动、连续运行控制。

【素质目标】

1. 能够遵章守纪，爱护公共财产。

2. 具有安全操作的意识。

3. 具有工匠精神和爱国意识。

4. 具有一定的创新能力、敏锐的观察力、准确的判断力、丰富的想象力。

5. 具备积极向上钻研新技术和新工艺的精神。

案例导入

在 PLC 产生之前，以各种继电器为主要元件的电气控制线路承担着生产过程自动控制的艰巨任务，可能由成百上千只不同功能的继电器构成复杂的控制系统，占据大量的空间，产生大量的噪声，消耗大量的电能。某个继电器损坏或触点接触不良，都会影响整个系统的正常运行，要进行检查和排除故障非常困难。在生产工艺发生变化时，可能需要增加很多继电器或继电器控制柜，重新接线或改线的工作量很大，甚至可能需要重新设计控制系统。因此迫切需要一种新的工业控制装置来取代传统的继电器控制系统，使电气控制系统工作更可靠、更易维修、更能适应经常变化的生产工艺要求。这种新的工业控制装置就是 PLC，那么,什么是 PLC? 它有哪些功能? 与传统的继电器控制系统又有哪些区别呢?

任务 **1**

认识 PLC

【任务描述】

　　C650 型卧式车床有三台交流电动机,其中一台电动机是冷却泵电动机,该电动机的控制要求是单向连续运行,有短路和过载保护,现将该冷却泵电动机改用 PLC 控制,请为其选择合适品牌及型号的 PLC,并解释所选 PLC 面板上型号的含义。

【知识储备】

一、PLC 概述

1. 可编程序控制器的名称及定义

PLC 实物展示图如图 5-1 所示。

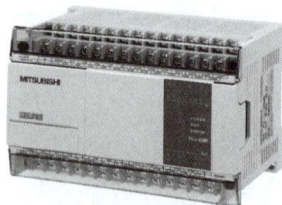

(a)三菱 FX$_{1N}$ 系列 PLC

(b)三菱 FX$_{2N}$ 系列 PLC

(c)西门子 S7-200 系列 PLC

(d)三菱 Q 系列 PLC

(e)西门子 S7-300 系列 PLC

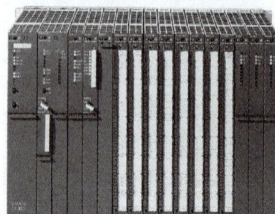

(f)西门子 S7-400 系列 PLC

图 5-1　常用 PLC 的实物图

　　可编程序逻辑控制器(Programmable Logical Controller,PLC),是在继电器—接触器控制和计算机控制的基础上开发出来的,并逐步发展为以微处理器为核心,将自动控制技术、计算机技术和通信技术融为一体而发展起来的新型工业自动化控制装置。最初的PLC在功能上只能进行逻辑控制,因此被称为可编程序逻辑控制器。随着技术的发展,它不仅可以进行逻辑控制,而且还可以对模拟量、顺序、定时/计数和通信联网等进行控制。1980年,美国电气制造商协会(National Electrical Manufacturers Association,NEMA)将它正式命名为可编程序控制器(Programmable Controller,PC)。但为了避免与个人计算机(Personal Computer,PC)混淆,现在仍然把可编程序控制器简称为PLC。

可编程序控制器一直在发展中,所以至今尚未对其进行最后的定义。国际电工学会(International Electrotechnical Commission,IEC)曾先后于1982年11月、1985年1月和1987年2月发布了可编程序控制器标准草案的第1、2、3稿。

在第3稿中,对PLC作了下列定义:可编程序控制器是一种数字运算操作电子系统,专为在工业环境下应用而设计。它采用了可编程序的存储器,用于在其内部存储执行逻辑运算、顺序控制、定时、计数和算术运算等操作的指令,并通过数字的、模拟的输入和输出,控制各种类型的机械或生产过程。可编程序控制器及其有关的外围设备,都应按易于与工业控制系统形成一个整体、易于扩充其功能的原则进行设计。并且在第3稿定义中特别强调了PLC具有以下特点。

① 数字运算操作的电子系统,也是一种计算机。

② 专为在工业环境下应用而设计。

③ 面向用户指令,即编程方便。

④ 可进行逻辑运算、顺序控制、定时计算和算术操作。

⑤ 可实现数字量或模拟量输入/输出控制。

⑥ 易与控制系统连成一体。

⑦ 易于扩展。

2. PLC的产生与发展

20世纪60年代后期,随着汽车型号更新速度加快,原先的汽车制造生产线使用的继电器—接触器控制系统修改一条生产线要更换许多硬件设备并进行复杂的接线,既产生了浪费,又拖延了施工周期,增加了产品的生产成本,缺乏变更控制过程的灵活性,不能满足用户快速改变控制方式的要求,无法适应汽车换代周期迅速缩短的需要。1968年,美国通用汽车公司(General Motors,GM)根据市场形势与生产发展的需要,提出了"多品种、小批量、不断翻新汽车品牌型号"的战略。要实现这个战略决策,依靠原有的工业控制装置显然不行,必须有一种新的工业控制装置,它可以随着生产品种的改变,灵活方便地改变控制方案以满足对控制的不同要求。1969年,美国数字设备公司(Digital Equipment Corporation,DEC)根据通用汽车公司提出的功能要求,研制出了这种新的工业控制装置,并在通用汽车公司的一条汽车自动化生产线上首次运行取得成功。从而诞生了世界上第一台可编程控制器。

从1969年到现在,PLC经历了四次换代。

第一代PLC产品大多用1位机开发,用磁芯存储器存储,只有逻辑控制功能。

第二代PLC产品换成了8位微处理器及半导体存储器,PLC产品开始系列化。

第三代PLC产品随着高性能微处理器及位片式CPU在PLC中大量使用,PLC的处理速度大大提高,从而促使它向多功能及联网通信方向发展。

第四代PLC产品不仅全面使用16位和32位高性能微处理器、高性能位片式微处理器、精简指令集计算机（Reduced Instruction Set Computer,RISC）等高级中央处理器（Central Processing Unit,CPU），而且在一台 PLC 中配置多个处理器，进行多通道处理，同时生产了大量的内含微处理器的智能模板，使得第四代 PLC 产品成为具有逻辑控制功能、过程控制功能、运动控制功能、数据处理功能、联网通信功能的名副其实的多功能控制器。同一时期，由 PLC 组成的 PLC 网络也得到了飞速发展。PLC 与 PLC 网络成为生产企业中首选的工业控制装置，由 PLC 组成的多级分布式 PLC 网络成为计算机集成制造系统（Computer Integrated Manufacturing System,CIMS）不可或缺的基本组成部分。人们高度评价 PLC 及其网络的重要性，认为它们是现代工业自动化生产的三大支柱（PLC、智能机器人、CAD/CAM）之一。

3. PLC 的特点

（1）可靠性高，抗干扰能力强

PLC 输入/输出端口采用继电器或光电耦合的方式，并附加电气隔离、滤波等部件，具有很高的抗干扰能力，可以在比较恶劣的环境下工作，而且故障率很低，一般 PLC 平均故障间隔时间可达几十万到上千万小时。

（2）体积小，质量轻，功耗低

PLC 在制造时采用了大规模的集成电路和微处理器，用软件代替硬件连线，使得其体积小，质量轻，功耗低，易于装入设备内部，是实现机电一体化的理想控制设备。

（3）通用性好

PLC 的硬件已标准化，加之 PLC 的产品达到系列化，功能模块品种较多，可以灵活组成各种不同大小和不同功能的控制系统，满足各行各业的需求。

（4）功能强，适用面广

现代 PLC 不仅有逻辑运算、计时、计数等功能，还有数字和模拟量的输入/输出、功率驱动、通信、人机对话、自检、记录显示等功能，既可以控制一台生产机械、一条生产线，又可以控制一个生产过程。

（5）编程简单，容易掌握

大多数 PLC 采用与继电器—接触器控制形式相似的梯形图编程方式，梯形图语言的编程元件符号、表达方式与继电器—接触器控制电路原理图相当接近，既继承了传统控制线路的直观清晰，又考虑了工厂和企业技术人员的读图习惯、编程水平，非常容易被接受和掌握。同时 PLC 还提供了功能图、语句表等编程语言。

4. PLC 的分类

PLC 产品种类繁多，其规格和性能也各不相同。通常可以根据 PLC 的 I/O 点数多少、结构形式不同等进行大致分类。

（1）按 I/O 点数分类

PLC 按其 I/O 点数多少一般可分为以下三类。

① 小型 PLC。小型 PLC 的功能控制一般以开关量控制为主，I/O 点数在 256 以下，用户程序存储容量在 8 KB 以下。如西门子公司的 S7-200 系列、三菱公司的 FX 系列、欧姆龙公司的 P 型和 CPM 型等都属于小型 PLC。

② 中型 PLC。中型 PLC 的 I/O 总点数为 256～2048，用户程序存储器容量达到 16 KB 左右。中型 PLC 不仅具有开关量和模拟量的控制功能，还具有更强的数字计算能力，它的通信功能和模拟量处理功能更强大，中型机比小型机更丰富，中型机适用于更复杂的逻辑控制

系统以及连续生产线的过程控制系统场合。例如,西门子公司的 S7-300 系列、欧姆龙公司的 C200H 系列、三菱公司的 A 系列等都属于中型 PLC。

③ 大型 PLC。大型 PLC 的 I/O 总点数在 2048 以上,用户程序储存器容量达到 16 KB 以上。大型 PLC 的性能已经与大型 PLC 的输入、输出工业控制计算机相当,它具有计算、控制和调节的能力,还具有强大的网络结构和通信联网能力,有些 PLC 还具有冗余能力。它的监视系统采用 CRT(Cathode Ray Tube,阴极射线管)显示,能够表示过程的动态流程、记录各种曲线和 PID(Proportion Integration Differentiation,比例积分微分)调节参数等;它配备了多种智能板,构成一台多功能系统。这种系统还可以和其他型号的控制器互连,如与上位机相连,组成一个集中分散的生产过程和产品质量控制系统。大型机适用于设备自动化控制、过程自动化控制和过程监控系统。典型的大型 PLC 有西门子公司的 S7-400 系列、欧姆龙公司的 CVM1 和 CS1 系列、三菱公司 Q 系列等。

(2)按结构形式分类

根据 PLC 的结构形式不同,可将 PLC 分为整体式和模块式两类。

① 整体式 PLC。整体式 PLC 如图 5-1(a)、(b)、(c)所示,它是将电源、CPU、I/O 接口等部件都集中装在一个机箱内,具有结构紧凑、体积小、价格低的特点。整体式 PLC 由不同 I/O 点数的基本单元(又称主机)和扩展单元组成。基本单元内有 CPU、I/O 接口、与 I/O 扩展单元相连的扩展口以及与编程器或 EPROM(Erasable Programmable Read Only Memory,可擦可编程只读存储器)写入器相连的接口等。扩展单元内只有 I/O 和电源等,没有 CPU。基本单元和扩展单元之间一般用扁平电缆连接。整体式 PLC 一般还可以配备特殊功能单元,如模拟量单元、位置控制单元等,使其功能得以扩展。小型 PLC 一般采用这种整体式结构。

② 模块式 PLC。模块式 PLC 如图 5-1(d)、(e)、(f)所示,它是将 PLC 各组成部分分别做成若干个单独的模块,如 CPU 模块、I/O 模块、电源模块(有的含在 CPU 模块中)以及各种功能模块。模块式 PLC 由框架或基板和各种模块组成,模块装在框架或基板的插座上。这种模块式 PLC 的特点是配置灵活,可根据需要选配不同规模的系统,而且装配方便,便于扩展和维修。大中型 PLC 一般采用模块式结构。

5. PLC 的应用领域

PLC 的应用非常广泛。目前,在国内外已广泛应用于钢铁、冶金、化工、轻工、食品、电力、机械、交通运输、汽车制造、建筑、环保、公用事业等各行各业。

(1)开关量顺序控制

开关量顺序控制是 PLC 最广泛的应用领域,也是 PLC 最基本的控制功能,可用来取代继电器—接触器控制系统,既可以用于单台设备的控制,也可以用于多机群控制和自动化生产线控制,如机床电气控制、电梯自动控制、自动化生产线控制、数控机床控制、交通灯控制等。

(2)模拟量过程控制

除开关量外,PLC 还能控制连续变化的模拟量,如压力、速度、流量、液位、电压和电流等。通过各种传感器将相应的模拟量转化为电信号,然后通过 A/D(Analog to Digital,模-数)模块将它们转换为数字量,送到 PLC 处理,处理后的数字量再通过 D/A(Digital to Analog,数-模)模块转换为模拟量进行输出控制,如通过专用的智能 PID 模块实现模拟量的闭环过程控制。这一功能主要应用在恒压供水控制系统、锅炉温度控制系统等。

（3）运动控制

PLC提供了驱动步进电动机或伺服电动机的单轴或多轴位置控制模块,通过这些模块可实现直线运动或圆周运动的控制。这一功能主要用于各类机床、机器人、装配机械等的运动控制。

（4）数据处理

PLC提供了各种数学运算、数据传送、数据转换、数据排序以及位操作等功能,可以实现数据采集、分析和处理。这些数据可以通过通信系统传送到其他智能设备,也可以利用它们与存储器中的参考值进行比较,或利用它们制作各种要求的报表。数据处理功能一般用于各种行业的大中型控制系统。

（5）通信功能

为适应现代化工业自动化控制系统的需要,即集中及远程管理,PLC可实现与PLC、单片机、打印机及上级计算机互相交换信息的通信功能。

二、PLC的结构及工作原理

1. PLC的结构

PLC的类型繁多,功能与指令系统也不尽相同,但结构与工作原理大同小异。PLC通常由中央处理器CPU、存储器、输入/输出（I/O）接口、电源、外部设备接口和扩展接口等主要部分组成,PLC基本组成如图5-2所示。

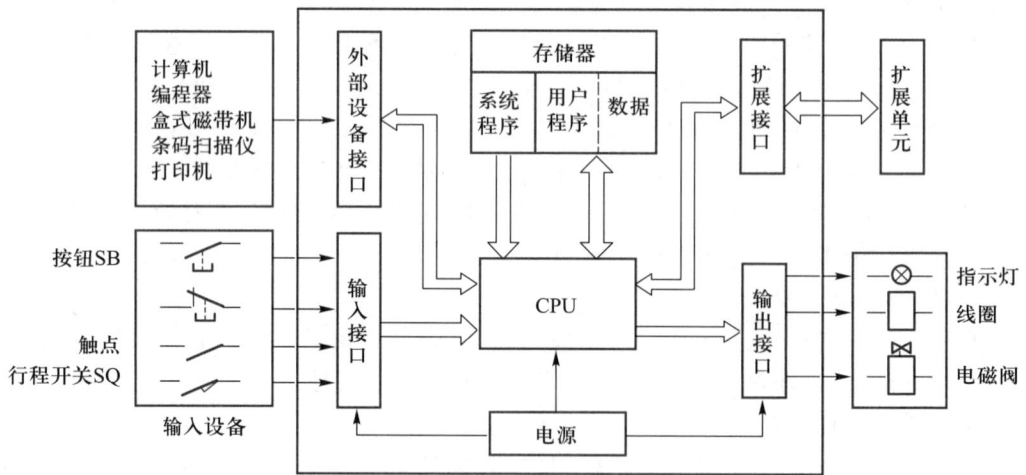

图5-2 PLC的基本组成

（1）中央处理器（CPU）

CPU是PLC的核心部件,也是PLC进行逻辑运算及数学运算并协调整个系统工作的部件,它接收和存储输入的程序,扫描现场的输入状态,执行用户程序并自诊断。

（2）存储器

存储器用来存放程序和数据,包括不能写入程序的只读存储器（Read Only Memory,ROM）和可以随机存取程序的可读写存储器（Random Access Memory,RAM）,分别用来存储系统程序和用户程序。

（3）输入/输出（I/O）接口

PLC 主要是通过各种 I/O 接口与外界联系的。输入模块将电信号转换成数字信号送入 PLC 系统，输出模块将处理完的数字信号转换成电信号输出给外部设备。接收的信号主要有两类：一类是按钮、行程开关、光电开关、数字式拨码开关等产生的数字式开关量信号；一类是温度传感器、压力传感器、电位器等产生的连续变化的模拟量信号。输出的信号类型有以下两种。

① 开关量。开关量按电压水平分，有 220 V（AC）、110 V（AC）、5 V（DC）、12 V（DC）、24 V（DC）、48 V（DC）、60 V（DC）。选择时主要根据现场输入设备与输入模块之间的距离来考虑。一般 5 V、12 V、24 V 用于距离较近场合的传输，如 5 V 输入模块传输距离最远不得超过 10 m，距离较远的应选用较高的输入电压等级。

② 模拟量。按信号类型，模拟量有电流型（4～20 mA、0～20 mA）和电压型（0～10 V、0～5 V、−10～10 V）等；按精度，模拟量有 12 bit、14 bit、16 bit 等。

（4）电源部件

PLC 内部配备了直流开关稳压电源，为 CPU、存储器、I/O 接口等内部各模块的集成电路提供工作电源，同时有的还可向外提供直流 24 V 的工作电源。输入回路和输出回路的电源一般相互独立，以避免来自外部的干扰。另外，为防止内部程序和数据因外部电源故障而丢失，PLC 还带有锂电池作为预备电源。

（5）扩展接口

扩展接口用于系统扩展，可连接 I/O 扩展单元、A/D 模块、D/A 模块和温度控制模块等。

（6）外部设备接口

外部设备接口可将编程器（目前一般由计算机通过计算机运行编程软件充当编程器）、计算机、打印机、条码扫描仪等外部设备与主机相连，以完成相应的操作。

2. PLC 的工作原理

（1）等效电路

PLC 控制系统的等效电路可分为用户输入设备、输入电路、内部控制电路、输出电路和用户输出设备五个部分，等效电路如图 5-3 所示。

① 用户输入设备。用户输入设备包括常用的按钮、行程开关、限位开关、继电器触点和各类传感器等，其作用就是将各种外部控制信号送入 PLC 的输入电路。

② 输入部分。输入部分由 PLC 的输入端子和输入继电器组成。外部输入信号通过输入端子来驱动输入继电器的线圈。每个输入端子对应一个相同编号的输入继电器，当用户的输入设备处于接通状态时，对应编号的输入继电器的线圈"得电"（由于 PLC 的继电器为"软继电器"，因此这里的"电"是指概念电流）。输入部分的电源可以用 PLC 内部的直流电源，也可以用独立的交流电源供电。

③ 内部控制电路。内部控制电路是由用户程序形成的用"软继电器"代替"硬继电器"的控制逻辑。它的作用是对输入、输出信号的状态进行运算、处理和判断，然后得到相应的输出。一般控制逻辑用梯形图表示，它在形式上类似于继电器—接触器控制原理图，将在下面的内容中进行详细介绍。

④ 输出部分。输出部分由 PLC 的输出继电器的外部动合触点和输出端子组成，其作用是驱动外部负载。每个输出继电器除了内部控制电路提供的触点外，还为输出电路提供一

微课：PLC 的等效电路

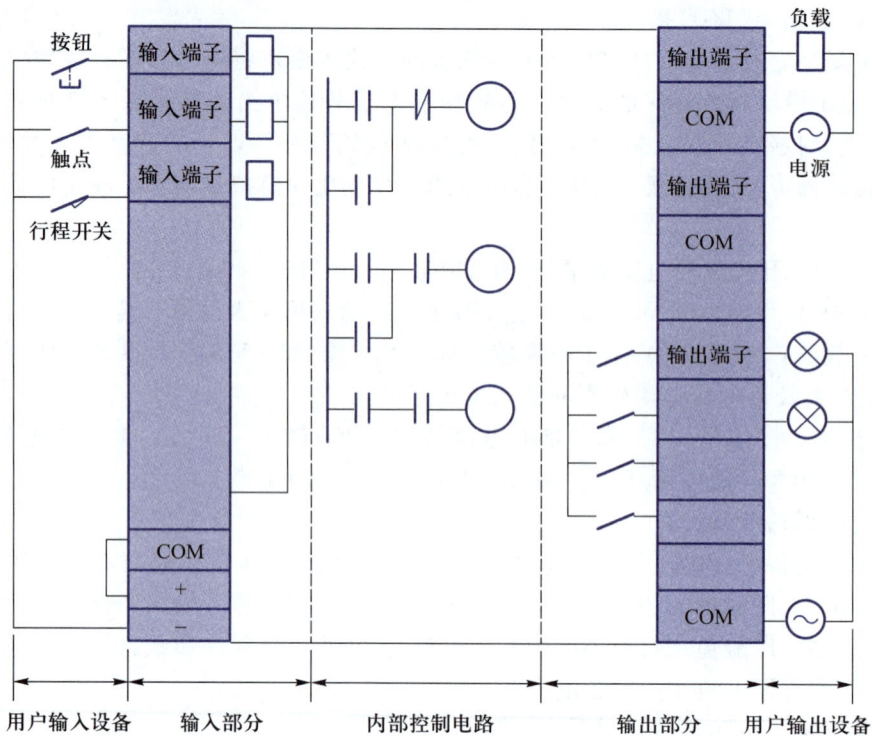

图 5-3　PLC 控制系统的等效电路

个与输出端子相连的实际动合触点。驱动外部负载的电源由外部交流电源提供。

⑤ 用户输出设备。用户输出设备是用户根据控制需要使用的实际负载，常用的有继电器的线圈、指示灯、电磁阀等。

（2）工作过程

PLC 一般采用循环扫描的工作方式，其工作过程如图 5-4 所示。

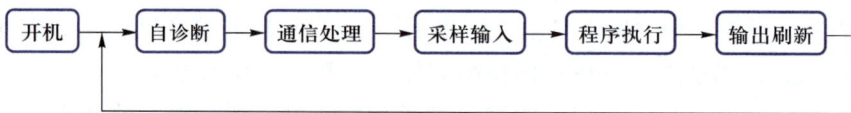

图 5-4　PLC 工作过程示意图

当给 PLC 上电后，CPU 检查主机硬件和所有输入模块、输出模块，在运行模式下，还要检查用户程序存储器。若发现异常，则 PLC 停止并显示错误。若自诊断正常，则继续向下扫描。

在通信操作阶段，CPU 自检并处理各通信端口接收的信息，完成数据通信任务，即检查是否有计算机、编程器的通信请求，若有则进行相应的处理，如接收编程器送来的程序。

一个机器扫描周期（用户程序运行一次）分为自诊断、通信处理、采样输入，程序执行、输出刷新五个阶段，CPU 周而复始地进行循环扫描工作，也可以把扫描周期简化为采样输入、程序执行和输出刷新三个阶段。

① 采样输入。在此阶段，PLC 首先扫描所有输入端口，依次读取所有输入状态和数据，

并将它们存入输入映像寄存器的相应单元内。采样输入结束后,转入用户程序执行和输出处理阶段。在执行后面这两个阶段过程中,即使输入状态和数据发生变化,输入映像寄存器中相应单元的状态和数据也不会改变。

②　程序执行。在用户程序执行阶段,PLC 会串行执行存储器中的程序,PLC 总是按由上往下、从左往右的顺序依次扫描用户程序(梯形图),当程序指令涉及输入、输出状态时,PLC从映像寄存器"读入"上一阶段采集的对应输入端口的状态,从元件映像寄存器"读取"对应元件("软继电器")的当前状态,并进行逻辑运算,然后把逻辑运算的结果存入元件映像寄存器中。

③　输出刷新。当扫描并执行完用户程序后,PLC 就进入输出刷新阶段。在此阶段,CPU按照输入/输出映像寄存器内对应的状态和数据刷新所有的输出锁存电路,再经输出电路转换成外部设备能接受的电压或电流信号,以驱动相应的外部设备。

（3）扫描周期

PLC 完成一次从采样输入、程序执行到输出刷新整个工作过程所需要的时间,称为扫描周期。扫描时间的长短取决于 CPU 执行指令的速度、指令本身占有的时间和指令条数。

动画: PLC
扫描工作
原理

（4）PLC 工作过程的特点

PLC 工作过程的显著特点为:输入、输出的批处理,即对输入、输出状态进行集中的处理过程。在当前的扫描周期内,用户程序依据的输入信号的状态(ON 或 OFF),均从输入映像寄存器中读取,而不管此时外部输入信号的状态是否变化。即使此时外部输入信号的状态发生了变化,也只能在下一个扫描周期的采样输入阶段读取。如果 PLC 正处于程序执行阶段,输入信号的状态发生了变化,对应的输入状态寄存器的内容不会变化,因此输出信号也就不会随之变化,应到下一次采样输入时,输入状态寄存器的内容才发生变化。

3. PLC 与继电器—接触器控制方式的比较

PLC 是在传统的继电器—接触器控制和计算机控制的基础上发展起来的,与继电器—接触器控制相比,既有相似的地方,也有不同之处。传统的继电器—接触器控制只能进行开关量控制;而 PLC 既可以进行开关量控制,又可以进行模拟量控制,还能与计算机联成网络,实现分级控制。两者的不同之处主要有以下几点。

（1）组成器件不同

继电器—接触器控制线路由许多真实的硬件实物组成,而 PLC 则由许多虚拟的逻辑器件组成,它们实质是存储器中的每一个触发器,称为"软继电器"。"硬继电器"易磨损,而"软继电器"无磨损现象。

（2）触点的数量不同

"硬继电器"的触点数量有限,用于控制的继电器触点一般只有 4~8 对,而梯形图中每个"软继电器"供编程使用的触点数量有无限对,因为在存储器中的触发器状态(电平)可以使用任意次。另外,"硬继电器"中触点的寿命是有限的,而 PLC"软继电器"的触点寿命是无限的。

（3）控制方法不同

继电器—接触器控制系统是通过元器件之间的硬接线来实现的,控制功能就固定在电路中;PLC 控制功能是通过软件编程来实现的,只要改变程序,控制功能即可改变,非常灵活。

（4）工作方式不同

在继电器—接触器控制线路中，当电源接通时，线路中各继电器都处于受制约的状态，即该吸合的继电器都同时吸合，不该吸合的继电器都因受某种条件限制不能吸合；在 PLC 的控制线路中，采用循环扫描的执行方式，即从第一行梯形图开始，依次执行至最后一行梯形图，再从第一行梯形图开始继续往下执行，周而复始，因此从激励到响应有一段时间的滞后。

三、三菱 FX$_{2N}$ 系列 PLC 的型号

三菱公司是日本的主要 PLC 制造商之一，先后推出了 F、F$_1$、F$_2$、FX$_0$、FX$_1$、FX$_2$、FX$_{1S}$、FX$_{0N}$、FX$_{1N}$、FX$_{2N}$、FX$_{3U}$、FX$_{3G}$ 等系列小型和微型 PLC。FX$_{2N}$ 是三菱公司推出的 FX 家族中最先进的系列，具有高速处理、可扩展量大、可满足单个需要的特殊功能模块等特点，为工厂自动化应用提供了最大的灵活性和控制能力。

三菱 FX$_{2N}$ 系列 PLC 的型号组成如下。

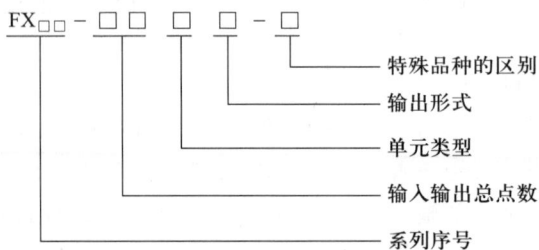

微课：PLC
硬件选型

FX$_{\square\square}$ － $\square\square$　$\square$　$\square$ － $\square$

特殊品种的区别
输出形式
单元类型
输入输出总点数
系列序号

① 系列序号：0、1、2、1s、0N、1N、2N、2NC、3U、3G。

② 输入输出总点数：4～256。

③ 单元类型：M 为基本单元；E 为输入输出混合单元与扩展单元；EX 为输入专用扩展模块；EY 为输出专用扩展模块。

④ 输出形式：R 为继电器输出（有触点，交直流负载两用）；T 为晶体管输出（无触点，直流负载用）；S 为双向晶闸管输出（无触点，交流负载用）。

⑤ 特殊品种的区别：无符号为交流 100/220 V 电源，直流 24 V 输入（内部供电）；D 为直流电源；C 为接插口输入输出方式。

示例：型号为 FX$_{2N}$-32MR 的 PLC 属于 FX$_{2N}$ 系列，有 32 个输入输出点，基本单元类型，继电器输出，使用交流 100/220 V 电源、直流 24 V 输入。

【任务实施】

根据对 PLC 的认识，简述给 C650 型卧式车床的冷却泵电动机选择哪个品牌、哪种型号的 PLC 较为合适，试写出该品牌的名称、型号及其含义。

PLC 品牌	
PLC 型号	
PLC 型号的含义	

PLC 指挥单台电动机点动运行

【任务描述】

用 PLC 实现三相交流异步电动机的点动运行,即按下按钮 SB,电动机得电运行,松开按钮 SB,电动机断电停止。要求列出所需输入、输出元件、绘制梯形图、完成程序录入、安装接线和调试工作。

【知识储备】

一、三菱 FX$_{2N}$ 系列 PLC 的认知

三菱 FX 系列的 PLC 有 FX$_{1S}$、FX$_{1N}$、FX$_{2N}$、FX$_{2NC}$、FX$_{3U}$ 等系列,它们在外观、结构、性能上大同小异,通常有外部端子部分、指示部分及接口部分等。本书选用目前应用广泛的 FX$_{2N}$ 系列 PLC 为例来进行学习,三菱 FX$_{2N}$ 系列 PLC 的外观如图 5-5 所示。其各部分组成及功能如下。

微课:PLC 面板

1. 外部端子部分

外部端子包括 PLC 电源端子(L、N、⏚)、供外部传感器用的 DC 24 V 电

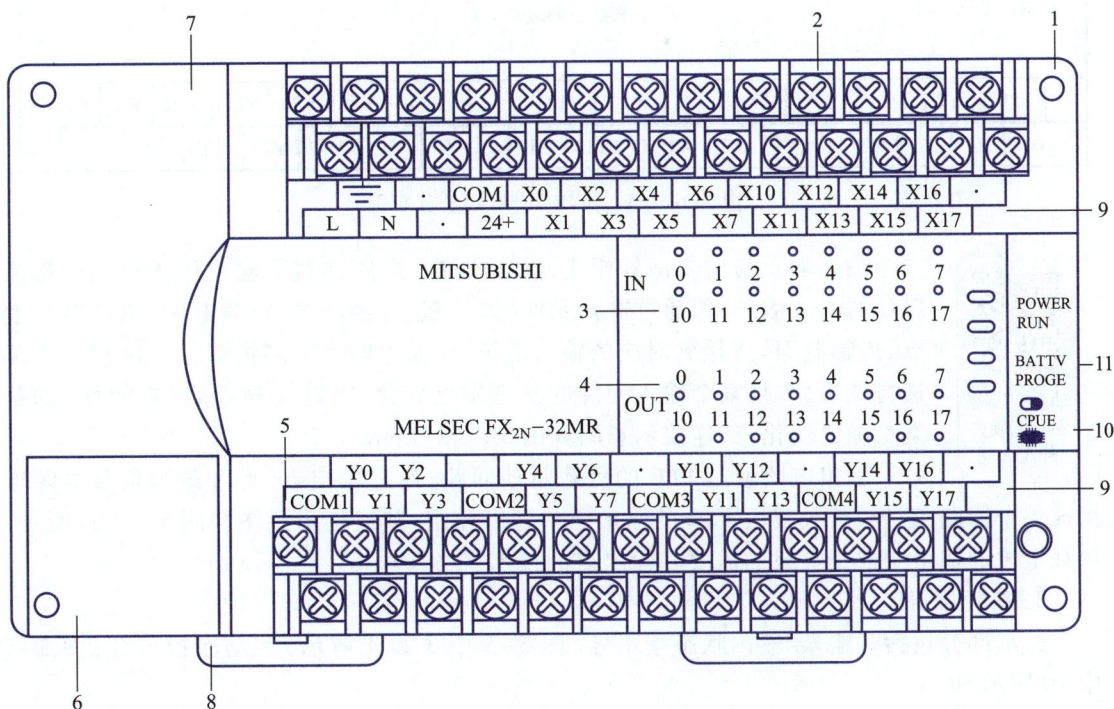

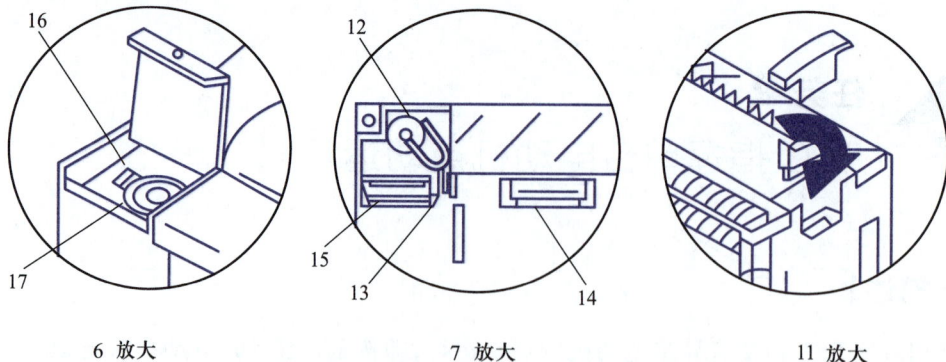

| 6　放大 | 7　放大 | 11　放大 |

图 5-5　FX$_{2N}$系列 PLC 的外观

1—安装孔 4 个;2—电源、辅助电源、输入信号用的可装卸式端子;3—输入状态指示灯;4—输出状态指示灯;
5—输出用的可装卸式端子;6—外围设备接线插座、盖板;7—面板盖;8—DIN 导轨装卸用卡子;9—I/O 端子
标记;10—动作指示灯;11—扩展单元、扩展模块、特殊单元、特殊模块的接线插座盖板;12—锂电池;13—锂电池
连接插座;14—另选存储器滤波器安装插座;15—功能扩展板安装插座;16—内置 RUN/STOP 开关;
17—编程设备、数据存储单元接线插座

源端子(24+、COM)、输入端子(X)和输出端子(Y)等,如图 5-6 所示。外部端子主要完成输入/输出(即 I/O)信号的连接,是 PLC 与外部设备(输入设备、输出设备)连接的桥梁。

注意:输出端子共分为五组,组间用黑实线分开,黑点为备用端子。

⏚	·	COM	X0	X2	X4	X6	X10	X12	X14	X16	X20	X22	X24	X26	·
L	N	·	24+	X1	X3	X5	X7	X11	X13	X15	X17	X21	X23	X25	X27
							FX$_{2N}$-48MR								
	Y0	Y2	·	Y4	Y6	·	Y10	Y12	·	Y14	Y16	Y20	Y22	Y24	Y26	COM5
COM1	Y1	Y3	COM2	Y5	Y7	COM3	Y11	Y13	COM4	Y15	Y17	Y21	Y23	Y25	Y27

图 5-6　FX$_{2N}$—48MR 的端子分布图

动画:FX系列 PLC硬件外观说明

输入端子与输入信号相连,PLC 的输入电路通过其输入端子可随时检测 PLC 的输入信息,即通过输入元件(如按钮、转换开关、行程开关、继电器的触点、传感器等)连接到对应的输入端子上,通过输入电路将信息送到 PLC 内部进行处理,一旦某个输入元件的状态发生变化,则对应输入点(软元件)的状态也随之变化,其连接示意图如图 5-7(a)所示。

输出电路就是 PLC 的负载驱动回路,通过输出点,将负载和负载电源连接成一个回路,这样,负载就由 PLC 的输出点来进行控制,其连接示意图如图 5-7(b)所示。负载电源的规格应根据负载的需要和输出点的技术规格来选择。

2. 指示部分

指示部分包括各输入/输出状态指示灯(图 5-5 中 3 和 4 所示)和动作指示灯(图 5-5 中 10 所示)。

输入状态指示灯的每个 LED 对应一个输入端子 X,用于显示是否有信号输入,当有信号输入时对应的输入指示灯亮,无信号输入时灯不亮;输出状态指示灯的每个 LED 对应一个输出端子 Y,用于显示 PLC 是否有信号输出,当有信号输出时对应的输出指示灯亮,无信号输出时灯不亮。

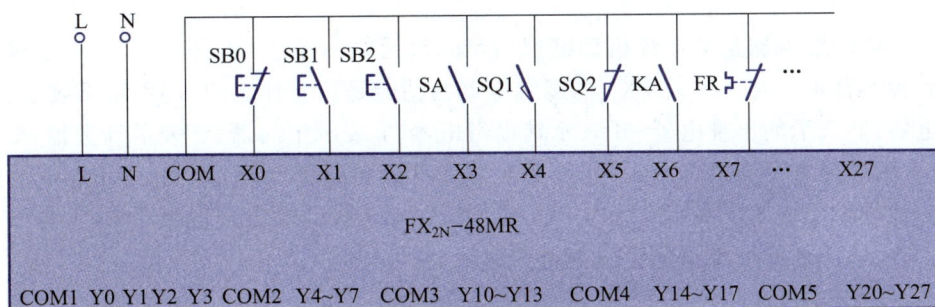

(a) 输入信号连接示意图

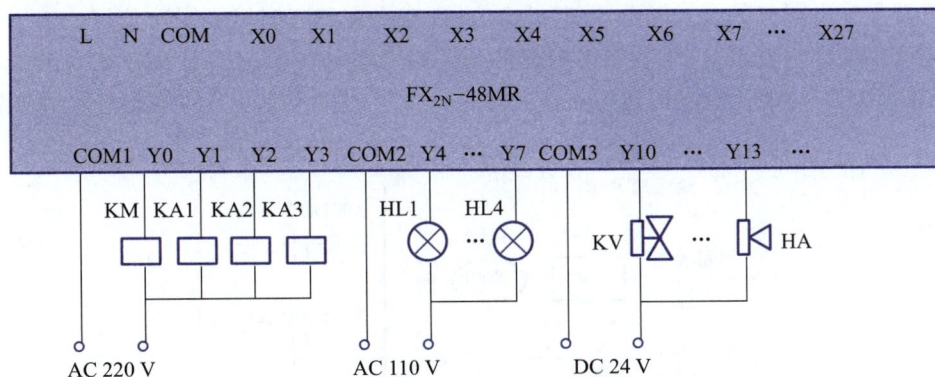

(b) 输出信号连接示意图

图 5-7　输入/输出信号连接示意图

动作指示灯包括 PLC 电源(POWER)指示、PLC 运行指示、用户程序存储器后备电池(BATT)状态指示及程序语法出错(PROG. E)、CPU 出错(CPU. E)指示等,动作指示灯的颜色及状态见表 5-1。这些指示灯用来反映 I/O 点及 PLC 机器的状态。

表 5-1　动作指示灯的颜色及状态表

LED 名称	显示颜色	内容
POWER	绿色	PLC 通电状态下灯亮
RUN	绿色	PLC 运行中灯亮
BATT	红色	电池电压降低时灯亮
PRO · E	红色	程序错误时闪烁
CPU · E		CPU 错误时灯亮

3. 接口部分

接口部分主要包括编程器(图 5-5 中 17 所示)、扩展单元、扩展模块、特殊模块及存储卡盒(图 5-5 中 11 所示)等外部设备的接口,其作用是完成基本单元与上述外部设备的连接。在编程器接口旁边,还设置了一个 PLC 运行模式转换开关 SW1(图 5-5 中 16 所示),它有

RUN 和 STOP 两个运行模式,RUN 模式能使 PLC 处于运行状态(RUN 指示灯亮),STOP 模式能使 PLC 处于停止状态(RUN 指示灯熄灭),此时 PLC 可进行用户程序的写入、编辑和修改。

二、三菱 FX$_{2N}$ 系列 PLC 的内部继电器

PLC 内部的继电器是支持该机型编程语言的软元件,不同厂家、不同型号 PLC 编程元件的数量和种类都不一样。三菱 FX$_{2N}$ 内部继电器的功能是相互独立的,均用字母表示:X 表示输入继电器;Y 表示输出继电器;M 表示辅助继电器;T 表示定时器;C 表示计数器;S 表示状态器;D 表示数据寄存器;V/Z 表示变址寄存器;P/I 表示指针。每一个编程元件由上述字母和相应的地址编号表示。在 FX 系列 PLC 中,输入继电器和输出继电器的地址编号采用八进制数来表示,其他元器件采用十进制数来表示。

1. 输入继电器 X

输入继电器与 PLC 的输入端相连,是 PLC 接收外部开关信号的接口。与输入端子相连的输入继电器是光电隔离的电子继电器,其动合、动断触点在编程时可无限次使用。输入继电器的状态只能由外部信号驱动,而不能由内部的程序指令驱动。FX$_{2N}$ 系列 PLC 输入继电器地址编号范围为 X000~X267,最多可达 184 点。图 5-8 所示为输入继电器的等效电路示意图。

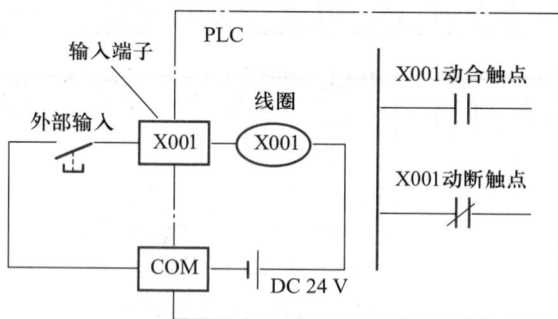

图 5-8　输入继电器的等效电路示意图

2. 输出继电器 Y

输出继电器与 PLC 的输出端相连,是 PLC 向外部负载输出信号的接口。输出继电器的外部输出主触点接到 PLC 的输出端子上供外部负载使用,其余动合、动断触点供内部程序使用,输出继电器的动合、动断触点在编程时可无限次使用。输出继电器的状态只能由内部程序指令驱动。图 5-9 所示为输出继电器的等效电路示意图。

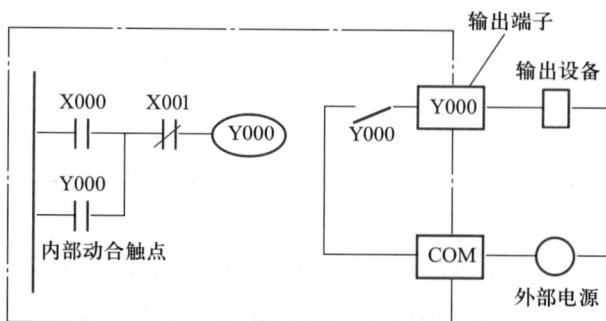

图 5-9　输出继电器的等效电路示意图

三、PLC 的编程语言

PLC 的用户程序是设计编程人员根据控制系统的工艺控制要求,通过 PLC 编程语言而编制设计的。不同厂家、不同型号 PLC 有自己的编程软件和编程语言。根据国际电工委员会制定的工业控制编程语言标准(IEC1131-3),PLC 的标准编程语言有五种:梯形图编程语言(LD)、指令语句表编程语言(IL)、顺序功能图编程语言(SFC)、功能模块图编程语言(FBD)和结构文本编程语言(ST)。

1. 梯形图编程语言

梯形图编程语言习惯上称为梯形图。该语言沿袭了继电器—接触器控制电路的形式,形象、直观、实用、易懂,是目前应用最多的一种 PLC 编程语言。其画法如图 5-10 所示。

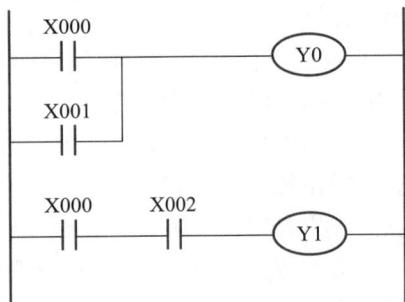

图 5-10　梯形图画法

梯形图编程语言的特点是:与电气操作原理图相对应,具有直观性和对应性;与原有继电器—接触器控制相一致,电气技术人员易于掌握。

梯形图编程语言与原有继电器—接触器控制的不同点:梯形图中不是真实的物理电流或能量在流动,内部的继电器也不是实际存在的继电器,但为了便于理解与分析,通常假想在 PLC 梯形图中存在一种所谓的"电流"或"能流",这仅仅是虚拟化的概念电流。注意:假想电流只能从左往右流动,层次改变只能自上而下,假想电流是执行用户程序时满足输出执行条件的形象理解。

梯形图格式要求如下。

① 图左、右两边垂直线分别称为起始母线(左母线)、终止母线(右母线)。每一行程序应从起始母线开始,终止于线圈或终止母线(有些 PLC 的终止母线可以省略不画)。

② 梯形图按行从上往下编写,每一行按从左往右的顺序编写,PLC 执行程序时的顺序与梯形图编写顺序一致。

③ 梯形图的起始母线与线圈之间一定要有触点,而线圈与终止母线之间不能有任何触点。

2. 指令语句表编程语言

指令语句表编程语言是一种与计算机汇编语言类似的助记符编程方式,用一系列操作指令组成的语句将控制流程描述出来,并通过编程器输入到 PLC 中去。需要指出的是,厂商不同,编程指令也会有所不同。下面以三菱 FX 系列的指令语句简单说明该编程语言的用法。

LD	X000	逻辑行开始,输入 X000 动合触点
OR	Y000	并联 Y000 的动合触点
ANI	X001	串联 X001 的动断触点
OUT	Y000	输出 Y000,逻辑行结束
LDI	X002	逻辑行开始,输入 X002 的动断触点
AND	Y000	串联 Y000 的动合触点
OUT	Y001	输出 Y001,逻辑行结束

　　指令语句表是由若干条语句组成的程序。语句是程序的最小独立单元,每个 PLC 控制系统由一条或几条语句组成并执行。PLC 语句表达形式与一般计算机编程语言语句表达形式类似,也是由操作码和操作数两部分组成。操作码用助记符表示,如 LD 表示逻辑取;AND表示逻辑与;OUT 表示线圈驱动等,用来说明要执行的功能。操作数一般由标识符和参数组成。标识符表示操作数的类型,如 X 表示输入继电器;Y 表示输出继电器;T 表示定时器等。参数表明操作数的地址或预先设定值。

　　指令语句表编程语言具有以下特点。

　　① 采用助记符来表示操作功能,具有容易记忆,便于掌握的特点。

　　② 在编程器的键盘上采用助记符表示,具有便于操作的特点,可在无计算机的场合进行编程设计。

　　③ 与梯形图有一一对应关系,其特点与梯形图语言基本相同。

　　3. 顺序功能图编程语言

　　顺序功能图编程语言是一种位于其他编程语言之上的图形语言,用来编制顺序控制程序。使用该语言设计程序时,首先要根据系统的工艺过程,画出顺序功能图,然后根据顺序功能图画出梯形图。该语言提供了一种组织程序的图形方法,根据它可以方便地画出顺序控制梯形图程序,也可在顺序功能图中嵌套其他编程语言进行编程。步、转换和动作是顺序功能图中的三种主要元件,顺序功能图画法如图 5–11 所示。其具体用法将在后续内容中详细介绍。

　　4. 功能模块图编程语言

　　功能模块图编程语言是一种类似于数字逻辑门电路的编程语言,有数字电路基础的人易于掌握。该语言用类似与门、或门的方框来表示逻辑运算关系,方框的左侧为逻辑运算的输入变量,右侧为输出变量,输入、输出端的小圆圈表示"非"运算,方框被"导线"连接,将可编程序连锁在一起,信号从左向右流动,如图 5–12 所示。个别微型 PLC 模块(如西门子公司的"LOGO"逻辑模块)使用功能模块图编程语言。

　　功能模块图编程语言具有以下特点。

　　① 以功能模块为单位,从控制功能入手,使控制方案的分析和理解变得容易。

　　② 功能模块是用图形化的方法描述功能,它的直观性大大方便了设计人员的编程和组态,有较好的易操作性。

　　③ 对于控制规模较大、控制关系较复杂的系统,由于控制功能的关系可以较清楚地表达出来,因此,编程和组态时间可以缩短,调试时间也能减少。

　　④ 由于每种功能模块需要占用一定的程序内存,而且功能模块的执行需要一定的时间,因此这种设计语言通常在大中型 PLC 和集散控制系统的编程和组态中才被采用。

　　5. 结构文本编程语言

　　结构文本编程语言是为 IEC61131–3 标准专门创建的一种专用的高级编程语言。与梯形图相比,能实现复杂的数学运算,同时编写的程序非常简洁和紧凑。

　　结构文本编程语言具有以下特点。

　　① 采用高级语言进行编程,可以完成较为复杂的控制运算。

　　② 需要有一定的计算机高级程序设计语言的知识和编程技巧,对编程人员的技能要求较高,普通电气人员无法完成。

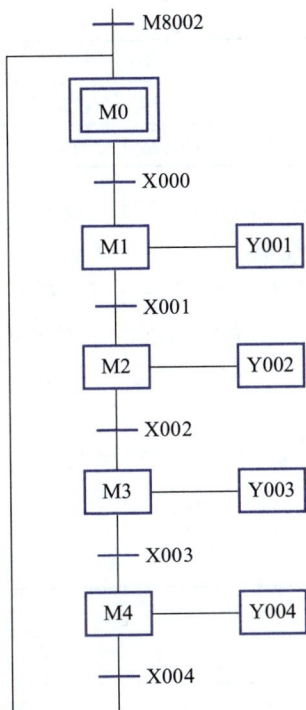

图 5-11　顺序功能图画法

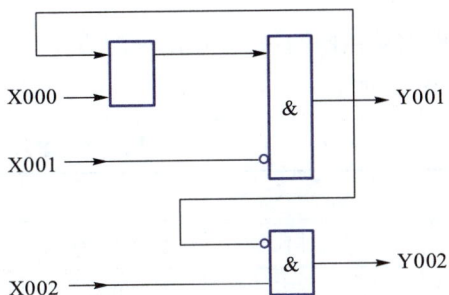

图 5-12　功能块图编程语言

③ 直观性和易操作性等性能较差。

④ 常被用于采用功能模块等其他语言较难实现的一些控制功能的实施。

部分 PLC 制造厂商为用户提供了简单的结构文本编程语言,它与助记符程序设计语言相似,对程序的步数有一定的限制,同时,它提供了与 PLC 间的接口或通信连接程序的编制方式,为用户的应用程序提供了扩展余地。

【任务实施】

一、控制任务分析

图 5-13 所示为三相异步电动机继电器—接触器点动控制线路。当手按下按钮 SB 时,接触器 KM 线圈得电,其主触点闭合,电动机通入三相交流电运转;当手松开按钮 SB 时,KM 线圈失电,电动机停止运转。该电路中用到的主要元器件及功能见表 5-2。

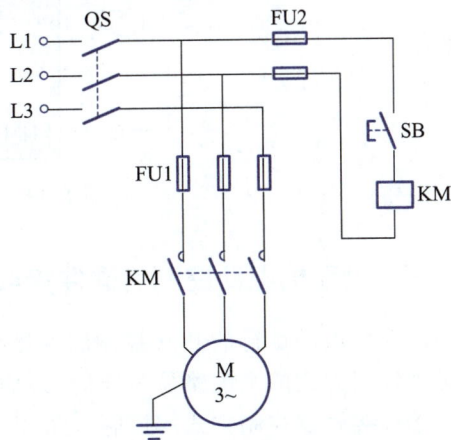

图 5-13　三相异步电动机继电—接触器点动控制线路

表 5-2　电动机点动控制线路中主要元器件及功能

代号	名称	作用
KM	交流接触器	运行控制
SB	点动控制按钮	点动操作

续表

代号	名称	作用
FU1	主熔断器	主电路短路保护
FU2	控制熔断器	控制电路短路保护

　　PLC由输入接口接收主令控制信号,运行控制程序后通过输出接口驱动负载,由负载决定生产设备的工作状态。因此,用PLC实现电动机的点动控制,需要将主令元器件,即起动按钮SB与PLC输入端口连接,并将接触器线圈接到输出端口,根据任务分析可以得到,该控制系统有一个输入设备——起动按钮SB,一个输出设备——交流接触器的线圈KM。

二、PLC的输入/输出分配

　　电动机点动控制的输入/输出分配表见表5-3。外部设备与PLC之间的输入/输出接线图如图5-14所示。

表5-3　输入/输出分配表

输入			输出		
名称	元件代号	PLC的I/O点	名称	元件代号	PLC的I/O点
起动按钮	SB	X000	交流接触器	KM	Y000

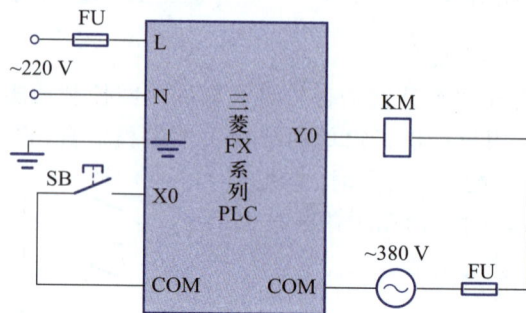

图5-14　输入/输出外部接线图

三、电动机点动控制的硬件接线

　　电动机点动运行的PLC控制硬件接线图如图5-15所示。可以看出,主电路与继电器—接触器控制方式的主电路是一样的,只是控制电路有所不同,PLC的控制方式用程序代替了继电器—接触器控制方式的控制电路。

　　硬件线路的安装步骤如下。

　　① 布置电器元件。根据实训板或网孔板尺寸布置元件位置。

　　② 安装线槽。初步放置和分布好电器元件后,接下来就要根据板面元件分布情况,切割和固定线槽。

　　③ 安装和固定元件。

　　④ 线路连接。按照图5-15三相异步电动机的控制线路图进行接线。安装完成后的电气控制板如图5-16所示。

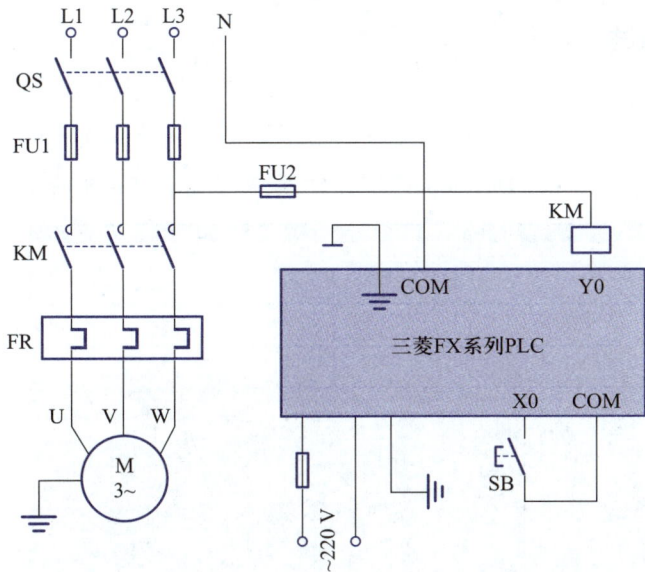

图 5-15　电动机点动运行的 PLC 控制线路图

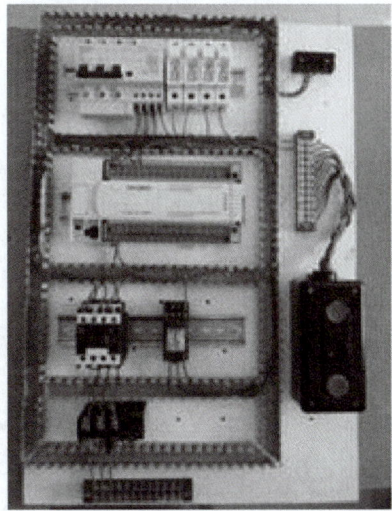

图 5-16　电动机点动运行的电气控制板

四、电动机点动控制的程序设计

1. 三菱 FX 系列 PLC 的编程软件

三菱公司的 FX 系列 PLC 的编程软件有 SWOPC-FXGP/WIN-C、GX Developer、GX Works2 和 GX Works3 等,GX Works2 和 GX Works3 不支持指令语句表编程。本书采用 GX Developer 软件来编程,该软件主要用于程序开发、维护、编程、参数设定、项目数据管理、在线监控、诊断功能,以及各种网络设定、诊断功能等,是现在的主流软件,可以对 FX 系列、A 系列、Q 系列编程,不可以对 R 系列编程,编程方式以梯形图为主,支持指令语句表、SFC、ST 和 FB、Lable 语言程序设计。此软件能够适用于三菱 F_1、F_2、FX_{0N}、FX_{1S}、FX_{1N}、FX_{2N} 系列 PLC 的编程使用,可在 Windows 7、XP 以及 Vista 操作系统下运行,不支持 Windows 8 和 Windows 10 操作系统。

2. 程序设计

PLC 程序设计的方法有经验法、翻译法、解析法和流程图法。下面只介绍翻译法。

翻译法是将继电器—接触器控制电路图直接转换为 PLC 梯形图的程序设计方法。对于有继电器—接触器控制系统基础的初学者来说,翻译法是一种常用的方法。

使用翻译法编程时,应根据输入/输出分配表或输入输出接线图将继电器—接触器控制电路中的触点和线圈用对应的 PLC 软触点和软元件替代。由图 5-14 可知,起动按钮 SB 的动合触点和输入端 X000 相连,而控制三相异步电动机运转的接触器 KM 由输出继电器 Y000 控制,即输出继电器 Y000 得电,接触器 KM 吸合,电动机运转。继电器控制电路经替换后得到的 PLC 控制梯形图程序如图 5-17(b)所示。

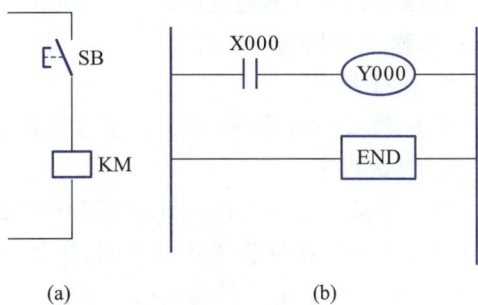

图 5-17　电动机点动控制梯形图

157

五、电动机点动控制的程序调试

安装调试的步骤如下。

1. 打开软件

单击[开始]—[MELSOFT 应用程序]—[GX Developer]打开软件,界面如图 5-18 所示。

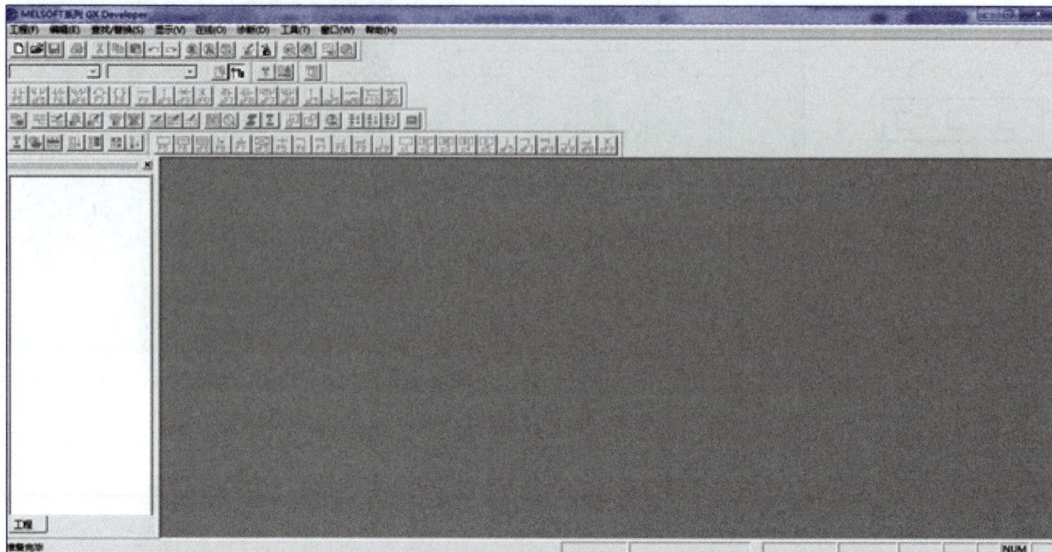

图 5-18　主界面

2. 创建文件

通过选择[工程]—[创建新工程]菜单项,或者 Ctrl+N 键操作,再在弹出的对话框中,(见图 5-19),在 PLC 模式设置对话框中选择 PLC 的类型及相关参数,如[PLC 系列]选项的下拉菜单中选择[FX CPU],[PLC 类型]选项的下拉菜单中选择[FX2N(C)],[程序类型]中选择[梯形图],单击[确定]按钮,进入编程界面。

3. 编写梯形图

将图 5-17(b)所示的梯形图录入编程软件。

4. 接通 PLC 电源

将 PLC 的电源开关置于"ON"的位置,保证 PLC 面板上的 POWER 指示灯亮起。

5. 下载程序到 PLC

将编好的梯形图通过[在线]—[PLC 写入]菜单项,再在范围设置对话框中选择程序范围后,将程序下载到 PLC 中。

6. 运行程序

打开 PLC 运行程序的开关,使运行指示灯 RUN 亮,进入运行程序的状态。

7. 调试程序

按下起动按钮 SB,输入继电器 X0 指示灯亮,输出继电器 Y0 得电,指示灯亮,将信号送给外部负载——接触器 KM 的线圈,接触器线圈得电,触点闭合,电动机得电运行,松开按钮 SB,电动机断电停止。若调试结果不正确,要检查接线是否正确,再检查程序是否正确,直至调试正确为止。

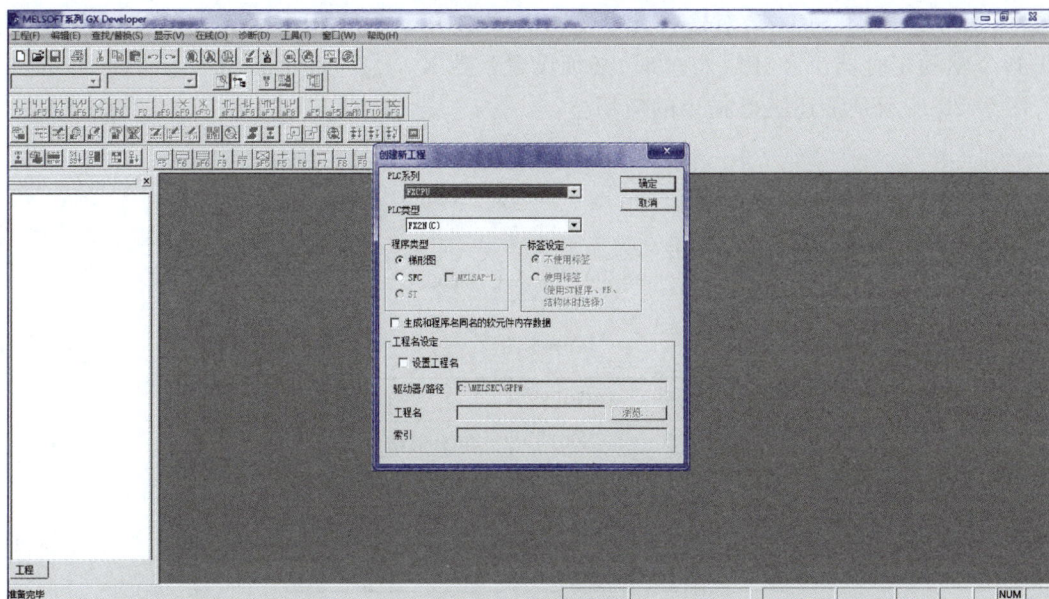

图 5-19　编程界面

任务 3

PLC 指挥单台电动机的连续运行

【任务描述】

用 PLC 实现三相异步电动机的连续运行,即按下按钮 SB2,电动机得电运行,松开按钮 SB2,电动机继续运行,按下按钮 SB1,电动机断电停止。要求列出所需输入/输出元件、绘制梯形图、完成程序录入、安装接线和调试工作。

【知识储备】

一、三菱 FX$_{2N}$ 系列 PLC 的基本指令(一)(LD、LDI、OUT、AND、ANI、OR、ORI、END)

1. 逻辑取 LD、取反 LDI 和线圈驱动指令 OUT

LD 为取指令,表示一个动合触点与起始母线相连,即逻辑运算起始于动合触点。

LDI 为取反指令,表示一个动断触点与起始母线相连,即逻辑运算起始于动断触点。

微课：PLC 的基本指令

LD 和 LDI 两条指令的目标元件是 X、Y、M、S、T、C,用于将触点接到起始母线上。

OUT 为线圈驱动指令,也叫输出指令,用于驱动线圈。将逻辑运算结果驱动一个指定线

圈,目标元件是 Y、M、S、T、C,对输入继电器 X 不能使用。OUT 指令可以连续使用多次。当 OUT 指令驱动定时器 T 和计数器 C 时,必须设置常数 K。

图 5-20 所示是上述三条指令的应用。

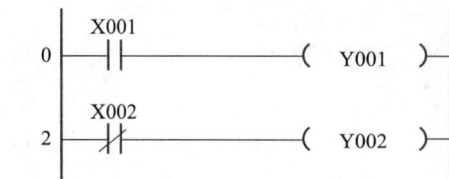

(a) 梯形图

步号	指令	操作元件	注释
0	LD	X001	取X001动合触点
1	OUT	Y001	驱动Y001线圈输出
2	LDI	X002	取X002动断触点
3	OUT	Y002	驱动Y002线圈输出

(b) 指令语句

图 5-20　LD、LDI、OUT 指令应用

2. 触点串联指令 AND、ANI

AND 为与指令,用于单个动合触点与前面的触点或触点块的串联。

ANI 为与非指令,用于单个动断触点与前面的触点或触点块的串联。

AND 和 ANI 指令的目标元件是 X、Y、M、S、T、C,并且可以多次重复使用,这两条指令的应用如图 5-21 所示。

步号	指令	操作元件	注释
0	LD	X001	取X001动合触点
1	AND	X002	串联X002动合触点
2	OUT	Y001	驱动Y001线圈输出
3	LD	X003	取X003动合触点
4	ANI	X004	串联X004动断触点
5	OUT	Y002	驱动Y002线圈输出
6	AND	Y001	串联Y001动合触点
7	OUT	Y003	驱动Y003线圈输出

(a) 梯形图　　　　　　　　　　　(b) 指令语句

图 5-21　AND、ANI 指令的应用

3. 触点并联指令 OR、ORI

OR 为或指令,用于单个动合触点与上面的触点或触点块的并联。

ORI 为或非指令,用于单个动断触点与上面的触点或触点块的并联。

这两条指令的目标元件是 X、Y、M、S、T、C。它们都是并联一个触点,两个以上的触点串联连接的电路块进行并联,要用到后述的 ORB 指令。

OR、ORI 是从该指令的当前步开始,对前面的 LD、LDI 指令并联连接,并联的次数无限制。这两条指令的应用如图 5-22 所示。

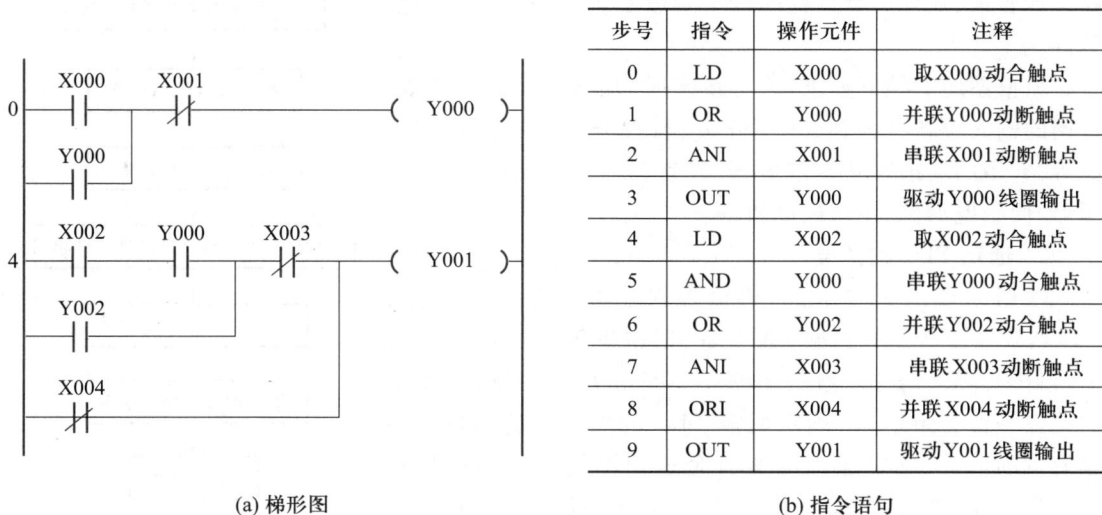

步号	指令	操作元件	注释
0	LD	X000	取X000动合触点
1	OR	Y000	并联Y000动断触点
2	ANI	X001	串联X001动断触点
3	OUT	Y000	驱动Y000线圈输出
4	LD	X002	取X002动合触点
5	AND	Y000	串联Y000动合触点
6	OR	Y002	并联Y002动合触点
7	ANI	X003	串联X003动断触点
8	ORI	X004	并联X004动断触点
9	OUT	Y001	驱动Y001线圈输出

(a) 梯形图　　　　　　　　　　　　　(b) 指令语句

图 5-22　OR、ORI 指令的应用

4. 程序结束指令 END

END 是一条无目标元件的指令,用于结束程序的运行。PLC 反复进行输入处理、程序执行、输出刷新,若在程序最后写入 END 指令,则 END 以后的程序步就不再执行,直接进行输出处理。在程序调试过程中,按段插入 END 指令,可以顺序扩大对各程序段动作的检查,在确认前面电路块的动作正确无误之后,依次删去 END 指令。要注意的是在执行 END 指令时,也刷新监视时钟。

二、PLC 控制系统设计的原则

① 充分发挥 PLC 的控制功能,最大限度地满足被控对象的各项性能指标和生产过程的控制要求。

② 在满足控制要求的前提下,力求控制系统简单、经济,使其具有经济性和实用性的特点。

③ 确保控制系统的安全、可靠。

④ 在选择可编程序控制器容量时,应考虑到生产的发展和工艺的改进,在 I/O 点数和内存容量上留有适当的余量。

⑤ 软件设计主要是指编写程序,要求程序结构清楚,可读性强,程序简短,占用内存少,扫描周期短。

三、PLC 控制系统设计的步骤

图 5-23 所示为 PLC 控制系统的设计内容及步骤流程。

1. 熟悉控制对象的工艺条件,确定控制范围

这是整个系统设计的基础,设计人员首先应对被控对象进行深入的调查和分析,熟悉工

艺流程和设备性能。根据生产中提出的问题,确定系统所要完成的任务、必须完成的动作及完成的顺序。明确控制任务和设计要求,划分控制过程的各个阶段及各阶段之间的转换条件。

根据系统的控制要求,确定系统所需的输入、输出设备。常用的输入设备有按钮、转换开关、行程开关、传感器、编码器等,常用的输出设备有继电器、接触器、指示灯、电磁阀、变频器、伺服电动机、步进电动机等。

2. 选定 PLC 的型号

根据生产工艺要求,分析被控对象的复杂程度,进行I/O 点数和 I/O 点的类型(数字量、模拟量等)统计,列出清单,再按实际所需总点数的 10% ~ 20% 留出备用量(为系统的改造等留有余地)后确定所需 PLC 的点数。适当进行内存容量的估计,确定适当的留有余量而不浪费资源的机型(小型、中型、大型 PLC)。并且结合市场情况,考察 PLC 生产厂家的产品及其售后服务、技术支持、网络通信等综合情况,选定价格性能比较好的 PLC 机型。PLC 选择包括对 PLC 的机型、容量、I/O 模块、特殊模块、电源等的选择。

控制对象不同会对可编程序控制器提出不同的控制要求。例如,用 PLC 替代继电器完成设备或生产过程控制、时序控制时,只需可编程序控制器具备基本的逻辑控制功能即可。而对于需要模拟量控制的系统,则应选择配有模拟量输入/输出模块的可编程序控制器,并且其内部还应具有数字运算功能。对于需要进行数据处理的系统,PLC 则应具有图表传送、数据库生成等功能。有些系统需要进行远程控制,则应配置具有远程 I/O 控制的模块。还有一些特殊功能,如温度控制、位置控制、PID 控制等。如果选择了合适的可编程序控制器及相应的智能控制模块,将使系统设计变得非常简单。

图 5-23　系统设计步骤流程

3. 分配输入/输出点,并设计 PLC 外围硬件线路

(1) 分配 I/O 点

根据选择可编程序控制器的型号及给定元件的地址范围,对每个使用的相关输入/输出信号及内部器件分配各自专用的地址,并绘制所用元件的地址分配表,及输入/输出(I/O)接口的外部接线图。

(2) 设计 PLC 外围硬件线路

画出系统其他部分的电气线路图,包括主电路和与 PLC 连接的控制电路等。由 PLC 的 I/O 连接图和 PLC 外围电气线路图组成了系统的电气原理图。到此为止,系统的硬件电气线路已经确定。

4. 编写程序

编写程序是整个程序设计工作的核心部分。根据系统的控制要求,采用合适的设计方

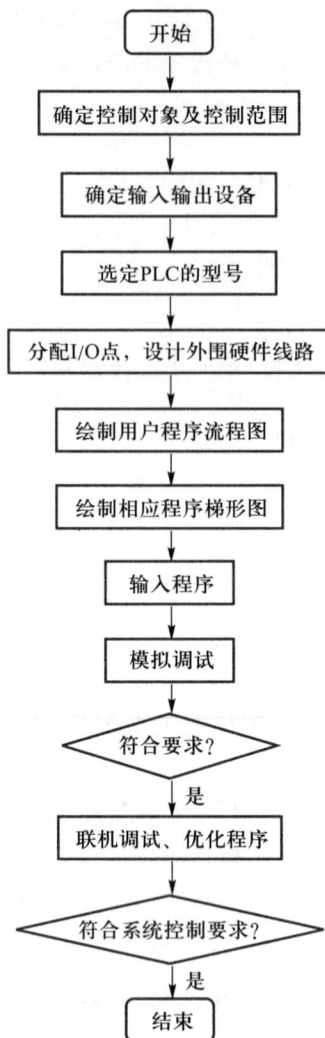

法来设计 PLC 程序。程序要以满足系统控制要求为主线,逐一编写实现各控制功能或各子任务的程序,逐步完善系统指定的功能。对于复杂的控制系统,应先根据受控对象的控制要求及各控制阶段的转换条件,绘制出控制流程图。由控制流程图绘制可编程序控制器的用户程序梯形图,梯形图是最普遍的编程语言,经验设计法是经常采用的方法,对于简单的控制系统,则可不绘制流程图,直接采用经验设计法进行设计,因此平时应多注意积累经验,在设计时可以借鉴其他相似的程序。最后,如果可编程序控制器没有提供计算机软件编程器,则还需要将梯形图转换为程序指令代码,输入可编程序控制器。在程序设计的时候建议将使用的软继电器(内部继电器、定时器、计数器等)列表,标明用途,以便于程序设计、调试和系统运行维护、检修时候查阅。

5. 调试程序

将程序下载到 PLC 后,应先进行测试工作。因为在程序设计过程中,难免会有疏漏的地方。因此在将 PLC 连接到现场设备上之前,必须进行模拟测试,以排除程序中的错误,同时也为整体调试打好基础,缩短整体调试的周期。因此,PLC 的程序调试一般分为两个阶段。

第一阶段为模拟调试,即将设计好的程序输入可编程序控制器后,不接输入元件和负载,而是直接输入与负载工作相似的模拟信号,根据相应指示灯的显示,观察输入/输出之间的变化关系及逻辑状态是否符合设计要求,并分段调试程序,逐步修改和调整程序,直至符合控制系统的要求为止。

第二阶段为现场调试,在初调合格的情况下,将 PLC 与现场设备连接。在正式调试前全面检查整个 PLC 控制系统,包括电源、接地线、设备连接线、I/O 连线等。在保证整个硬件连接正确无误的情况下方可送电。反复调试消除可能出现的各种问题,且应保持足够长的运行时间使问题充分暴露并加以纠正。如果控制系统是由几个部分组成,则应先作局部调试,然后再进行整体调试;如果控制程序的步序较多,则可以先进行分段调试,然后再连接起来总调,进一步完善系统设计。

【任务实施】

一、控制任务分析

如图 5-24 所示为三相异步电动机继电器—接触器控制的连续运行的电气原理图,按照控制要求,按下按钮 SB2 时,KM 线圈得电并自锁,电动机得电并连续运行,当按下 SB1 时,电动机断电停止,当电动机过载时,热继电器的动断触点动作,断开控制电路的电源,电动机也停止运行。此电路中用到的电器元件及作用见表 5-4。

二、PLC 的输入/输出分配

综合分析后,电动机连续运行的输入设备有三个,输出设备有一个,可选用 $FX_{2N}-16MR$ 的 PLC 进行控制。I/O 点的分配见表 5-5。

输入/输出接线图如图 5-25 所示。

三、电动机连续运行 PLC 控制的硬件接线

采用 PLC 控制的电动机连续运行控制的硬件接线图如图 5-26 所示。按照电气接线的

要求将 PLC 控制的电动机连续运行控制的硬件线路接好,以备后面调试程序使用。

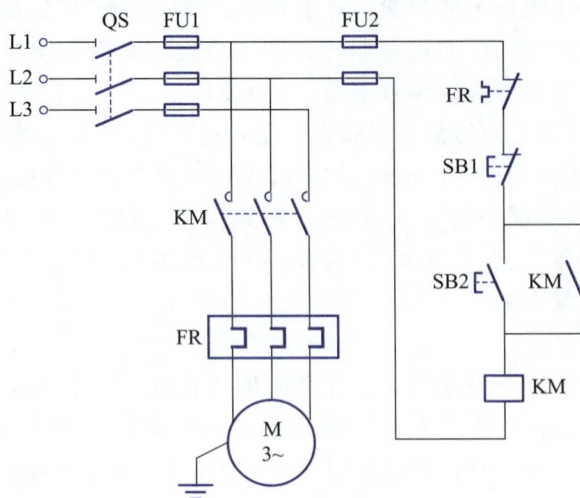

图 5-24　电动机连续运行控制线路

表 5-4　电动机连续运行控制线路中主要元器件及功能

代号	名称	作用	代号	名称	作用
KM	交流接触器	运行控制	FR	热继电器	过载保护
SB1	停止按钮	停止控制	FU1	熔断器	主电路短路保护
SB2	起动按钮	起动控制	FU2	熔断器	控制电路短路保护

表 5-5　输入/输出分配表

输入			输出		
名称	元件代号	PLC 的 I/O 点	名称	元件代号	PLC 的 I/O 点
停止按钮	SB1	X000	交流接触器	KM	Y000
起动按钮	SB2	X001			
热继电器	FR	X002			

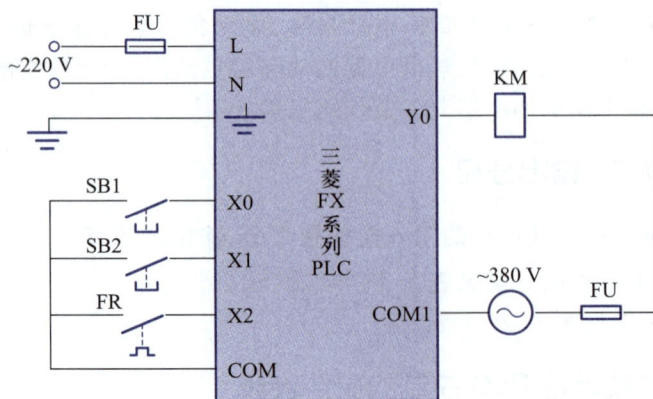

图 5-25　输入/输出接线图

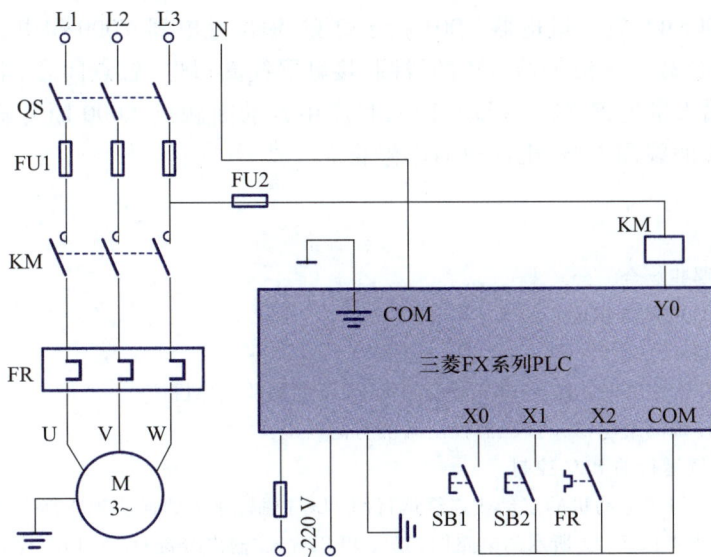

图 5-26　电动机连续运行 PLC 控制线路图

四、程序设计

利用继电器—接触器控制电路直接转换的方法

根据图 5-24 由翻译法容易得出 PLC 控制电动机单向连续运行的梯形图程序,如图 5-27 所示。其中动断触点 X000 与停止按钮 SB1 相连,动断触点 X002 与热继电器相连,需要注意的是,在继电器控制系统中,起动一般使用动合按钮,停止用动断按钮。用 PLC 控制时,起动和停止一般都用动合按钮。尽管使用哪种按钮都可以,但画出的 PLC 梯形图却不同。当停止按钮选择的是动合按钮时,对应梯形图中的触点选择的是动断触点。

在梯形图中,应将并联支路多的电路块尽量靠近左母线,将图 5-27 中的并联电路块移至起始母线处,得到的梯形图如图 5-28 所示。

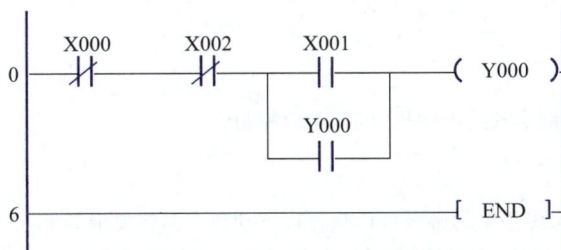

图 5-27　用翻译法转换的梯形图

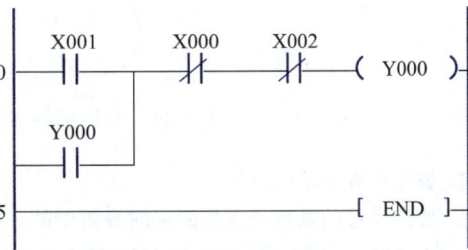

图 5-28　连续运行的梯形图

五、电动机连续运行的程序调试

打开三菱的编程软件 GX Developer,将图 5-28 所示的梯形图输入软件,编好的梯形图要下载到 PLC 中,将 PLC 运行模式选择开关拨到 RUN 位置,使 PLC 进入运行状态。按照任务 1 中的安装调试步骤进行程序调试,观察程序运行情况,若出现故障,则应分别检查电路接线和梯形图是否有误,若进行了修改,则应重新调试,直至系统按照要求正常工作,最终实现:按下起动按钮 SB2,输入继电器 X001 指示灯亮,输出继电器 Y000 得电,Y000 指示灯亮,将信号送给外部负载——接触器 KM 的线圈,接触器线圈得电,触点闭合,电动机得电运行;按下按钮 SB1,输入继电器 X000 指示灯亮,程序中其动断触点 X000 断开输出继电器 Y000 线圈,接触器 KM 的线圈失电,电动机断电停止。

【知识巩固】

1. PLC 主要应用在哪些场合?

2. 简述 FX 系列 PLC 的基本组成。

3. 请说出 FX_{2N}-60MR 的型号含义。

4. GX Developer 编程软件出现无法与 PLC 通信的情况,可能是什么原因?

5. PLC 控制系统与传统的继电器—接触器控制系统有何区别?

6. 电动机点动与连续运行的 PLC 控制。

　　本模块中分别学习了电动机的点动或连续运行的 PLC 控制,那么如何实现既能点动,又能连续运行的电动机 PLC 控制?参考图 5-29 所示的电路图,完成 PLC 输入/输出分配;绘制 PLC 控制的电路图;完成程序设计;安装接线调试。

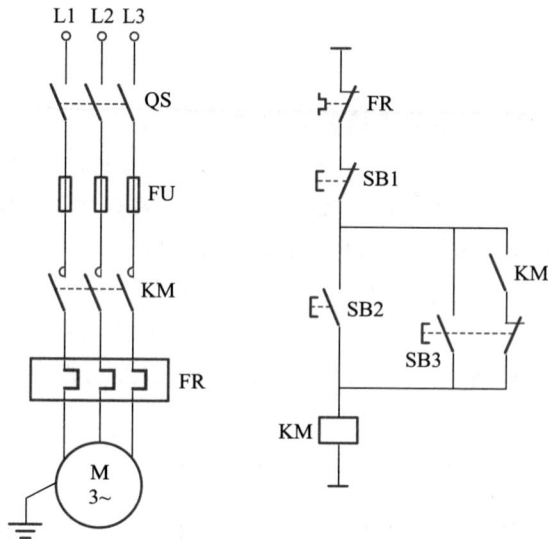

图 5-29　利用接触器继电控制实现的电动机点动、连续控制

7. 餐馆点餐系统的设计

　　使用学过的基础指令控制一间餐馆中的呼叫单元,传呼单元必须可以执行以下动作。具体要求如下。

① 当按下 1 号桌上的按钮 1 后,墙上的指示灯 1 点亮。如果按钮 1 松开,指示灯 1 还是继续亮。

② 当按下 2 号桌上的按钮 2 后,墙上的指示灯 2 点亮。如果按钮 2 松开,指示灯 2 继续保持点亮。

③ 当指示灯 1 和指示灯 2 点亮后,操作面板上的指示灯 3 被点亮。

④ 当操作面板上的按钮 3 按下之后,墙上的指示灯 1、指示灯 2 和操作面板上的指示灯 3 均熄灭。

PLC 指挥单台电动机正反转运行

⚙ 学习目标

【知识目标】

1. 掌握三菱 FX_{2N} 系列 PLC 的基本指令（ORB、ANB、SET、RST、MPS、MRD、MPP）。
2. 了解梯形图的设计方法——经验设计法。
3. 熟知梯形图设计的基本原则。

【能力目标】

1. 能够理解经验设计法的设计思路和步骤。
2. 能够利用经验设计法和基本指令设计梯形图程序。
3. 会安装 PLC 与电动机、按钮、接触器的控制线路。
4. 会编程、调试实现电动机的正反转运行的控制。

【素质目标】

1. 能够遵章守纪，爱护公共财产。
2. 具有安全操作的意识。
3. 具有工匠精神和爱国意识。
4. 具有一定的创新能力、敏锐的观察力、准确的判断力、丰富的想象力。
5. 具备积极向上钻研新技术和新工艺的精神。

🔧 案例导入

在实际生产过程中往往要求电动机能实现正、反两个方向的转动，如 C650 型卧式车床在加工螺纹时，为保证每次重复走刀刀尖轨迹重合，每次走刀完毕后要求反转退刀。C650 型卧式车床通过主电动机的正反转来实现主轴的正反转，当主轴反转时，刀架也跟着后退，以满足螺纹加工的需要。如何使用 PLC 控制电动机的正反转？采用 PLC 控制电动机的正反转与接触器—继电器控制的电动机正反转有何不同？

任务 1

PLC 指挥单台电动机正反转运行

【任务描述】

图 6-1 所示是利用接触器—继电器控制方式实现电动机正反转的控制线路图，它包括

主电路和控制电路。合上电源开关 QS,按下正转起动按钮 SB2,电动机 M 正转运行,按下停止按钮 SB1,电动机停止运行;按下反转起动按钮 SB3,电动机 M 反转运行;按下停止按钮 SB1,电动机停止运行。当电动机过载时,热继电器的动断触点断开控制电路的电源,电动机也会停止运行。

　　应用 PLC 编程,实现以上三相交流异步电动机的正反转运行的要求,同时具有短路保护和过载保护的功能。

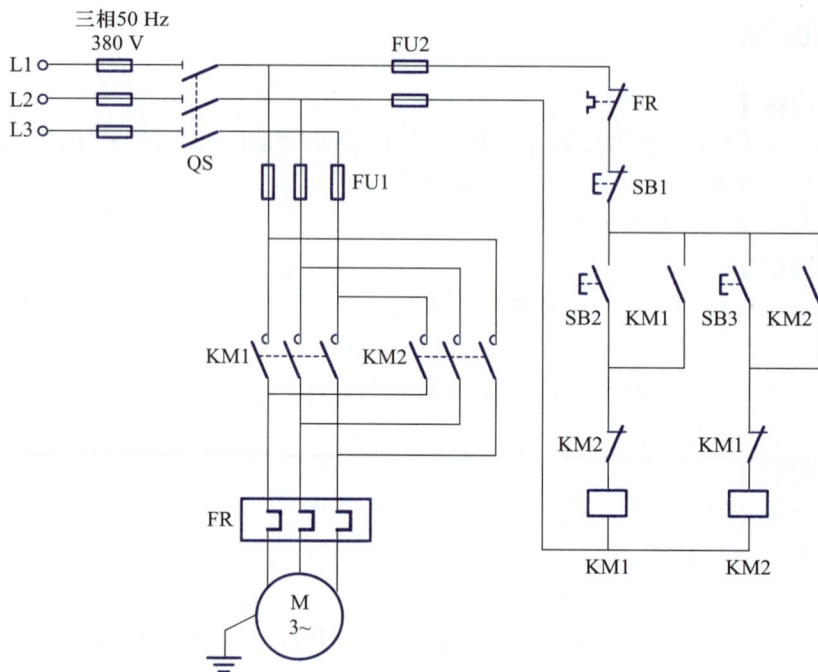

图 6-1　电动机正反转的控制线路图

【知识储备】

经验设计法

　　PLC 的程序设计是指用户编制程序的设计过程。一般应用程序设计可分为经验设计法、逻辑设计法、顺序功能图(SFC)设计法等。下面主要以三菱 FX$_{2N}$ 系列 PLC 为例介绍如何利用经验设计法进行程序设计。关于顺序功能图设计法将在后续章节中介绍。

　　经验设计法也称为试凑法,就是根据生产工艺要求,利用各种典型的线路环节直接设计控制线路。它对一些较简单控制系统的设计比较奏效,可以收到快速、简洁的效果。但这种设计方法对设计人员的实践经验要求比较高,一般不适用于复杂控制系统的设计。经验设计方法需要设计者掌握大量的典型电路,在掌握这些典型电路的基础上,充分理解实际的控制问题,将实际控制问题分解成典型控制电路,然后用典型电路或修改的典型电路拼凑梯形图。

1. 经验设计法的步骤与原则

① 分解梯形图程序。将要编制的梯形图程序分解成功能独立的子梯形图程序。

② 输入信号逻辑组合。利用输入信号逻辑组合直接控制输入信号。在画梯形图时应考虑输出线圈的得电条件、失电条件、自锁条件,注意程序的起动、停止、连续运行、选择性分支和并行分支。

③ 辅助元件和辅助触点的应用。如果无法利用输入信号逻辑组合直接控制输出信号,则需要增加一些辅助元件和辅助触点以建立输出线圈的得电和失电条件。

④ 定时器和计数器的应用。如果输出线圈的得电和失电条件中需要定时和计数条件,可以使用定时器和计数器逻辑组合建立输出线圈的得电和失电条件。

⑤ 功能指令的应用。如果输出线圈的得电和失电条件中需要功能指令的执行结果作为条件,则可以使用功能指令逻辑组合建立输出线圈的得电和失电条件。

⑥ 进行互锁和保护设计。对于通电状态不能同时存在的输出线圈之间要设计互锁,以避免同时发生互相冲突的动作;根据系统特点设计各种保护环节。

在设计梯形图程序时,要注意先画基本梯形图程序,待其功能能够满足要求后,再增加其他功能。在使用输入条件时,注意输入条件是电平、脉冲还是边沿。一定要将梯形图分解成小功能块调试完毕后,再调试全部功能。

2. 基本环节的应用

(1)起动、保持和停止回路

实现 Y010 的起动、保持和停止的四种梯形图如图 6-2 所示。这些梯形图均能实现起动、保持和停止的功能。X000 为起动信号,X001 为停止信号。图 6-2 中的(a)、(c)是利用 Y010 的动合触点实现自锁保持,而(b)、(d)是利用 SET、RST 指令实现自锁保持。另外(a)、(b)为复位优先,而图(c)、(d)为置位优先。在实际电路中,起动信号和停止信号也可能由多个触点组成的串、并联电路提供。

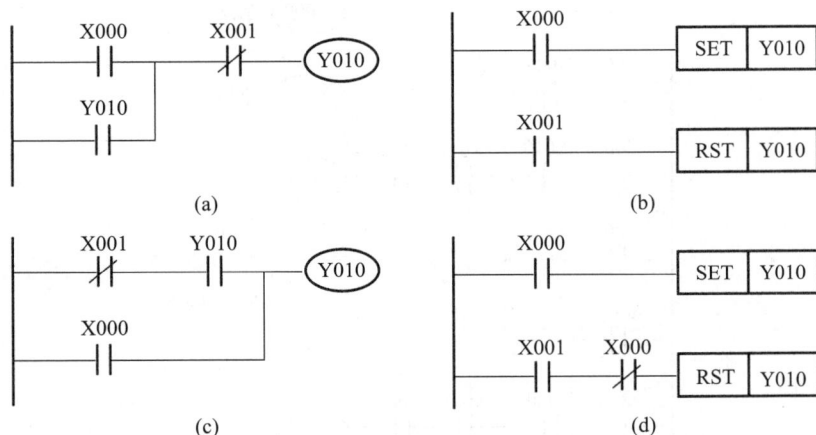

图 6-2 起动、保持和停止回路

(2)互锁控制电路

图 6-3 所示是三个输出线圈的互锁电路,其中 X000、X001 和 X002 是起动按钮,X003 是停止按钮,要求三个线圈不能两两同时得电。所以将 Y000、Y001、Y002 的动断触点分别串联到其他两个线圈的控制回路中,保证了每次只能有一个线圈接通。

（3）顺序起动控制电路

图 6-4 所示为顺序起动控制电路梯形图。要求 Y001 应在 Y000 接通后才能接通。梯形图中,Y000 动合触点串在 Y001 的控制回路中,Y001 的接通是以 Y000 的接通为条件,这样,只有 Y000 接通 Y001 才可以接通。Y000 关断后,Y001 也被关断停止。在 Y000 接通的条件下,Y001 可以自行接通和停止。

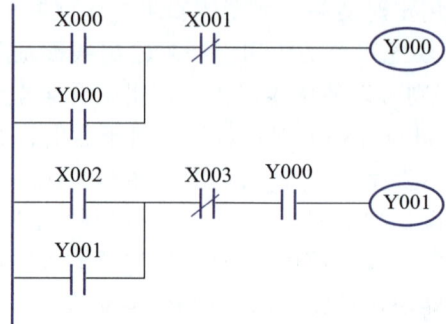

图 6-3　互锁回路

图 6-4　顺序控制回路

（4）集中与分散控制电路

在多台单机组成的自动线上,有在总操作台上的集中控制和在单机操作台上分散控制的联锁。集中与分散控制的梯形图如图 6-5 所示。X002 为选择开关,以其触点作为集中与分散控制的连锁触点,当 X002 为 ON 时,为单机分散起动控制;当 X002 为 OFF 时,为集中总起动控制。在两种情况下,单机和总操作台都可以发出停止命令。

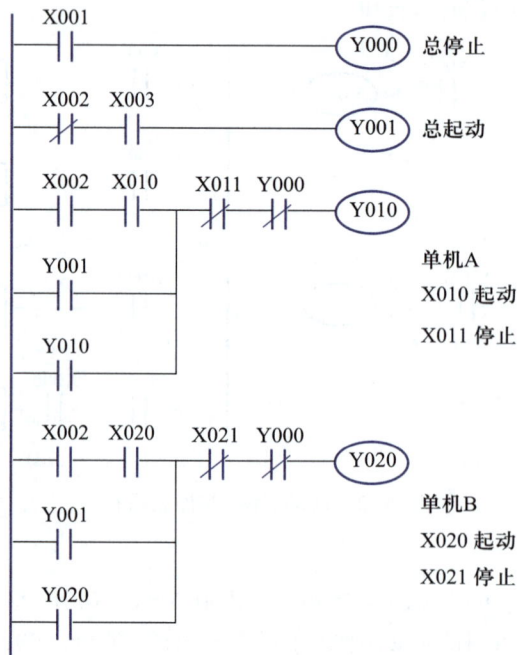

图 6-5　集中与分散控制电路

3. 梯形图设计的基本原则

① 在画梯形图时,不能将触点放在线圈的右边,只能放在线圈的左边;同时线圈画在最右边且不能直接与起始母线相连,如图6-6所示。

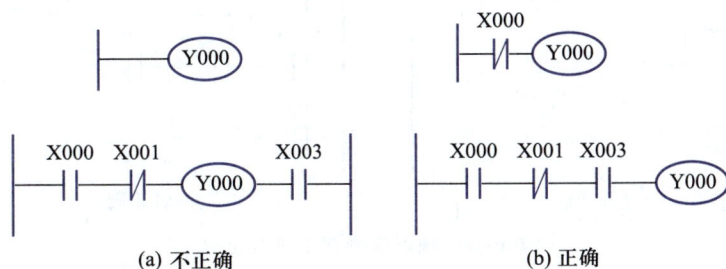

图6-6 线圈与触点的位置关系.

② 如果电路结构比较复杂,可重复使用一些触点画出它的等效电路,以便于编程及看清电路的控制关系,如图6-7所示。

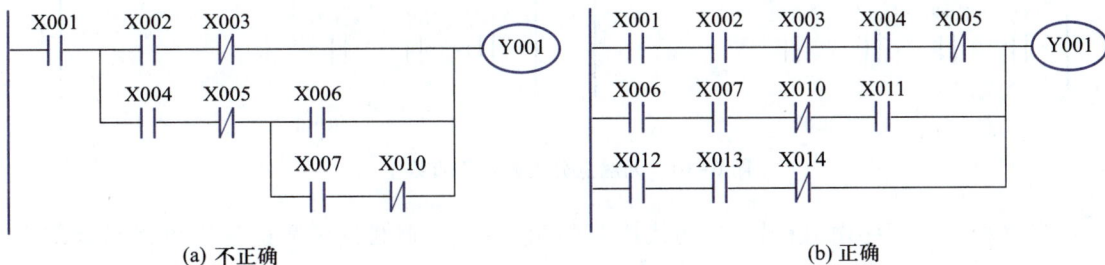

图6-7 复杂电路的画法

③ 有几个串联支路相并联时,应将触点多的支路放在梯形图的上面;有几个并联支路串联时,应将触点多的并联支路放在梯形图左边,这样所编的程序简洁明了,使用的指令较少,如图6-8所示。

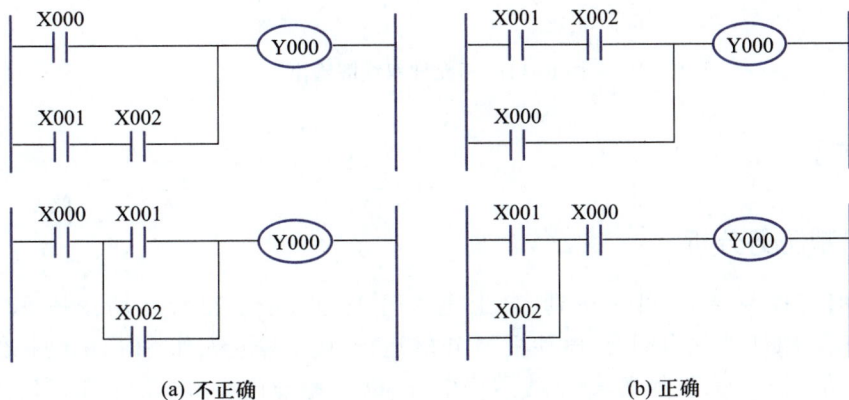

图6-8 电路块串联和并联的处理

④ 桥式电路不能直接编程,即触点应画在水平线上,不能画在垂直线上,不包含触点的分支应画在垂直分支上,如图6-9和图6-10所示。

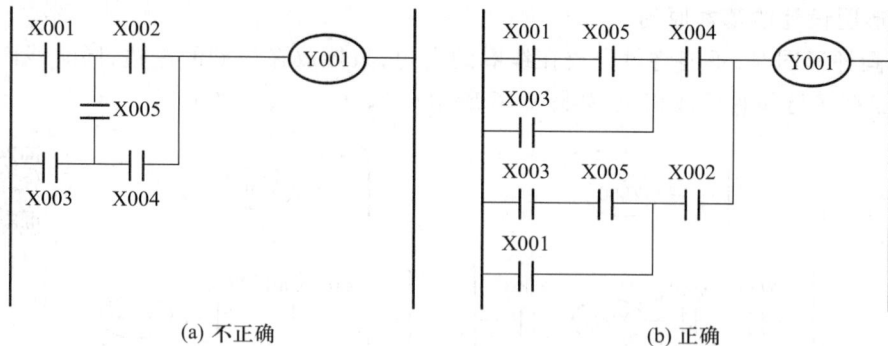

(a) 不正确　　　　　　　　　　　　(b) 正确

图6-9　触点应画在水平线上

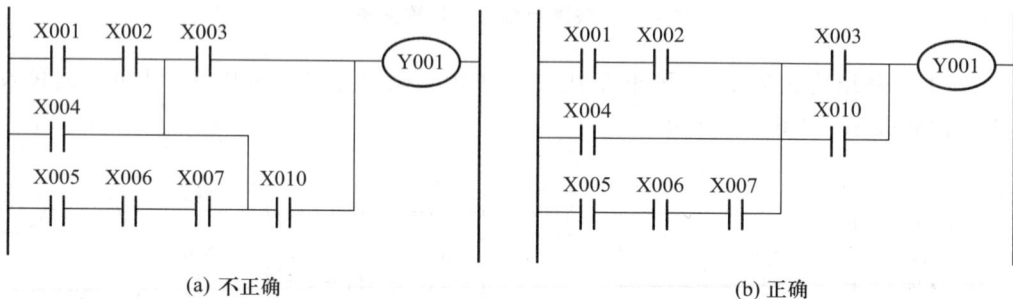

(a) 不正确　　　　　　　　　　　　(b) 正确

图6-10　无触点分支画在垂直线上

⑤ 在同一个程序中,相同编号的线圈只能出现一次,但相同编号的触点可以重复多次使用,如图6-11所示。

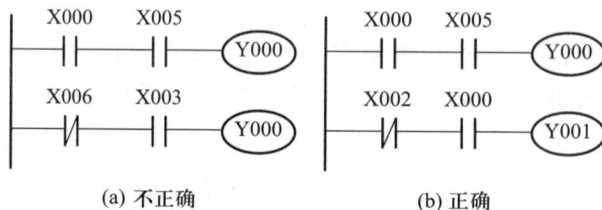

(a) 不正确　　　　　　　　　　　　(b) 正确

图6-11　不允许双线圈输出

【任务实施】

一、控制任务分析

根据本任务控制要求,可以得到,合上电源开关 QS,按下正转起动按钮 SB2,接触器 KM1 线圈得电,KM1 主触点闭合,电动机 M 正转运行,按下停止按钮 SB1,电动机停止运行;按下反转起动按钮 SB3,接触器 KM2 线圈得电,KM2 主触点闭合,电动机 M 反转运行;按下停止按钮 SB1,电动机停止运行。当电动机过载时,热继电器的动断触点断开控制电路的电源,电动机也会停止运行。当发生短路现象时,熔断器自动切断控制电路,保护电路。

根据以上分析列出该控制系统用到的主要元器件及功能,填入表 6-1 中。

表6-1 电动机正反转控制线路中主要元器件及功能

序号	名称	代号	作用	数量

二、PLC 的输入/输出分配

根据电动机正反转控制线路中的主要元器件及功能,列出 PLC 的输入/输出分配表,填入表 6-2 中,并在图 6-12 中画出 PLC 输入/输出接口的外部接线图。

表6-2 输入/输出分配表

输入			输出		
名称	元件代号	PLC 的 I/O 点	名称	元件代号	PLC 的 I/O 点

图 6-12 PLC 输入/输出接口的外部接线图

三、电动机正反转控制的硬件接线

电动机正反转的 PLC 控制电路的硬件接线图如图 6-13 所示。从图 6-13 中可以看出,其主电路与继电器—接触器控制方式的主电路是一样的,只是控制电路有所不同,PLC 的控制方式用程序代替了继电器—接触器控制方式的控制电路。

硬件线路的安装步骤如下。

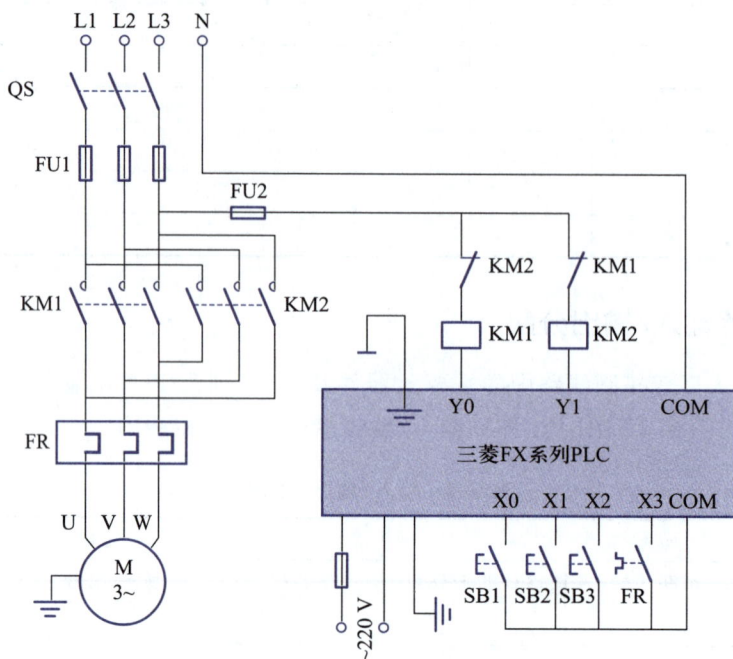

图 6-13　电动机正反转运行的硬件接线图

1. 布置电气元件

根据实训板或网孔板尺寸合理布置电气元件位置。

2. 安装线槽

初步放置和分布好电气元件后,然后根据面板元件分布情况切割和固定线槽。

3. 安装和固定元件

按要求安装和固定相关电气元件。

4. 线路连接

按照图 6-13 所示三相异步电动机正反转的 PLC 控制电路硬件接线图进行接线。

四、电动机正反转控制的程序设计

采用经验设计法设计电动机正反转的梯形图如图 6-14 所示。

注意:在图 6-14 所示的梯形图程序中,Y001 和 Y002 分别用自身的动合和动断触点实现了自锁和互锁功能。

虽然在梯形图中设置了互锁,但在外部硬件输出电路中还应用 KM1 和 KM2 的辅助动断触点进行互锁,如图 6-12 和图 6-13 所示。因为 PLC 集中输入采样和集中输出的工作特点,在电路由反转直接切换至正转时,Y001 和 Y002 会同时输出动作,没有时间差,而由正转直接切换至反转时,PLC 内部软继电器互锁也只相差一个扫描周期,而外部硬件接触器触点的断开时间往往大于一个扫描周期,来不及响应,因此极易出现电源短路事故。采用 KM 互锁,可以避免此现象的产生,也可以避免因主触点熔焊或机构动作不灵而发生短路现象。

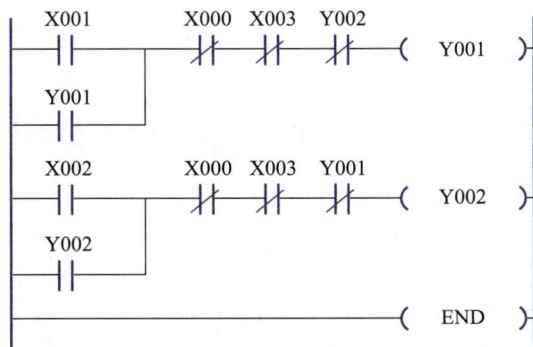

图 6-14 电动机正反转的梯形图

任务 2
PLC 指挥小车自动往返运行

【任务描述】

在生产中,有些机械的工作需要自动往返运动,不断循环,如运料的小车、钻床的刀架、万能铣床的工作台等。为了实现对这些生产机械的自动控制,就要确定运动过程中的变化参量,一般情况下为行程和时间,通常采用的是行程控制。

图 6-15 所示为小车自动往返运行示意图。小车由电动机拖动,电动机正转,小车右行;电动机反转,小车左行。本系统有起动、停止按钮以及左行和右行的行程限位开关。按下右行起动开关 SB1,接触器 KM1 得电,小车右行,碰到最右边的行程限位开关 SQ1 后,接触器 KM2 得电,小车自动返回左行,碰到最左边的行程限位开关 SQ2 后,自动返回右行,如此反复,直到按下停止按钮 SB3,小车停止运行,按下左行起动开关 SB2 也可实现以上运行循环,同时电路具备短路和过载的保护环节。

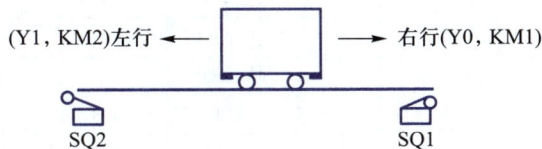

图 6-15 小车自动往返运行示意图

图 6-16 所示为利用接触器—继电器控制方式实现小车自动往返运行的控制线路图,试编写梯形图程序,利用 PLC 控制的方式实现以上控制要求,兼顾短路和过载的保护环节。

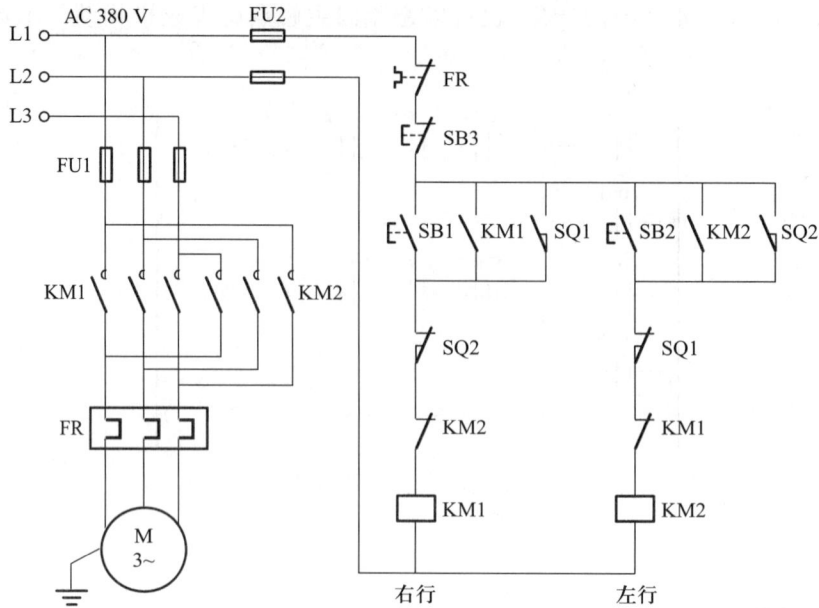

图 6-16　小车自动往返运行的控制线路图

【知识储备】

三菱 FX$_{2N}$ 系列 PLC 的基本指令（二）（ORB、ANB、SET、RST、MPS、MRD、MPP）

1. 串联电路块的并联指令 ORB

ORB 为串联电路块的并联指令，用于两个或两个以上串联电路块的并联。

两个或两个以上触点串联的电路叫串联电路块。在串联电路块并联时，每个串联电路块都以 LD、LDI 指令起始，分支结尾处用 ORB 指令将两个串联电路块并联连接。ORB 指令有时也简称为或块指令。串联电路块并联指令 ORB 的应用如图 6-17 所示。

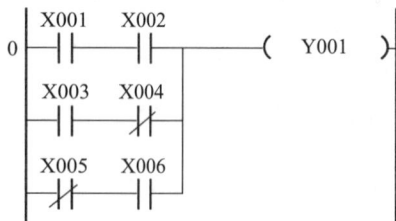

步号	指令	操作元件	注释
0	LD	X001	电路块1
1	AND	X002	
2	LD	X003	电路块2
3	ANI	X004	
4	ORB		并联电路块1和2为电路块3
5	LDI	X005	电路块4
6	AND	X006	
7	ORB		并联电路块3和4
8	OUT	Y001	驱动Y1线圈输出

图 6-17　ORB 指令的应用一

ORB 指令的使用方法有两种：一种是在要并联的每个串联电路块后加 ORB 指令，如图

6-17 所示;另一种是集中使用 ORB 指令,如图 6-18 所示的指令表。对于前者,分散使用 ORB 指令时,并联电路块的个数没有限制;但对于后者集中使用 ORB 指令时,要求并联电路块的个数不能超过 8 个(即重复使用 LD、LDI 指令的次数限制在 8 次以下),所以不推荐用后者进行编程。

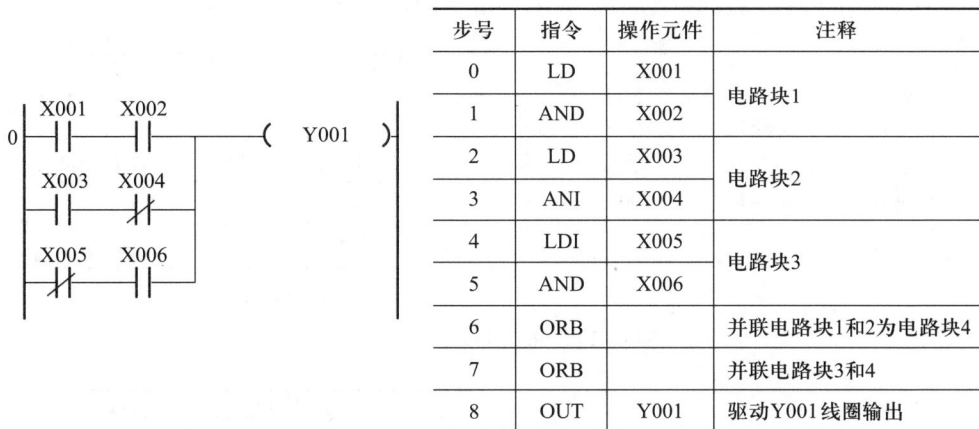

步号	指令	操作元件	注释
0	LD	X001	电路块1
1	AND	X002	
2	LD	X003	电路块2
3	ANI	X004	
4	LDI	X005	电路块3
5	AND	X006	
6	ORB		并联电路块1和2为电路块4
7	ORB		并联电路块3和4
8	OUT	Y001	驱动Y001线圈输出

图 6-18　ORB 指令的应用二

2. 并联电路块的串联指令 ANB

ANB 为并联电路块的串联指令,用于并联电路块的串联。

两个或两个以上触点并联的电路称为并联电路块。在并联电路块串联时,每个并联电路块都以 LD、LDI 指令起始,并联电路块结束后,用 ANB 指令将并联电路块与前面的电路串联。ANB 指令也简称与块指令,无操作目标元件,该指令的应用如图 6-19 所示。

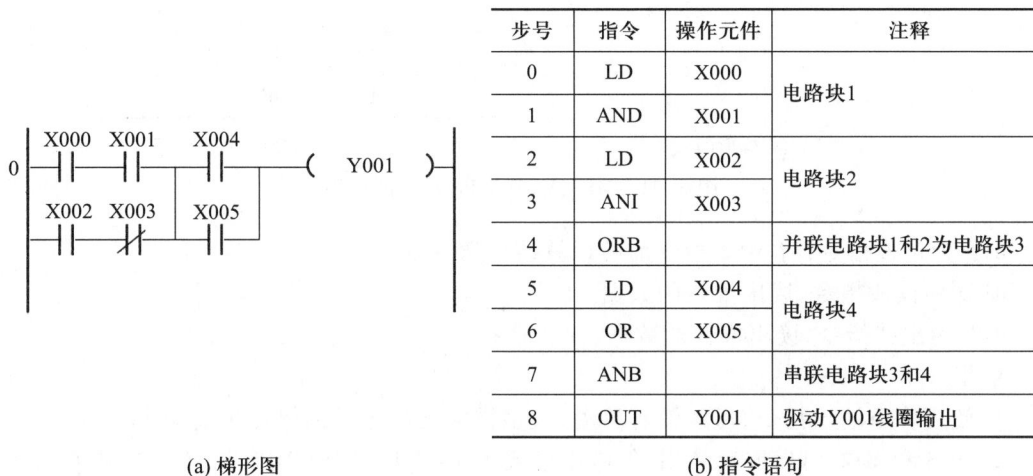

步号	指令	操作元件	注释
0	LD	X000	电路块1
1	AND	X001	
2	LD	X002	电路块2
3	ANI	X003	
4	ORB		并联电路块1和2为电路块3
5	LD	X004	电路块4
6	OR	X005	
7	ANB		串联电路块3和4
8	OUT	Y001	驱动Y001线圈输出

(a) 梯形图　　　　　　　　　　(b) 指令语句

图 6-19　ANB 指令的应用

3. 置位与复位指令 SET、RST

SET 为置位指令,在触发信号接通时,使操作元件接通并保持(置 1)。

RST 为复位指令,在触发信号接通时,使操作元件断开复位(置 0)。

SET 指令的操作目标元件为 Y、M、S,而 RST 指令的操作目标元件为 Y、M、S、D、V、Z、T、C。SET、RST 指令的应用如图 6-20 所示。

4. 多重输出电路指令 MPS、MRD、MPP

这三条指令是无操作元件指令,都为一个程序步长。这组指令用于多个输出电路,可将连接点先储存,用于连接后面的电路。这三条指令的应用如图 6-21 所示。

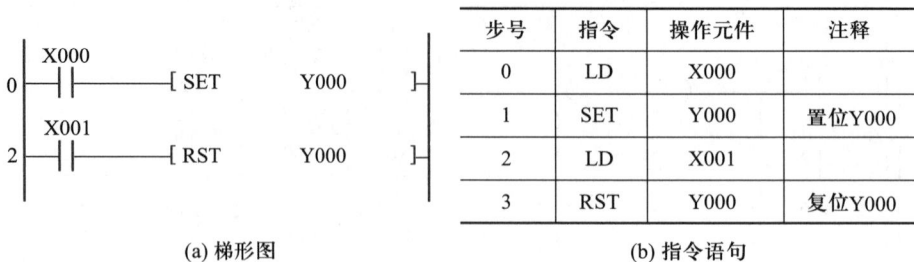

步号	指令	操作元件	注释
0	LD	X000	
1	SET	Y000	置位Y000
2	LD	X001	
3	RST	Y000	复位Y000

(a) 梯形图　　　　　　(b) 指令语句

图 6-20　SET、RST 指令的应用

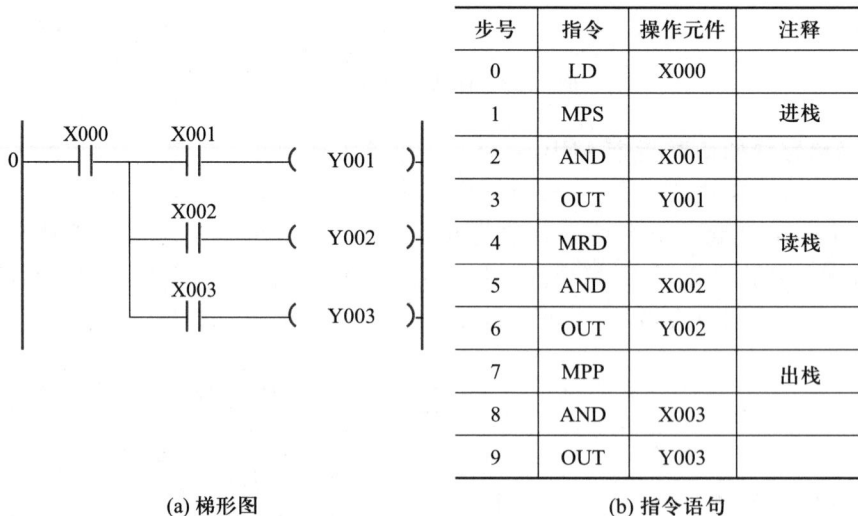

步号	指令	操作元件	注释
0	LD	X000	
1	MPS		进栈
2	AND	X001	
3	OUT	Y001	
4	MRD		读栈
5	AND	X002	
6	OUT	Y002	
7	MPP		出栈
8	AND	X003	
9	OUT	Y003	

(a) 梯形图　　　　　　(b) 指令语句

图 6-21　MPS、MRD、MPP 指令的应用

MPS 为进栈指令,将 MPS 指令前的运算结果送入堆栈中。

MRD 为读栈指令,读出堆栈的数据。

MPP 为出栈指令,读出堆栈的数据,并清除。

说明:

① 使用多重输出指令,母线没有移动,故多重输出指令后的触点不能用 LD。

② MPS 和 MPP 可以嵌套使用,但应小于或等于 11 层;同时 MPS 与 MPP 应成对出现。

【任务实施】

一、控制任务分析

根据以上控制要求,可以分析得出小车自动往返控制系统用到的输入/输出设备等元器件及功能,填入表6-3中。

表6-3　小车自动往返控制线路中主要元器件及功能

序号	名称	代号	作用	数量

二、PLC 的输入/输出分配

根据电动机正反转控制线路中的主要元器件及功能,列出 PLC 的输入/输出分配表,填入在表6-4中,并在图6-22中画出 PLC 输入/输出接口的外部接线图。

表6-4　输入/输出分配表

输入			输出		
名称	元件代号	PLC 的 I/O 点	名称	元件代号	PLC 的 I/O 点

图6-22　PLC 输入/输出接口的外部接线图

三、小车自动往返运行 PLC 控制的硬件接线

小车自动往返运行 PLC 控制线路如图 6-23 所示。按照电气接线的要求将 PLC 控制的硬件线路接好(具体参照任务 1 中 PLC 指挥单台电动机正反转运行的硬件线路的安装步骤),以备后面调试程序使用。

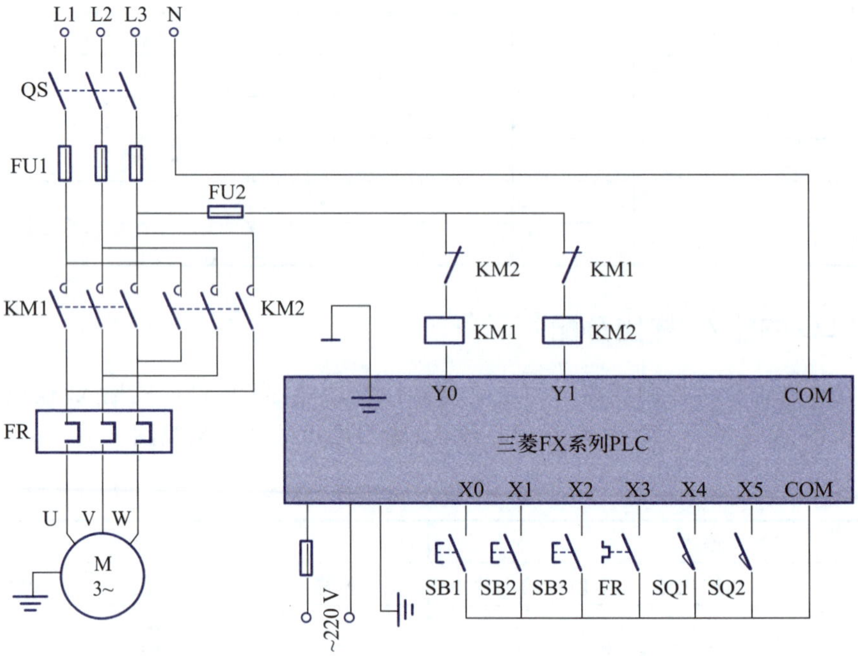

图 6-23 小车自动往返运行 PLC 控制线路

四、程序设计

根据经验设计法设计出小车自动往返运行控制的梯形图程序,如图 6-24 所示。其中为保证小车能够自动往返,应使电动机可以在正反转之间进行直接转换,梯形图中采用了限位开关的动断触点进行互锁,如当小车在右行时,Y000 得电,此时碰到右侧限位开关 X004,X004 的动断触点断开,会断开 Y000 线圈所在的电路,Y000 的动断触点复位,使 Y001 线圈电路具备得电的条件,同时,X004 的动合触点闭合,接通 Y001 的电路,另外,该梯形图中将 Y000 和 Y001 也进行了互锁,在外部接线电路图中,也进行了硬件互锁,防止出现短路事故,避免因主触点熔焊或机构动作不灵而发生短路现象。

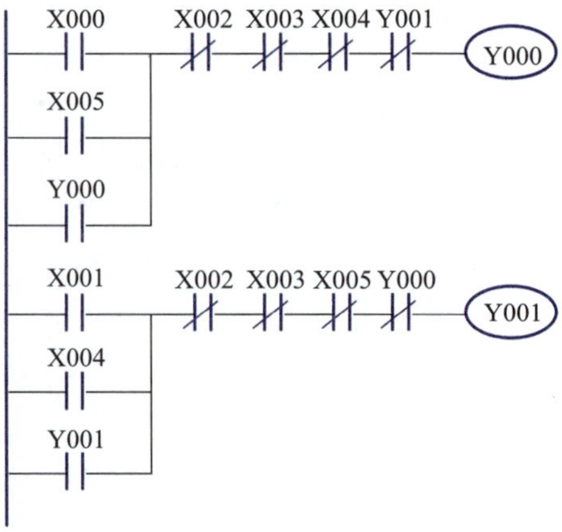

图 6-24 小车自动往返运行的梯形图

五、小车自动往返运行的程序调试

打开三菱的编程软件 GX Developer,将图 6-24

所示的梯形图输入软件,编好的梯形图要下载到 PLC 中,将 PLC 运行模式选择开关拨到 RUN 位置,使 PLC 进入运行状态。按照本节任务 1 中 PLC 指挥单台电动机正反转运行中的安装调试步骤进行程序调试,观察程序运行情况,若出现故障,则应分别检查电路接线和梯形图是否有误,若进行了修改,则应重新调试,直至系统按照要求正常工作,最终实现:按下右行起动按钮 SB1,输入继电器 X000 指示灯亮,输出继电器 Y000 得电,Y000 指示灯亮,将信号送给外部负载——电动机正转的交流接触器 KM1 的线圈,接触器线圈得电,触点闭合,电动机正转,带动小车右行,走到最右边,碰到右侧限位开关 SQ1,输入继电器 X004 指示灯亮,Y000 熄灭,电动机正转交流接触器 KM1 的线圈断电,电动机正转停止,同时 Y001 线圈得电,其指示灯点亮,将信号送给外部负载——电动机正转的交流接触器 KM2 的线圈,接触器线圈得电,触点闭合,电动机开始反转,带动小车左行,走到最左边,碰到左侧限位开关 SQ2,输入继电器 X005 指示灯亮,Y001 熄灭,电动机反转交流接触器 KM2 的线圈断电,电动机反转停止,输出继电器 Y000 得电,Y000 指示灯亮,将信号送给外部负载——电动机正转交流接触器 KM1 的线圈,接触器线圈得电,触点闭合,电动机正转,带动小车右行,开始下一个循环,直到按下停止按钮 SB3,小车停止运行。若先按下左行起动按钮 SB2,则输入继电器 X001 指示灯亮,输出继电器 Y001 线圈得电,电动机开始左行,重复上述循环。

【知识巩固】

一、简答

梯形图设计的基本规则是什么?

二、判断

1. 线圈可以直接与左边母线相连。 （　　　）

2. 同一编号的线圈在一个程序中出现两次在梯形图中不允许的。 （　　　）

3. 在 PLC 梯形图中如单个触点与一个并联支路串联,应将单个接点串联在其左边,而把并联支路放在右侧排列。

4. 在梯形图中,不允许设计桥式电路。 （　　　）

三、分析

1. 根据图 6-25 所示的梯形图写出指令语句表。

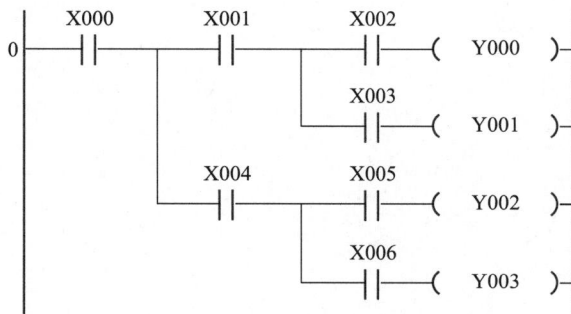

图 6-25　分析题 1

2. 电动机正—反—停运行的 PLC 控制

如图 6-26 所示为接触器—继电器控制方式的电动机正—反—停控制线路图。按下正转起动按钮 SB2,电动机正转,此时直接按下反转的起动按钮 SB3,电动机从正转直接切换到反转,直至按下停止按钮

SB1,电动机停止运转,系统具有短路和过载保护环节。试用 PLC 编程,实现以上控制要求,完成控制任务分析;对 PLC 输入/输出接口进行分配;绘制 PLC 接线图;设计梯形图;写人程序;安装接线并调试。

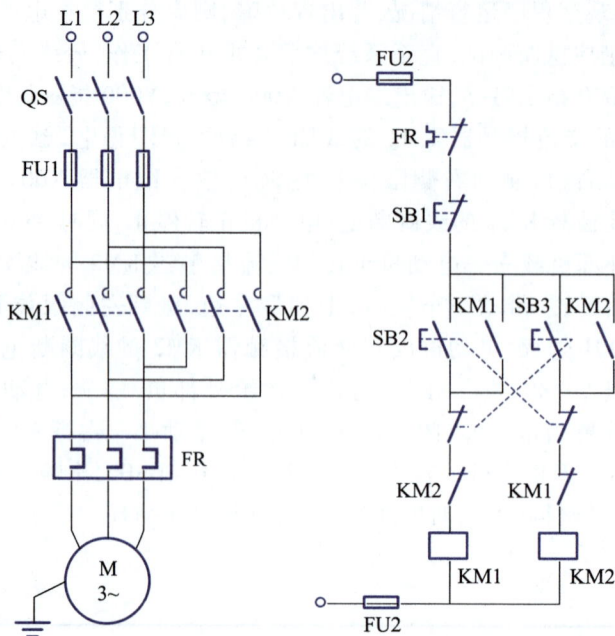

图 6-26　分析题 2

3. 抢答器的 PLC 控制

　　本任务中学习了电动机的正反转和小车自动往返运行的 PLC 控制,以及梯形图设计规则和互锁环节,请参考本项目所学知识,完成四人抢答器的控制任务,具体要求如下:

　　设计一个四组抢答器,每组一个按键,一个指示灯。任何一组先按下按键后,该组面前的指示灯会被点亮,同时其他各组再按下按键,指示灯均不会被点亮,抢答无效。抢答器设置一个复位开关,每次抢答完成后,复位可重新进行抢答。

　　要求:完成控制任务分析;对 PLC 输入/输出接口进行分配;绘制 PLC 接线图;设计梯形图;写人程序;安装接线并调试。

微课:抢答器PLC控制程序设计

PLC 指挥电动机按时间要求运行

学习目标

【知识目标】

1. 掌握三菱 FX_{2N} 系列 PLC 的基本指令（LDP、LDF、ANDP、ANDF、ORP、ORF）。
2. 掌握三菱 FX_{2N} 系列 PLC 的继电器—定时器 T 的特点及应用。
3. 能够加深对经验设计法的设计思路和步骤的理解。

【能力目标】

1. 能够利用定时器 T 和基本指令设计梯形图程序。
2. 能够将定时器应用到电动机的 PLC 控制系统中。
3. 能够进行 PLC 和电动机的外部接线，并对程序进行调试。

【素质目标】

1. 能够遵章守纪，爱护公共财产。
2. 具有安全操作的意识。
3. 具有工匠精神和爱国意识。
4. 具有一定的创新能力、敏锐的观察力、准确的判断力、丰富的想象力。
5. 具备积极向上钻研新技术和新工艺的精神。

案例导入

在实际应用中，有很多按照时间要求来工作的电动机。例如，一台 10 kW 的笼型三相交流异步电动机，由于起动时电流较大，要求采用星—三角减压的方式起动。三相交流异步电动机星—三角减压起动时，要求按下起动按钮后，电动机星形减压起动，当电动机转速升到一定转速后，起动过程结束，自动转成三角形运行，直到按下停止按钮后，电动机停止运行。三菱小型 PLC 是利用哪个继电器来设定时间的？如何采用 PLC 控制电动机按照时间要求来运行？在本项目中主要完成按照时间要求来工作的电动机相关任务。

任务 1

PLC 指挥电动机按时间要求运行

【任务描述】

图 7-1 所示为利用接触器—继电器控制方式实现电动机按时间要求运行的控制线路

图,它包括主电路和控制电路。合上电源开关 QS 后,按下起动按钮 SB2,电动机起动,10 s 后,电动机自动停止,在未到达设定时间内,如果按下停止按钮 SB1,电动机立即停止运行; 当电动机过载时,热继电器的动断触点 FR 断开控制电路的电源,电动机也会停止运行,并配 有短路保护环节。应用经验设计法编程,实现单台电动机的按时间要求运行,同时具有短路 保护和过载保护的功能。

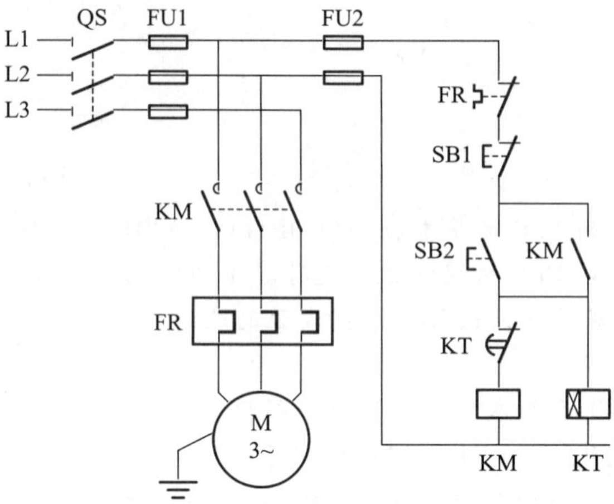

图 7-1　电动机按时间要求运行的控制线路图

【知识储备】

一、定时器 T

定时器在 PLC 中的作用相当于一个时间继电器,主要用于定时控制,每个定时器有线圈 和无数个触点可供用户编程使用。当定时器线圈接通时,定时器当前值由 0 开始递增,直到 当前值达到设定值时,定时器触点动作。定时器使用用户程序存储器内的常数 K 作为设定 值,也可用数据寄存器 D 的内容作为设定值,在后一种情况下,一般使用有掉电保护功能的 数据寄存器。

定时器可分为常规定时器(T0 ~ T245)和积算定时器(T246 ~ T255)两类。

1. 常规定时器 T0 ~ T245

① 100 ms 定时器:T0 ~ Tl99,共 200 点,设定值范围为 0.1 ~ 3 276.7 s。

② 10 ms 定时器:T200 ~ T245,共 46 点,设定值范围为 0.01 ~ 327.67 s。

如图 7-2 所示,当输入继电器 X000 接通时,T0 用当前值计数器累计 100 ms 的时钟脉冲 的个数。如果该值达到设定值 K50 时,定时器的输出触点动作。当输入继电器 X001 接通 时,T200 用当前计数器累计 10 ms 的时钟脉冲的个数,如果该值达到 K100 的设定值时,定时 器 T200 的输出触点动作,使输出继电器 Y002 线圈接通。

2. 积算定时器 T246 ~ T255

① 1 ms 积算定时器:T246 ~ T249,共 4 点,设定值范围为 0.001 ~ 32.767 s。

② 100 ms 积算定时器:T250 ~ T255,共 6 点,设定值范围为 0.1 ~ 3 276.7 s。

如图 7-3 所示,当定时器线圈 T250 的驱动输入 X000 接通时,T250 用当前值计数器累 计 100 ms 的时钟脉冲个数。当该值与设定值 K250 相等时,定时器的输出触点动作;当计数过程中驱动输入 X000 断开或系统停电时,当前值继续保持,X000 再接通时,计数继续累加进行。当复位输入 X001 接通时,计数器就复位,输出触点也复位。

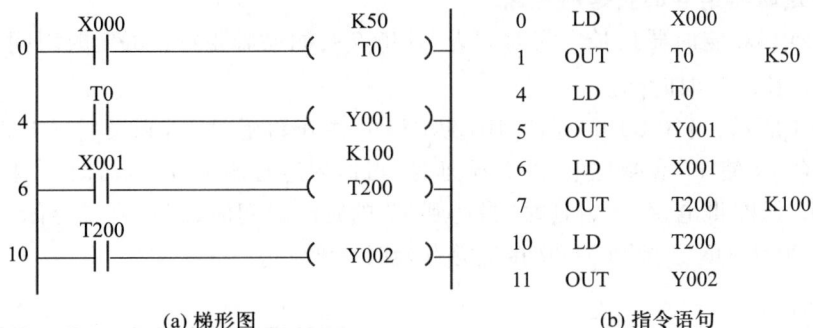

(a) 梯形图   (b) 指令语句

图 7-2 常规定时应用举例

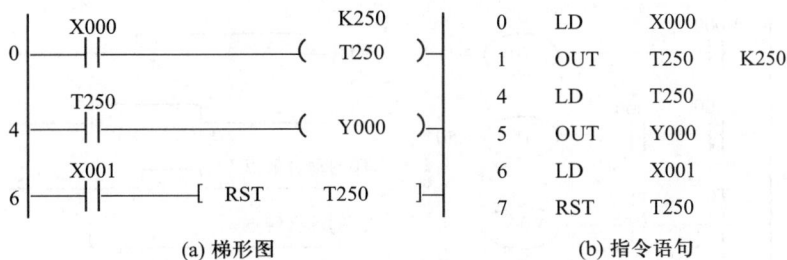

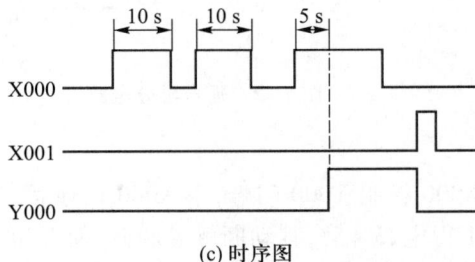

(a) 梯形图   (b) 指令语句

图 7-3 积算定时器应用举例

二、定时器 T 的应用举例

1. 多个定时器组合的长延时电路

FX$_{2N}$系列 PLC 定时器最长定时时间为 3 276.7 s,如果需要更长的定时时间,可以采用以下方法获得较长的延时时间。

如图 7-4 所示,当 X000 接通时,T0 线圈得电并开始延时,达到设定的延时时间时,T0 动合触点闭合,又使 T1 线圈得电,并开始延时,当达到定时器 T1 的延时时间时,其动合触点闭合,再使 T2 线圈得电,并开始延时,当达到 T2 的延时时间时,其动合触点闭合,才使 Y000 接通。从 X000 为 ON 开始到 Y000 接通总共延时 9 000 s。

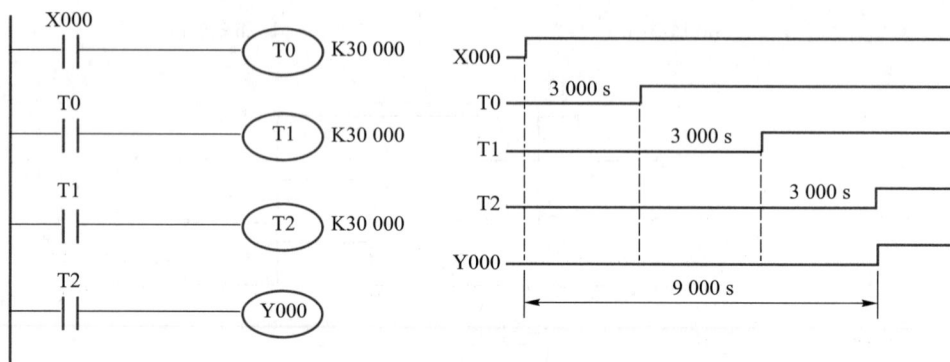

图 7-4　多个定时器组合的长延时电路

2. 延合延分电路

延合延分电路是指具有通、断电皆延时功能的控制电路。如图 7-5 所示,用 X000 控制 Y000,当 X000 的动合触点接通后,T0 开始定时,10 s 后 T0 的动合触点接通,使 Y000 变为 ON。当 X000 的动合触点断开时,T1 开始定时,5 s 后 T1 的动断触点断开,使 Y000 变为 OFF,同时 T1 也被复位,从而实现了 Y000 随 X000 的通、断而延时通、断。

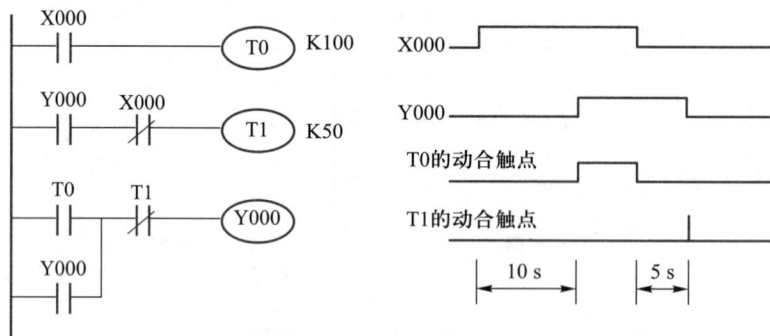

图 7-5　延合延分电路

3. 闪烁电路

如图 7-6 所示,用 X000 控制 Y000 闪烁,当 X000 接通后,T0 开始定时,2 s 后 T0 的动合触点接通,使 Y000 和 T1 得电,3 s 后,其动断触点断开,使 Y000 变为 OFF,T0 线圈再一次计时,2 s 后,Y000 再一次接通,如此反复。

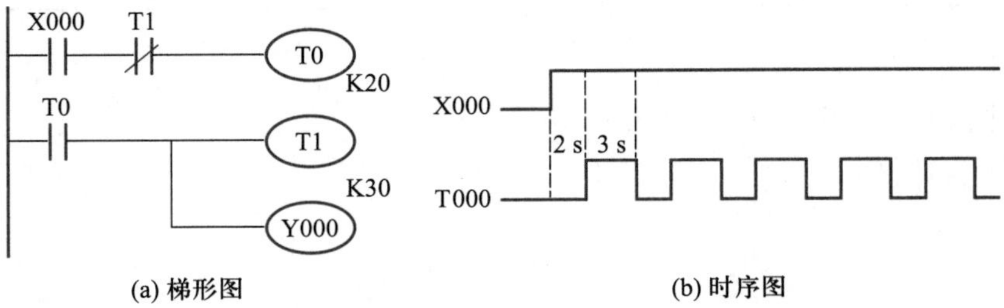

(a) 梯形图　　　　　　　　　　(b) 时序图

图7-6　定时器控制的闪烁电路

【任务实施】

一、控制任务分析

根据以上控制要求可以得出,合上电源开关 QS,按下起动按钮 SB2,接触器 KM 线圈得电,KM 主触点闭合,电动机 M 起动运行,同时时间继电器 KT 的线圈得电,开始计时,达到设定的时间后,时间继电器的动断触点 KT 断开,接触器 KM 线圈断电,KM 主触点断开,电动机 M 停止运行。在运行过程中,按下停止按钮 SB1,电动机立即停止运行。当电动机过载时,热继电器的动断触点断开控制电路的电源,电动机也会停止运行。当发生短路现象时,自动切断控制电路,保护电路。

根据以上控制要求,分析出该控制系统用到的主要元器件及功能,填入表7-1中。

表7-1　电动机按时间要求运行控制线路中主要元器件及功能

序号	名称	代号	作用	数量

二、PLC 的输入/输出分配

根据电动机按时间要求运行控制线路中的主要元器件及功能,列出 PLC 的输入/输出分配表,填入表7-2中,并在图7-7中画出 PLC 输入/输出接口的外部接线图。

表7-2　输入/输出分配表

输入			输出		
名称	元件代号	PLC 的 I/O 点	名称	元件代号	PLC 的 I/O 点

图 7-7　PLC 输入/输出接口的外部接线图

三、单台电动机按时间要求运行控制的硬件接线

单台电动机按时间要求运行的 PLC 控制电路的硬件接线图如图 7-8 所示。从图 7-8 中可以看出,其主电路与继电器-接触器控制方式的主电路是一样的,只是控制电路有所不同,PLC 的控制方式用程序代替了继电器-接触器控制方式的控制电路。

按照电气接线的要求,将图 7-8 所示的单台电动机按时间要求运行的 PLC 控制的硬件接线图接好线路(具体参照项目六任务 1 中 PLC 指挥单台电动机正反转运行的硬件线路的安装步骤),以备后面调试程序使用。

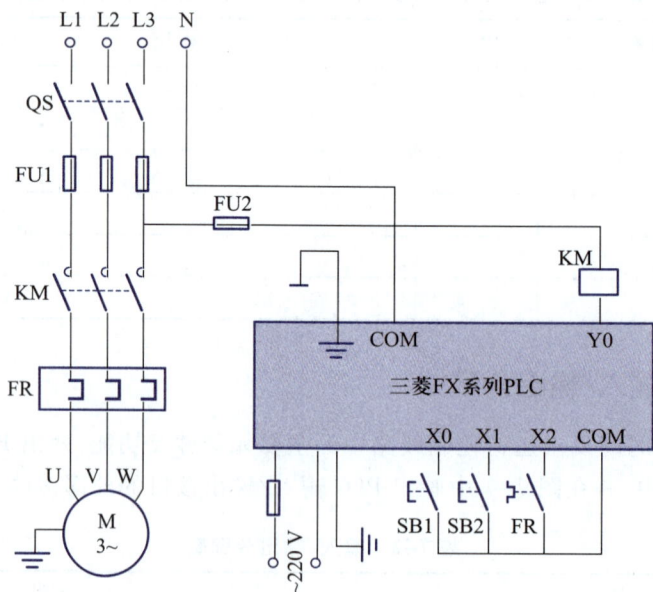

图 7-8　单台电动机按时间要求运行的 PLC 控制的硬件接线图

四、单台电动机按时间要求运行控制的程序设计

采用经验设计法设计单台电动机按时间要求运行的梯形图如图 7-9 所示。

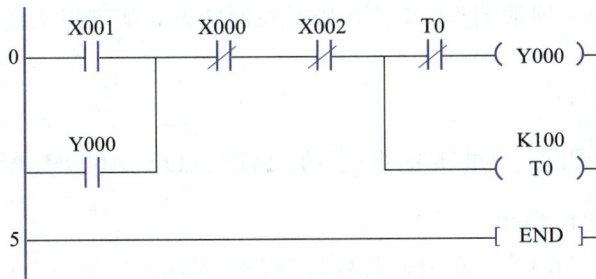

图7-9　单台电动机按时间要求运行的梯形图

任务 2

电动机星形—三角形减压起动的 PLC 控制

【任务描述】

在实际应用中,还有很多按照时间要求来工作的电动机。例如,有一台 10 kW 的笼型三相交流异步电动机,由于起动时电流较大,要求采用星形—三角形减压的方式起动。图7-10 所示是三相交流异步电动机星形—三角形减压起动的电气原理图,要求按下起动按钮 SB2,接触器 KM1 和 KM2 线圈得电,电动机星形减压起动,当电动机转速升到一定转速后 (10 s),起动过程结束,接触器 KM2 线圈断电,接触器 KM1 和 KM3 得电,自动转成三角形运行,直到按下停止按钮 SB1 后,电动机停止运行。

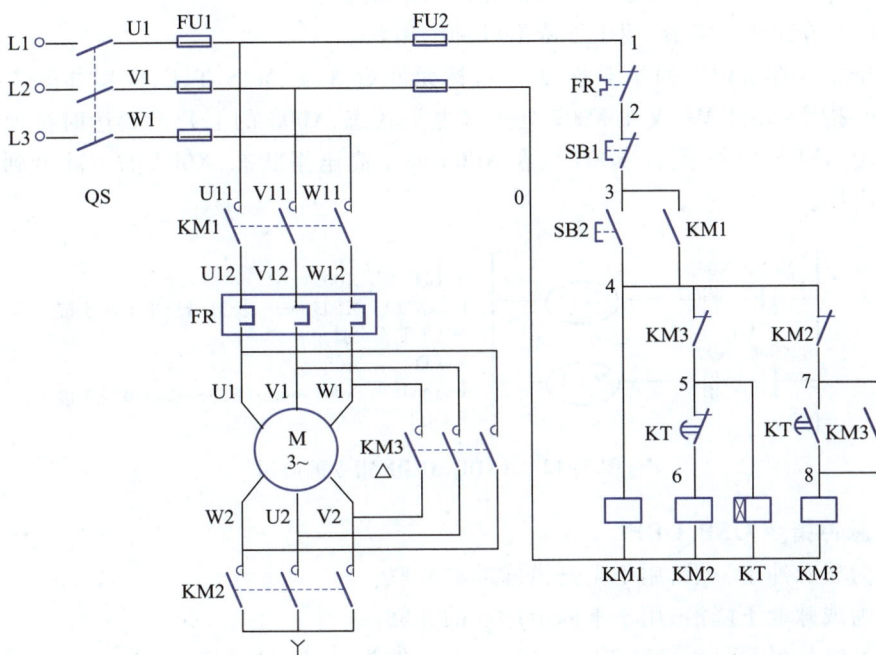

图7-10　三相交流异步电动机星形—三角形减压起动的电气原理图

用经验设计法,编写梯形图程序,利用 PLC 控制的方式实现以上控制要求。

【知识储备】

三菱 FX$_{2N}$系列 PLC 的基本指令(三)(LDP、LDF、ANDP、ANDF、ORP、ORF)

1. 取脉冲指令 LDP、LDF

取脉冲上升沿指令 LDP,指在输入信号的上升沿到达时接通一个扫描周期。

取脉冲下降沿指令 LDF,指在输入信号的下降沿到达时接通一个扫描周期。

这两条指令的目标元件为 X、Y、M、S、T、C,应用如图 7-11 所示。使用 LDP 指令,元件 Y000 仅在 X000 的上升沿时接通一个扫描周期。使用 LDF 指令,元件 Y001 仅在 X001 的下降沿时接通一个扫描周期。

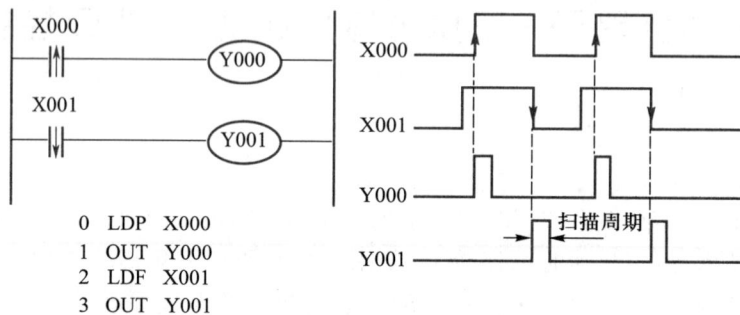

```
0  LDP  X000
1  OUT  Y000
2  LDF  X001
3  OUT  Y001
```

图 7-11　LDP、LDF 指令的应用

2. 与脉冲指令 ANDP、ANDF

ANDP 为与脉冲上升沿,用于上升沿脉冲的串联。

ANDF 为与脉冲下降沿,用于下降沿脉冲的串联。

这两条指令都占两个程序步,它们的目标元件为 X、Y、M、S、T、C,应用如图 7-12 所示。使用 ANDP 指令,元件 M1 仅在 X002 处于高电平状态,X003 的上升沿到达时接通一个扫描周期。使用 ANDF 指令,元件 Y001 仅在 X006 处于高电平状态,X007 的下降沿到达时接通一个扫描周期。

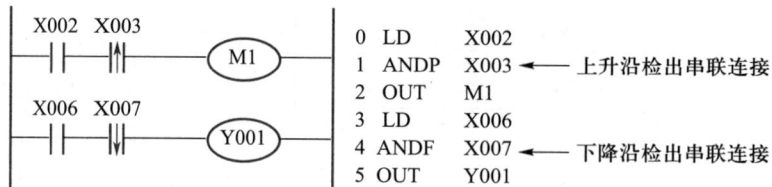

```
0  LD    X002
1  ANDP  X003   ←── 上升沿检出串联连接
2  OUT   M1
3  LD    X006
4  ANDF  X007   ←── 下降沿检出串联连接
5  OUT   Y001
```

图 7-12　ANDP、ANDF 指令的应用

3. 或脉冲指令 ORP、ORF

ORP 为或脉冲上升沿,用于上升沿脉冲的并联。

ORF 为或脉冲下降沿,用于下降沿脉冲的并联。

这两条指令都占两个程序步,它们的目标元件为 X、Y、M、S、T、C,两条指令的应用如图

7-13 所示。使用 ORP 指令,元件 M0 仅在 X000 或 X001 的上升沿到达时接通一个扫描周期。使用 ORF 指令,元件 Y000 仅在 X004 或 X005 的下降沿到达时,接通一个扫描周期。

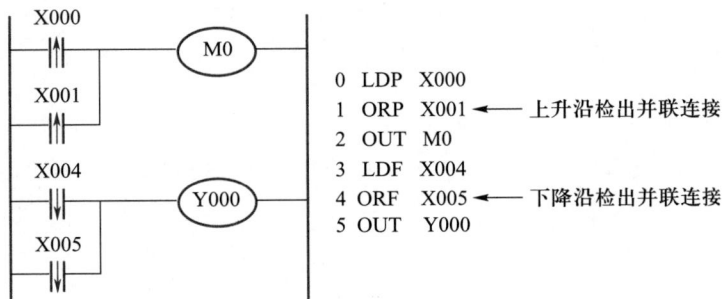

图 7-13　ORP、ORF 指令的应用

【任务实施】

一、控制任务分析

根据以上控制要求并分析得出电动机星形—三角形减压起动控制系统用到的输入、输出设备等元器件及功能,并填写到表 7-3 中。

表 7-3　电动机星形—三角形减压起动控制线路中主要元器件及功能

序号	名称	代号	作用	数量

二、PLC 的输入/输出分配

根据电动机星形—三角形减压起动运行控制线路中的主要元器件及功能,列出 PLC 的输入/输出分配表,填入表 7-4 中,并在图 7-14 中画出 PLC 输入/输出接口的外部接线图。

表 7-4　输入/输出分配表

输入			输出		
名称	元件代号	PLC 的 I/O 点	名称	元件代号	PLC 的 I/O 点

图 7-14　PLC 输入/输出接口的外部接线图

三、电动机星形—三角形减压起动 PLC 控制的硬件接线

采用 PLC 控制的电动机星形—三角形减压起动控制线路如图 7-15 所示。按照电气接线的要求将 PLC 控制的硬件线路接好(具体参照项目六任务 1 中 PLC 指挥单台电动机正反转运行的硬件线路的安装步骤),以备后面调试程序使用。

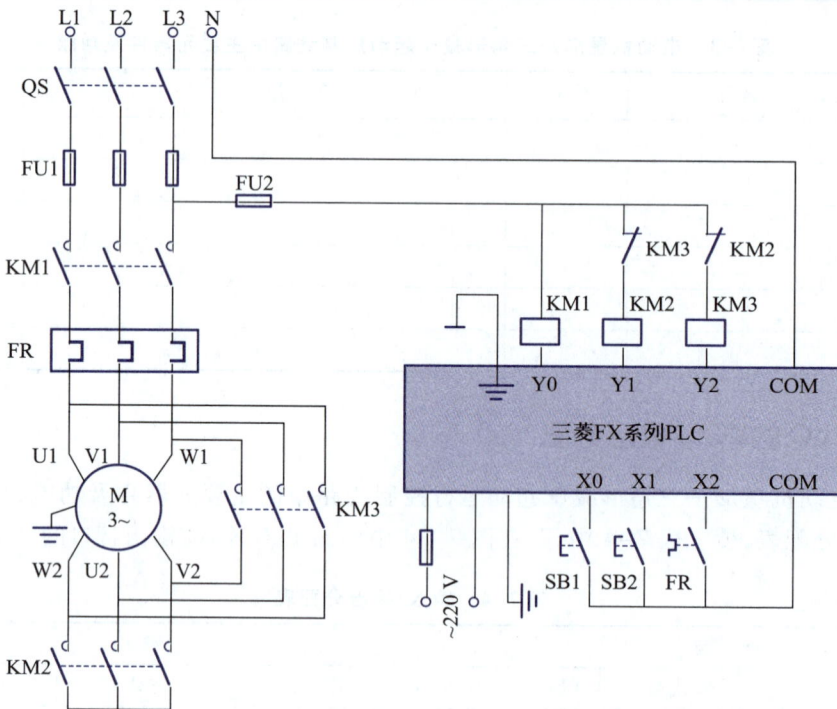

图 7-15　电动机星形—三角形减压起动运行 PLC 控制的硬件接线图

四、程序设计

根据经验设计法设计出电动机星形—三角形减压起动控制的梯形图程序如图 7-16 所

示。该程序中采用了两个定时器,T0 的作用是设定起动延时时间,T1 是为了防止电源短路而设置的时间互锁。另外,在梯形图中,虽然采用 Y001 和 Y002 的动断触点进行了互锁,但由于 PLC 循环扫描时,运行速度非常快,使 Y001 和 Y002 触点的切换几乎没有时间延迟,因此本例采用定时器 T1 定时,将 Y001 和 Y002 触点的切换人为引入了一定延时,实现时间上的互锁。

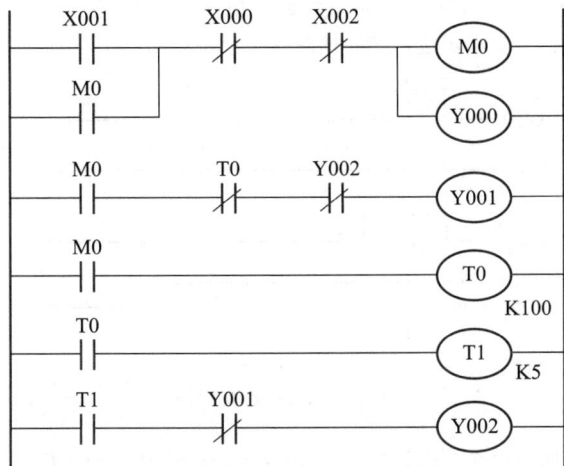

图 7-16　电动机星形—三角形减压起动梯形图

在实际应用中,尤其是在工作电流较大时,为了防止电源短路现象的发生(如触点熔焊等),仍然需要在 PLC 外部设置硬件互锁电路,如本例中采用 KM2 和 KM3 的动断触点实现硬件互锁。

控制过程分析为:按下起动按钮 SB2,输入继电器 X001 线圈通电,其动合触点 X001 闭合,M0 线圈通电并自锁。同时 Y000 和 Y001 线圈通电,触点动作,电动机定子绕组接成星形减压起动,KM2 动断触点实现对 KM3 线圈的断开锁定。同时,定时器 T0 线圈通电开始定时。经过起动时间(设定值为 10 s)后,T0 动合触点断开,Y001 线圈断电,KM2 线圈断电,同时随 T0 动合触点闭合,T1 开始定时,经过 0.5 s(可根据实际情况调整 T1 设定值)后,Y002 接通,此时 KM2 触点已经复位,使 KM3 线圈通电,触点动作,电动机定子绕组换接成三角形接法,全电压运行,KM3 动断触点对 KM2 线圈进行了断开锁定。当按下停止按钮 SB1 时,M0、T0 线圈断电,Y000、Y002 线圈断电,触点复位,电动机停止运行。

五、电动机星形—三角形减压起动的程序调试

打开三菱的编程软件 GX Developer,将图 7-16 所示的梯形图输入软件,编好的梯形图要下载到 PLC 中,将 PLC 运行模式选择开关拨到 RUN 位置,使 PLC 进入运行状态。按照任务 1 PLC 指挥单台电动机正反转运行中的安装调试步骤进行程序调试,观察程序运行情况,若出现故障,则应分别检查电路接线和梯形图是否有误,若进行了修改,则应重新调试,直至系统按照要求正常工作,最终实现:按下起动按钮 SB2,输入继电器 X001 指示灯亮,输出继电器 Y000、Y001 得电,Y000、Y001 指示灯点亮,将信号送给外部负载——电动机星形起动的交流接触器 KM1 和 KM2 的线圈,接触器线圈得电,触点闭合,电动机星形起动,同时定时器 T0 开始定时,10 s 后,Y001 断电,Y002 得电,交流接触器 KM3 的线圈得电,电动机三角形

正常运行。在起动或运行过程中,按下停止按钮 SB1(X000)或热继电器动作 FR(X002),Y000、Y001 和 Y002 指示灯熄灭,电动机停止运行。

【知识巩固】

1. 定时器 T 有几种,有何区别? 分别用在什么地方?

2. 定时器最长定时时间是多少? 要想定时 1234 s,常数 K 应该设置多少?

3. 用经验设计法设计满足图 7-17 所示波形图的梯形图。

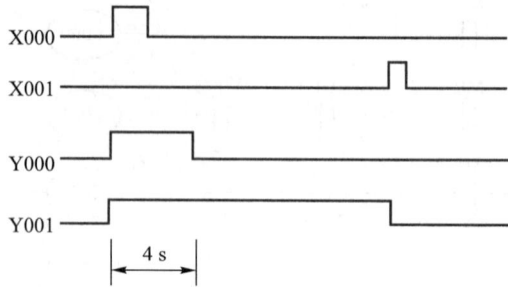

图 7-17 第 3 题波形图

4. 根据图 7-18 所示的梯形图写出指令语句表,并画出 Y000 和 Y001 的时序图。

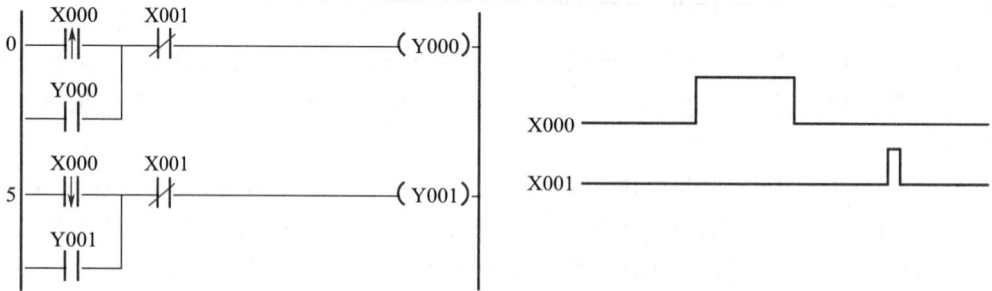

图 7-18 第 4 题图

5. 如图 7-19 所示为接触器-继电器控制方式的电动机正反转控制线路图,按下正转起动按钮 SB2,电动机正转,同时开始计时,正转 15 s 后,电动机反转,同时开始计时,反转 20 s 后,电动机正转,直到按下停止按钮 SB1,电动机停止运行,系统具有短路和过载保护环节。试用 PLC 编程,实现以上控制要求,完成控制任务分析;对 PLC 输入/输出接口进行分配;画出 PLC 外部接线图;设计梯形图;写入程序;安装接线并调试。

6. 如图 7-20 所示,送料小车由三相交流异步电动机拖动,按钮 SB1 和 SB2 分别用来起动小车右行和左行。① 按下右行开关 SB1 后,小车右行,KM1 得电,碰到限位开关 SQ1 后,停下在限位开关 SQ1 处装料,Y000 为 ON;② 10 s 后装料结束,开始左行,KM2 得电,碰到行程开关 SQ2 后,停下卸料,Y001 为 ON;③ 15 s 后卸料完成右行,碰到限位开关 SQ1 后,又停下装料,这样不停地循环运行,直到按下停止按钮 SB3,小车停止运行;④ 同时系统具有短路和过载保护环节。

　　试用 PLC 编程,实现以上控制要求,完成控制任务分析;画出 PLC 输入/输出分配表;绘制 PLC 外部接线图,用经验设计法设计小车送料控制系统的梯形图;写入程序;安装接线并调试。

图 7-19　第 5 题图

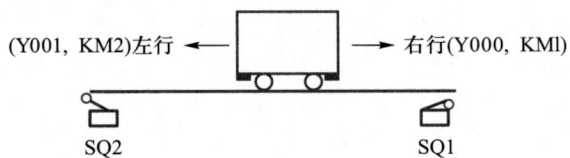

图 7-20　小车自动往返运行示意图

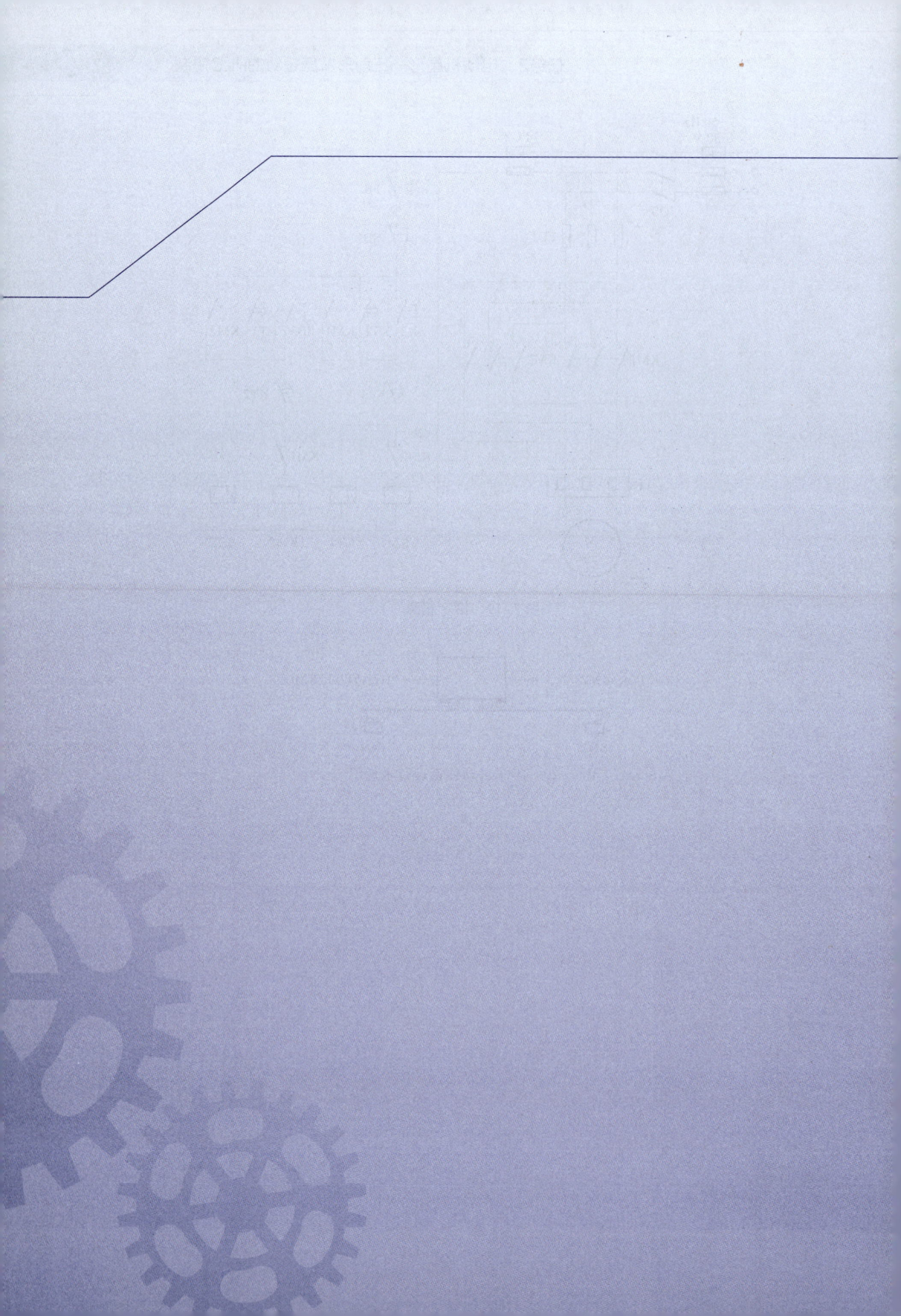

交通信号灯的 *PLC* 控制

学习目标

【知识目标】

1. 掌握三菱 FX_{2N} 系列 PLC 的基本指令（PLS、PLF、NOP、INV、MC、MCR）。
2. 了解辅助继电器（M）的特点及应用。
3. 能够加深对经验设计法的设计思路和步骤的理解。

【能力目标】

1. 能够利用辅助继电器 M 和基本指令设计梯形图程序。
2. 能够将辅助继电器 M 应用到交通信号灯的 PLC 控制系统中。
3. 能够进行 PLC 和交通信号灯的外部接线，并对程序进行调试。

【素质目标】

1. 能够遵章守纪，爱护公共财产。
2. 具有安全操作的意识。
3. 具有工匠精神和爱国意识。
4. 具有一定的创新能力、敏锐的观察力、准确的判断力、丰富的想象力。
5. 具备积极向上钻研新技术和新工艺的精神。

案例导入

交通信号灯的作用是对平面交通路口各方向同时到达的车辆、行人进行交通流分配，在时间上将互相冲突的交通流进行短暂分离，以便它们有效地通过路口。交通灯是按照一定的控制顺序，在交叉路口的每个方向上通过红、黄、绿三色灯循环显示来指挥交通的。绿灯亮时，准许车辆通行；黄灯亮时，已越过停止线的车辆可以继续通行；红灯亮时，禁止车辆通行。本项目以交通信号灯作为控制载体，通过编写梯形图程序，实现对交通信号灯的控制。

任务 **1**

PLC 指挥单方向红绿灯的运行

【任务描述】

如图 8-1 所示的单方向红绿灯，当按下起动按钮 SB1 时，首先绿灯亮 10 s，绿灯亮 10 s

后熄灭,黄灯闪亮 5 s,黄灯闪亮 5 s 后熄灭,红灯亮 10 s,红灯亮 10 s 后熄灭,绿灯亮,重复刚才的过程,直到按下停止按钮 SB2 后停止。

应用经验设计法编写梯形图程序,用 PLC 控制实现以上单方向红绿灯控制要求的运行。

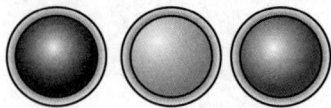

图 8-1　单方向红绿灯

【知识储备】

辅助继电器 M

PLC 内部有很多辅助继电器,其作用相当于继电器-接触器控制系统中的中间继电器,经常用作状态暂存、移位运算等中间运算处理。辅助继电器 M 线圈和触点的状态和输出继电器一样,只能由程序驱动。每个辅助继电器也有无数对动合、动断触点供编程使用。辅助继电器 M 的触点在 PLC 内部编程时可以任意使用,但它不能直接驱动负载,外部负载必须由输出继电器 Y 的输出触点来驱动。辅助继电器 M 可分为以下三类。

1. 通用辅助继电器

FX_{2N} 系列 PLC 的通用辅助继电器采用十进制地址编号,编号为 M0 ~ M499,共 500 个。编程时,每个通用辅助继电器的线圈由用户程序驱动,其触点的状态取决于线圈的通电和断电。若 PLC 在运行过程中突然断电,通用辅助继电器将全部变为 OFF。通用辅助继电器 M 的应用如图 8-2 所示。

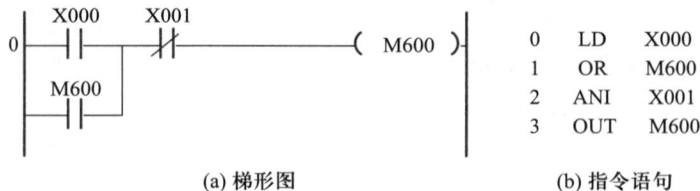

```
        X000    X001
  0 ─┤├───┤/├──────( M600 )      0   LD    X000
     M600                        1   OR    M600
    ─┤├─                         2   ANI   X001
                                 3   OUT   M600

     (a) 梯形图                      (b) 指令语句
```

图 8-2　通用辅助继电器 M 的应用

2. 停电保持用辅助继电器

停电保持用辅助继电器用于保存停电瞬间的状态,并在来电后继续运行。停电保持用辅助继电器是利用 PLC 内装的后备锂电池或者 EEPROM 进行停电保持的。PLC 在运行中发生停电,输出继电器和通用辅助继电器全变为断开状态,而停电保持用辅助继电器在电源中断时能够保持它们原来的状态不变。因此,根据控制对象不同,如果需要停电之前的状态被记住,再次运行时重新再现,这样的情况下,使用停电保持用辅助继电器。

FX_{2N} 系列 PLC 有 M500 ~ M1023 共 524 个停电保持用辅助继电器,可以使用参数设定来变更为通用辅助继电器。此外,还有 M1024 ~ M3071 共 2 048 个停电保持专用辅助继电器,不能用参数来改变其停电保持领域。

如图 8-3 所示是一个路灯控制程序。每晚 7 点由工作人员按下按钮 X000,点亮路灯 Y000,次日凌晨按下 X001,路灯熄灭。特别注意的是,若夜间出现意外停电,则 Y000 熄灭。由于 M600 是停电保持用辅助继电器,它可以保持停电前的状态,因此,在恢复来电时,M600 将保持 ON 状态,从而使 Y000 继续为 ON,路灯继续点亮。

3. 特殊辅助继电器

在 PLC 内部有一些被赋予特定功能的辅助继电器,称为特殊辅助继电器。FX_{2N} 系列 PLC 有 M8000 ~ M8255 共 256 个特殊辅助继电器,分为触点利用型特殊辅助继电器和线圈驱动型特殊辅助继电器两大类。对于触点利用型特殊辅助继电器,用户在程序中直接使用其触点,不能驱动其线圈;对于线圈驱动型特殊辅助继电器,用户可以在程序中驱动其线圈,从而使 PLC 执行特定的操作。下面介绍几种常用的特殊辅助继电器。

① 触点利用型特殊辅助继电器。只能利用其触点的特殊辅助继电器,其线圈由 PLC 自动驱动,用户只可以利用其触点,程序中不能出现它们的线圈。例如:

M8000:运行监控用特殊辅助继电器,PLC 运行时,M8000 自动处于接通状态,当 PLC 停止运行时,M8000 处于断开状态,其时序图如图 8-4 所示。

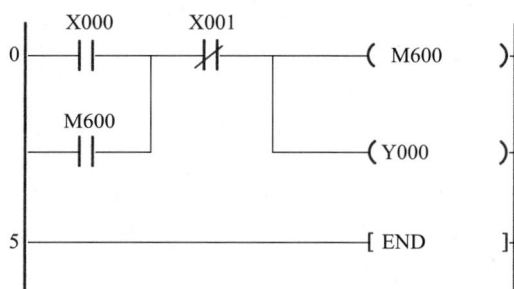

图 8-3 路灯控制程序(停电保持用辅助继电器)

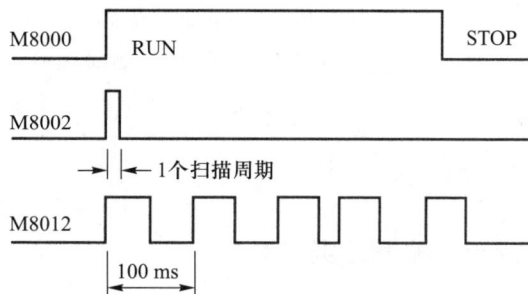

图 8-4 时序图

M8002:初始化脉冲特殊辅助继电器,当 PLC 运行开始的瞬间,M8002 的触点仅闭合一个扫描周期就断开,其时序图如图 8-4 所示。M8002 和 M8000 辅助继电器的应用如图 8-5 所示。

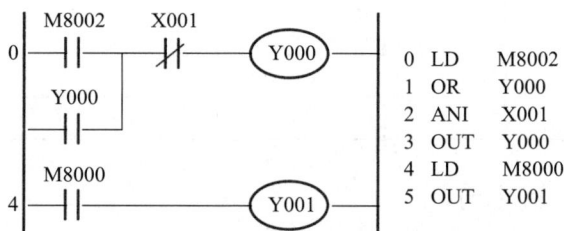

图 8-5 M8000、M8002 辅助继电器的应用

M8011 ~ M8014:分别是产生 10 ms、100 ms、1 s 和 1 min 时钟脉冲的特殊辅助继电器,其中 M8012 的时序图如图 8-4 所示。

② 线圈驱动型特殊辅助继电器。由用户程序特殊辅助继电器的线圈后,PLC 执行特定的动作,因此用户并不使用它们的触点。例如:

M8030:电池发光二极管熄灯特殊辅助继电器,当 M8030 线圈通电后,即使锂电池电压降低时,电池电压降低的发光二极管也会熄灭,即 PLC 面板的指示灯也不会点亮。

M8033:停止时输出保持特殊辅助继电器,当 M8033 线圈通电后,PLC 进入 STOP 状态,所有输出继电器的状态保持不变。

M8034:输出全部禁止特殊辅助继电器,在执行程序时,一旦 M8034 的线圈接通,则所有输出继电器的输出自动断开，使 PLC 禁止所有输出。但此时，PLC 内部的程序仍然正常执行，并不受影响。M8034 的应用如图 8-6 所示。

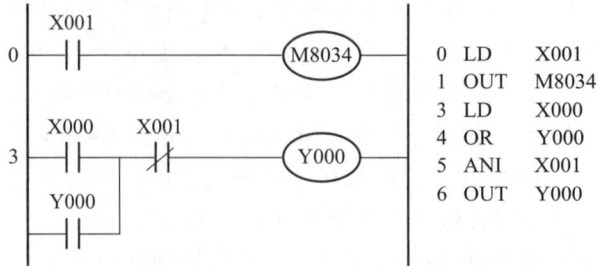

图 8-6　M8034 辅助继电器的应用

M8039：恒定扫描特殊辅助继电器，当 M8039 线圈通电时，PLC 按照 D8039 中指定的扫描时间工作，直至 D8039 指定的扫描时间到达之后才执行循环运算。

需要说明的是：未定义的特殊辅助继电器不可在用户程序中使用。

【任务实施】

一、控制任务分析

根据任务控制要求，分析该控制系统用到的主要元器件及功能，填入表 8-1 中。

表 8-1　单方向红绿灯运行控制线路中主要元器件及功能

序号	名称	代号	作用	数量

二、PLC 的输入/输出分配

根据单方向红绿灯运行控制线路中的主要元器件及功能，列出 PLC 的输入/输出分配表，填入表 8-2 中，并在图 8-7 中画出 PLC 输入/输出接口的外部接线图。

表 8-2　输入/输出分配表

输入			输出		
名称	元件代号	PLC 的 I/O 点	名称	元件代号	PLC 的 I/O 点

三、单方向红绿灯运行控制的硬件接线

单方向红绿灯运行的 PLC 控制电路的硬件接线图如图 8-7 所示。按照该输入/输出接口的外部接线图,将 2 个输入设备、3 个输出设备和直流 24 V 电源分别与 PLC 进行接线,将 PLC 所需的外部电源线接好。

图 8-7　输入/输出接口的外部接线图

四、单方向红绿灯运行控制的程序设计

采用经验设计法设计单方向红绿灯运行控制的梯形图如图 8-8 所示。

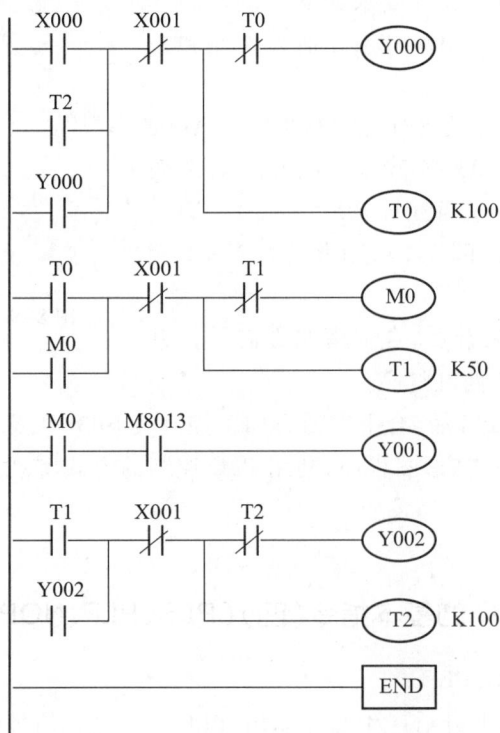

图 8-8　单方向红绿灯运行梯形图

五、单方向红绿灯运行控制系统调试

打开编程软件 GX Developer,将图 8-8 所示的梯形图输入编程软件写入 PLC 中,开始进行系统调试。

按下起动按钮 SB1(X0)后,X000、Y000 指示灯亮,绿灯点亮,然后松开 SB1 ,X000 指示灯熄灭、Y000 继续保持点亮状态,10 s 后,Y000 熄灭,即绿灯熄灭,Y001(黄灯)指示灯闪亮,5 s 后,Y001(黄灯)熄灭,Y002(红灯)点亮,10 s 后,Y002(红灯)熄灭,Y000(绿灯)再一次被点亮,又重复刚才的过程,直到按下停止按钮 SB2(X001),指示灯熄灭,停止运行。观察 PLC 的输出指示灯是否按要求指示,否则,检查并修改程序,直至指示正确为止。

任务 2
PLC 控制交通信号灯的自动与手动混合运行

【任务描述】

双向交通灯示意图如图 8-9 所示。在十字路口的交通灯一般都是采用自动控制,在特殊情况下,也可以根据交通情况改为手动控制信号灯。利用经验设计法设计梯形图程序,实现十字路口交通灯的自动与手动混合控制。具体要求如下。

SB1 为自动控制开关,SB2、SB3 分别为南北和东西方向的手动控制开关。

① 当合上自动控制开关 SB1 后,南北红灯 Y002 亮 25 s,同时东西绿灯 Y003 亮 20 s 后闪亮 3 s,东西黄灯 Y004 亮 2 s 灭;然后东西红灯 Y005 亮 30 s,同时南北绿灯 Y000 亮 25 s 后,闪亮 3 s,南北黄灯 Y001 亮 2 s……如此循环。

② 当自动控制开关断开后,合上南北方向手控开关 SB2 后,南北绿灯亮,东西红灯亮。

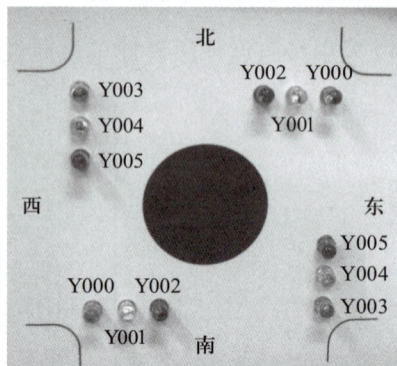

图 8-9　双方向交通灯示意图

③ 当自动控制开关断开后,合上东西方向手控开关 SB3 后,东西绿灯亮,南北红灯亮。

利用经验设计法,编写梯形图程序,利用 PLC 控制的方式实现以上控制要求。

【知识储备】

三菱 FX$_{2N}$ 系列 PLC 的基本指令(四)(PLS、PLF、NOP、INV、MC、MCR)

1. 脉冲输出指令 PLS、PLF

PLS 为在输入信号的上升沿产生脉冲输出;PLF 为在输入信号的下降沿产生脉冲输出。PLS、PLF 这两条指令都占两个程序步,它们的目标元件是 Y 和 M,但特殊辅助继电器不

能作目标元件。PLS、PLF 指令的应用如图 8-10 所示。使用 PLS 指令,元件 Y、M 仅在驱动输入接通后的一个扫描周期内动作(置 1)。使用 PLF 指令,元件 Y、M 仅在输入断开后的一个扫描周期内动作。

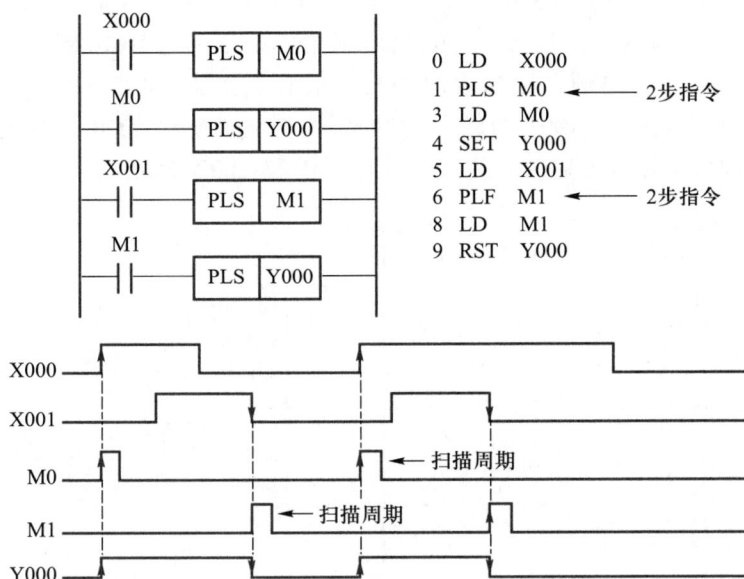

图 8-10 PLS、PLF 指令应用

2. 空操作指令 NOP

NOP 为空操作指令,该指令是一条无动作、无目标元件、占一个程序步的指令。空操作指令使该步程序做空操作。用 NOP 指令替代已写入指令,可以改变电路。在程序中加入 NOP 指令,在改动或追加程序时可以减少步序号的改变。执行完清除用户存储器的操作后,用户存储器的内容全部变为空操作。

3. 取反指令 INV

该指令用于运算结果的取反。当执行该指令时,将 INV 指令之前存在的 LD、LDI 等指令的运算结果反转(由原来 ON 变为 OFF;由原来 OFF 变为 ON)。它不能直接与母线连接,也不能像 OR,ORI 等指令那样单独使用。该指令是一个无操作目标元件指令,占一个程序步。INV 指令应用如图 8-11 所示。当 X000 断开时,Y000 为 ON,如果 X000 接通,则 Y000 为 OFF。

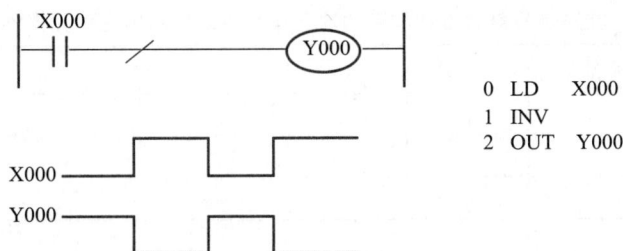

图 8-11 INV 指令应用

203

4. 主控与主控复位指令 MC、MCR

MC 为主控指令,用于公共串联触点的连接;MCR 为主控复位指令,公共串联触点解除,母线复位,主控区结束。

在编程时,经常遇到多个线圈同时受一个或一组触点控制,如果在每个线圈的控制电路中都串入同样的触点,将多占用存储单元,而应用主控指令 MC/MCR 指令可以解决这一问题,以节省存储单元。主控触点在梯形图中与一般触点垂直。MC、MCR 指令的应用如图8-12 所示,当图中输入电路 X001 的触点接通时,执行从 MC 到 MCR 之间的指令;当 X001 的动合触点断开时,不执行上述区间的指令,即 Y001 和 Y002 均断开。

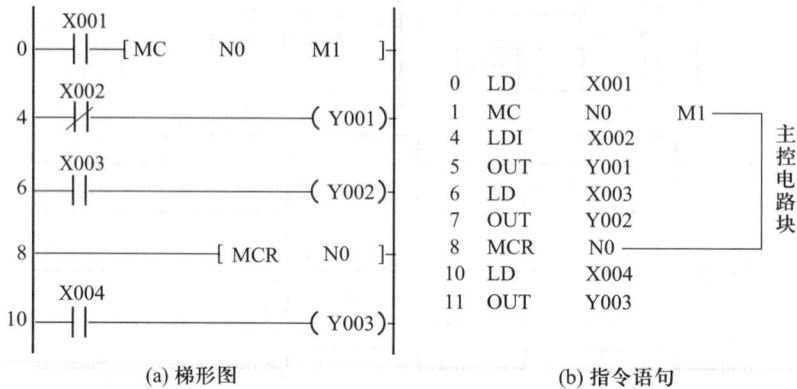

```
0    LD     X001
1    MC     N0        M1
4    LDI    X002
5    OUT    Y001
6    LD     X003
7    OUT    Y002
8    MCR    N0
10   LD     X004
11   OUT    Y003
```

(a) 梯形图　　　　　　　　(b) 指令语句

图 8-12　MC、MCR 指令的应用

说明:

① MC N0 M1 指令中 N 表示母线的第几次转移,M 用来存储母线转移前触点的运算结果。

② MC 指令后,母线移到 MC 触点之后,主控指令 MC 后面的任何指令均以 LD 或 LDI 开始,MCR 指令使母线返回。

③ 通过更改 M 的地址号,MC、MCR 指令可嵌套使用,最多可嵌套 8 层(N0 ~ N7)。

【任务实施】

一、控制任务分析

根据任务描述中的控制要求,分析交通信号灯的自动与手动混合运行控制系统用到的输入/输出设备等元器件及功能,并填入表8-3 中。

表 8-3　交通信号灯的自动与手动混合运行控制线路中主要元器件及功能

序号	名称	代号	作用	数量

二、PLC 的输入/输出分配

根据交通信号灯的自动与手动混合运行控制线路的元器件及功能,列出输入/输出分配表,并填入表 8-4 中。并绘制 PLC 输入/输出与 PLC 接口的外部接线,绘制在图 8-13 中。

表 8-4　交通信号灯的自动与手动混合控制系统的输入/输出分配表

输入			输出		
名称	元件代号	PLC 的 I/O 点	名称	元件代号	PLC 的 I/O 点

图 8-13　交通信号灯的自动与手动混合控制系统 PLC 外部接线图

三、程序设计

根据经验设计法设计的交通信号灯的自动与手动混合控制系统的梯形图程序如图 8-14 所示。

四、交通信号灯的自动与手动混合控制的程序调试

打开三菱的编程软件 GX Developer,将图 8-14 所示的梯形图输入软件,编好的梯形图要下载到 PLC 中,将 PLC 运行模式选择开关拨到 RUN 位置,使 PLC 进入运行状态,开始进行系统调试,在调试程序过程中,观察程序运行情况,若出现故障,则应分别检查电路接线和梯形图是否有误,若进行了修改,则应重新调试,直至系统按照要求正常工作,最终实现以下要求。

① 按下自动控制开关 SB1(X000)后,南北红灯 HL3(Y002)亮 25 s,同时东西绿灯 HL4(Y003)亮 20 s 后闪亮 3 s,东西黄灯 HL5(Y004)亮 2 s 灭;然后东西红灯 HL6(Y005)亮 30 s,同时南北绿灯 HL1(Y000)亮 25 s 后,闪亮 3 s,南北黄灯 HL2(Y001)亮 2 s……如此循环。观察 PLC 的输出指示灯是否按要求指示,否则,检查并修改程序,直至指示正确为止。

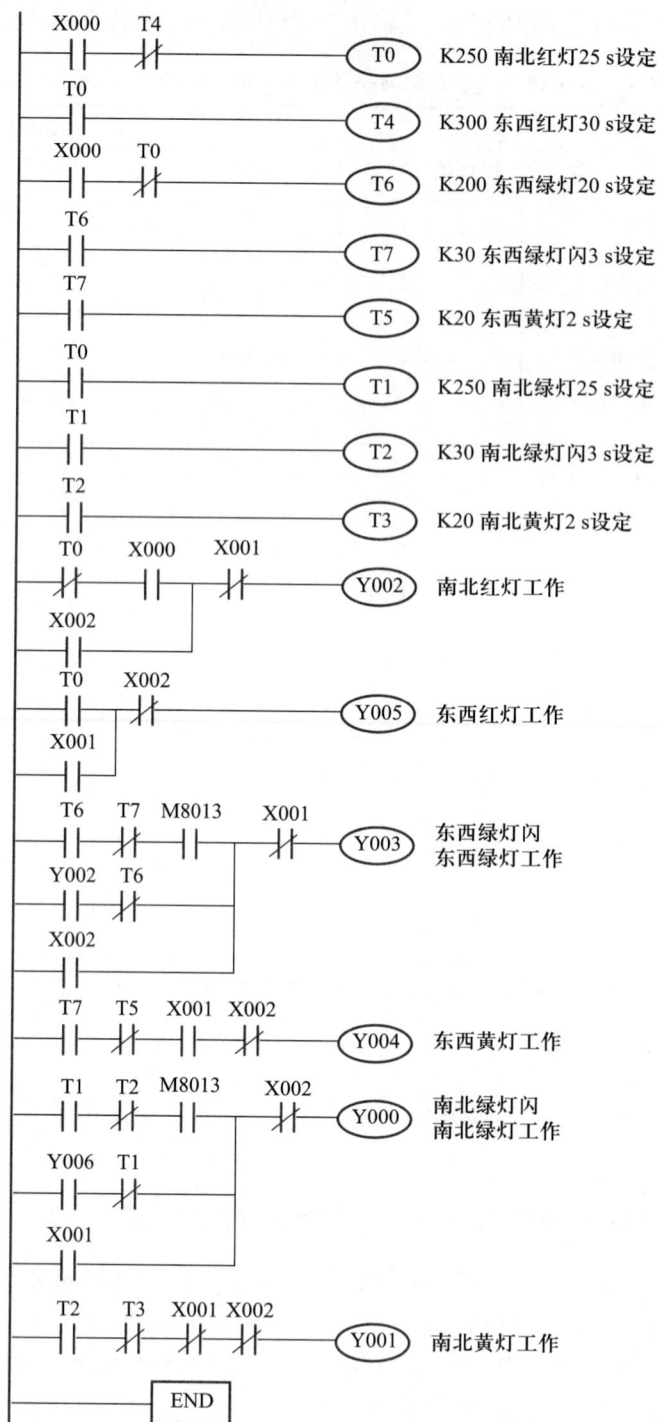

图8-14 交通信号灯的自动与手动混合控制系统的梯形图

② 当自动控制开关断开后,合上南北方向手控开关 SB2(X001)后,南北绿灯 HL1(Y000)亮,东西红灯 HL6(Y005)亮。

③ 当自动控制开关断开后,合上东西方向手控开关 SB3(X002)后,东西绿灯 HL4

（Y003）亮，南北红灯 HL3（Y002）亮。

【知识巩固】

1. M8013 的脉冲输出周期是（　　　）

    A. 5 s　　　　　　　　B. 13 s　　　　　　　　C. 10 s　　　　　　　　D. 1 s

2. PLC 的特殊辅助继电器指的是（　　　）

    A. 提供具有特定功能的内部继电器　　　　　　B. 断电保护继电器

    C. 内部定时器和计数器　　　　　　　　　　　D. 内部状态指示继电器和计数器

3. M8030 是归类于（　　　）

    A. 普通继电器　　　　　B. 计数器　　　　　　C. 特殊辅助继电器　　　　D. 高速计数器

4. 三菱 FX$_{2N}$ 系列 PLC 的主控指令应采用（　　　）

    A. CJ　　　　　　　　　B. MC　　　　　　　　C. GO TO　　　　　　　　D. SUB

5. 辅助继电器 M 可以分为三种类型，分别是＿＿＿＿＿＿＿、＿＿＿＿＿＿＿和＿＿＿＿＿＿＿。

6. 利用经验设计法，设计梯形图程序实现以下控制要求，如图 8-15 所示，在 X000 从 OFF 变为 ON 的上升沿时，Y000 输出一个 2 s 的脉冲后自动变为 OFF，X000 为 ON 的时长不一定；在 X000 从 ON 变为 OFF 的下降沿时，Y001 输出一个 1 s 的脉冲后自动变为 OFF。

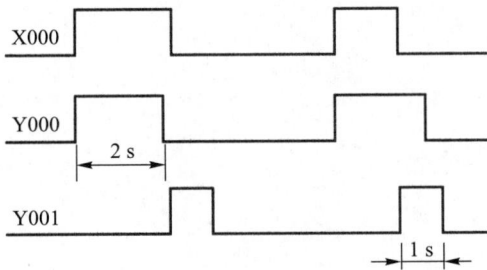

图 8-15　第 6 题图

7. 双方向的红绿灯运行控制

    按下起动按钮 SB1，南北红灯 HL1 点亮，维持 25 s，同时东西绿灯 HL2 亮 22 s 后，东西黄灯 HL3 闪亮 3 s；然后东西红灯 HL4 亮维持 30 s，同时南北绿灯 HL5 亮 27 s 后，南北黄灯 HL6 闪亮 3 s；之后再换成南北红灯亮 25 s，东西绿灯亮 22 s，如此自动循环。直到按下停止按钮 SB2，停止循环。

    试用 PLC 编程实现以上控制要求，完成控制任务分析；PLC 输入/输出分配；画出 PLC 外部接线图，设计梯形图；写入程序；安装接线调试。

多种液体混合装置的 PLC 控制

学习目标

【知识目标】

1. 掌握梯形图设计法——顺序控制设计法。
2. 熟知三菱 FX_{2N} 系列 PLC 的计数器 C 和状态继电器 S 的特点及应用。
3. 掌握步进梯形指令的使用注意事项。

【能力目标】

1. 能够利用顺序控制设计法设计梯形图程序。
2. 能够将计数器 C 和状态继电器 S 应用到 PLC 控制系统中。
3. 能够利用步进梯形指令设计梯形图。
4. 能够进行 PLC 和多种液体混合装置的外部接线,并对程序进行调试。

【素质目标】

1. 能够遵章守纪,爱护公共财产。
2. 具有安全操作的意识。
3. 具有工匠精神和爱国意识。
4. 具有一定的创新能力、敏锐的观察力、准确的判断力、丰富的想象力。
5. 具备积极向上钻研新技术和新工艺的精神。

案例导入

在工业生产、日常生活中很多地方需要计数,如统计饮料瓶数、检查轴承滚珠个数、交通流量计数、血压心率计数等,这些场合都需要进行计数,那么在三菱小型 PLC 中是采用什么元件进行计数的呢?该元件有哪些类型,如何工作的? PLC 又是如何利用该元件解决实际问题的呢?

任务 1

PLC 指挥按钮计数控制信号灯的运行

【任务描述】

当起动控制按钮 SB1 被按下三次时,信号灯 HL1 点亮;信号灯被点亮后,停止控制按钮

SB2 被按下两次时,信号灯 HL1 熄灭。

应用经验设计法编写梯形图程序,用 PLC 控制信号灯按照按钮的计数次数来运行。

【知识储备】

计数器 C

FX$_{2N}$系列计数器可分为内部信号计数器(简称内部计数器)和外部高速计数器(简称高速计数器)两类。

1. 内部计数器(C0～C234)

内部计数器是用来对 PLC 内部元件(X、Y、M、S、T 等)提供的信号进行记数,计数脉冲为接通和断开时间的持续时间应大于 PLC 的扫描周期,其响应速度通常小于数十赫兹。内部计数器可分为 16 位增计数器和 32 位双向计数器。

(1)16 位增计数器(C0～C199)

16 位增计数器共 200 点,其中 C0～C99 为通用型,C100～C199 共 100 点为断电保持型(断电保持型,即断电后能保持当前值待通电后继续计数)。这类计数器为递加计数,应用前先对其设置一个设定值,当输入信号(上升沿)个数累加到设定值时,计数器动作,其动合触点闭合、动断触点断开。

16 位增计数器的设定值范围为 1～32767(16 位二进制数),设定值除了用常数 K 设定外,还可以间接通过指定数据寄存器 D 进行设定。

下面举例说明通用型 16 位增计数器的工作原理。如图 9-1 所示,X010 为复位信号,当 X010 为 ON 时,C0 复位。X011 是计数脉冲信号输入,当计数器的复位输入电路断开(X010 动合触点断开)时,每当 X011 由 OFF 变为 ON 的上升沿时,计数器当前值增加 1。当计数器计数当前值为设定值 10 时,计数器 C0 的输出触点动作,Y000 被接通,此后即使输入脉冲信号 X011 再接通,计数器的当前值也保持不变。直到复位输入 X010 接通时,执行 RST 复位指令,计数器复位,输出触点也复位,Y000 被断开。

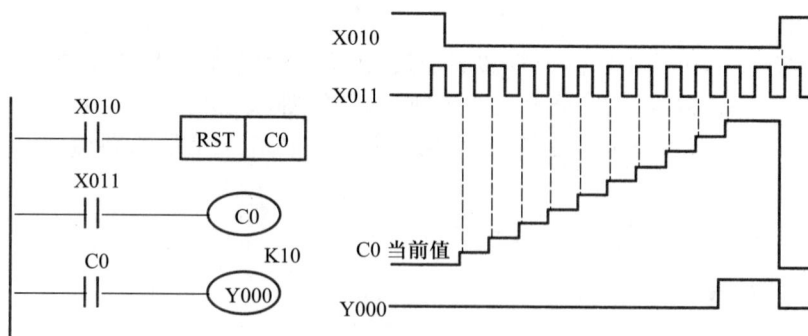

图 9-1 通用型 16 位增计数器

(2)32 位双向计数器(C200～C234)

32 位双向计数器共有 35 点,其中 C200～C219(共 20 点)为通用型,C220～C234(共 15 点)为断电保持型。这类计数器与 16 位增计数器相比,除位数不同外,还在于它能通过控制实现加/减双向计数。其设定值范围均为−214783648 ~ +214783647(32 位)。

C200 ~ C234 是增计数还是减计数,分别由特殊辅助继电器 M8200 ~ M8234 设定。对应的特殊辅助继电器被置为 ON 时为减计数,置为 OFF 时为增计数。

计数器的设定值与 16 位计数器一样,可直接用常数 K 或间接用数据寄存器 D 的内容作为设定值。在间接设定时,要用编号紧连在一起的两个数据寄存器,如指定的是 D0,则设定值存放在 D1 和 D0 中。

如图 9−2 所示,X010 用来控制 M8200,X010 闭合时,C200 为减计数方式。X012 为计数输入,C200 的设定值为 5(可正、可负)。设置 C200 为增计数方式(M8200 为 OFF),当 X012 计数输入累加由 4→5 时,计数器的输出触点动作。当前值大于 5 时计数器仍为 ON 状态。只有当前值由 5→4 时,计数器 C200 动合触点才变为 OFF。只要当前值小于 4,则输出保持为 OFF 状态。复位输入 X011 的触点接通时,计数器的当前值为 0,输出触点也随之复位。

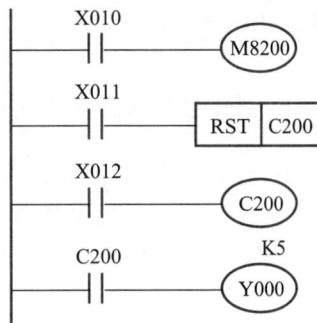

图 9−2　32 位双向计数器

2. 高速计数器(C235 ~ C255)

高速计数器均为 32 位双向计数器。与内部计数器相比,除允许输入频率高之外,其应用也更为灵活,高速计数器均有断电保持功能,通过参数设定也可变成非断电保持。FX$_{2N}$有 C235 ~ C255 共 21 点高速计数器。适合用来作为高速计数器输入的 PLC 输入端口有 X000 ~ X007。X000 ~ X007 不能重复使用,即某一个输入端已被某个高速计数器占用,它就不能再用于其他高速计数器,也不能用作他用。高速计数器的选择并不是任意的,它取决于所需计数器的类型及高速输入端子,高速计数器可分为三类,具体类型如下。

① 单相单计数输入高速计数器(C235 ~ C245):其触点动作与 32 位增/减计数器相同,可进行增或减计数(取决于 M8235 ~ M8245 的状态)。

② 单相双计数输入高速计数器(C246 ~ C250):这类高速计数器具有两个输入端,一个为增计数输入端,另一个为减计数输入端。利用 M8246 ~ M8250 的 ON/OFF 动作可监控 C246 ~ C250 的增记数/减计数动作。

③ 双相双计数输入高速计数器(C251 ~ C255):A 相和 B 相信号决定计数器是增计数还是减计数。当 A 相为 ON 时,B 相由 OFF 到 ON,则为增计数;当 A 相为 ON 时,若 B 相由 ON 到 OFF,则为减计数。

注意:高速计数器的计数频率较高,它们的输入信号的频率受两方面的限制:一是全部高速计数器的处理时间。因它们采用中断方式,所以计数器用得越少,则可计数频率就越高;二是输入端的响应速度,其中 X000、X002、X003 最高频率为 10 kHz,X001、X004、X005 最高频率为 7 kHz。

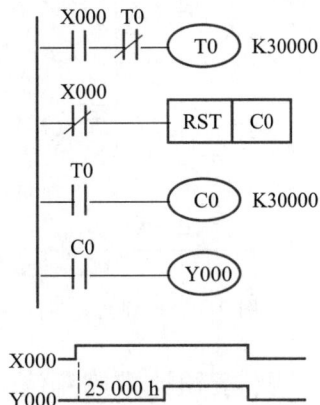

图 9−3　定时器与计数器组合电路

3. 定时范围扩展电路

FX$_{2N}$系列 PLC 定时器最长定时时间为 3 276.7 s,如果需要更长的定时时间,可以采用定时器与计数器组合的方法获得较长的延时时间。

如图 9−3 所示,当 X000 为 OFF 时,T0 和 C0 复位不工

作,当X000为ON时,T0开始定时,3 000 s后T0定时时间到,其动合触点闭合,计数器C0计数一次,下个扫描周期因T0动断触点断开而使T0线圈自动复位,再一个扫描周期时,其动断触点接通,T0线圈重新通电再次延时。T0如此周而复始地工作,产生的脉冲列送给C0计数,计满30 000个数(即25 000 h)后,Y000通电。当X000变为OFF时,T0及Y000断电。从分析中可看出,图9-3中最上面一行电路相当于一个脉冲周期为T0设定值的信号发生器。

【任务实施】

一、PLC的输入/输出分配表及外部接线图

根据以上控制要求可以得出,该控制系统用到的主要元器件有2个输入设备按钮,1个输出设备信号灯,计数器属于PLC内部计数器,不属于外部设备。该控制系统的输入/输出分配见表9-1所示。PLC输入/输出接口的外部接线图如图9-4所示。

表9-1　输入/输出分配表

输入			输出		
名称	元件代号	PLC的I/O点	名称	元件代号	PLC的I/O点
起动控制按钮	SB1	X000	信号灯	HL1	Y000
停止控制按钮	SB2	X001			

二、按钮计数控制信号灯运行控制的硬件接线

根据图9-4,将2个输入设备、1个输出设备和直流24 V电源分别与PLC进行接线,并将PLC所需的外部电源线接好。

三、按钮计数控制信号灯运行控制的程序设计

采用经验设计法设计按钮计数控制信号灯运行的梯形图如图9-5所示。

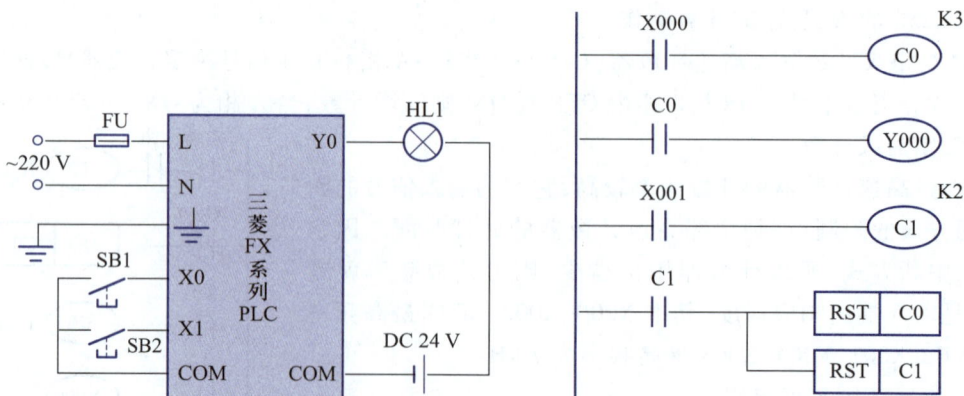

图9-4　PLC输入/输出接口的外部接线图

图9-5　梯形图

四、按钮计数控制信号灯运行控制系统调试

打开编程软件GX Developer,将图9-5所示的梯形图输入编程软件写入PLC中,开始进

行系统调试。

　　按下起动按钮 SB1(X000)松开,再一次按下按钮 SB1 后,再松开,第三次按下按钮 SB1 时,Y000 信号灯亮,直到按下停止按钮 SB2(X001)两次时,信号灯 Y000 熄灭,停止运行。观察 PLC 的输出指示灯是否按要求指示,否则应检查并修改程序,直至指示正确为止。

任务 2
PLC 指挥多种液体混合装置的运行

【任务描述】

　　某多种液体混合装置示意图如图 9-6 所示,利用顺序控制设计法和步进梯形指令设计梯形图以实现以下要求。

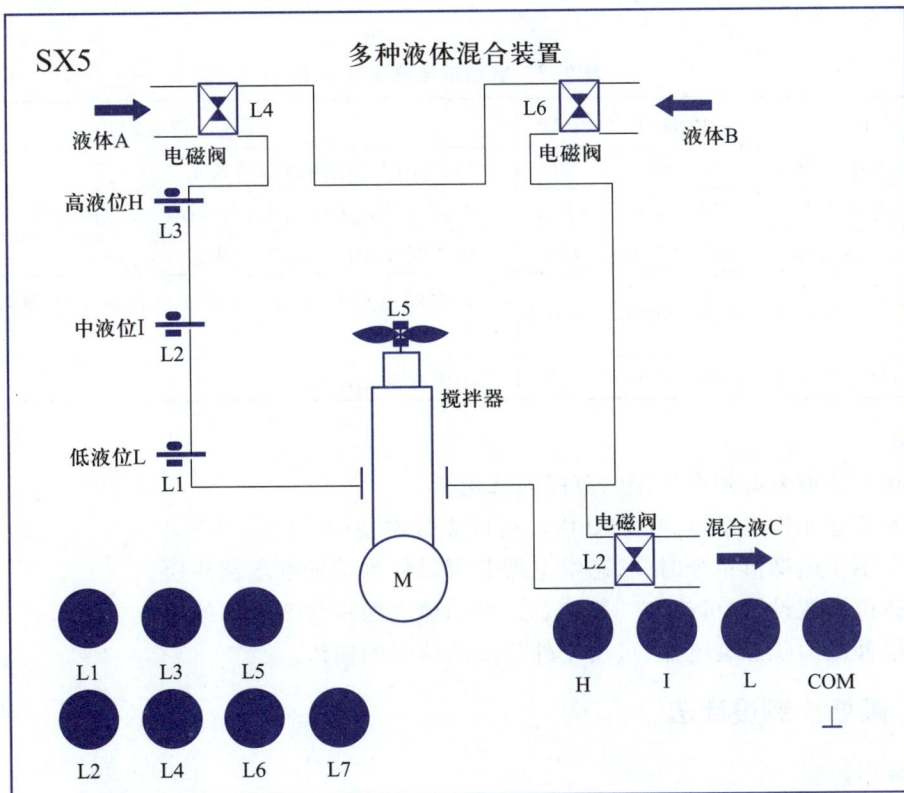

图 9-6　某多种液体混合装置示意图

　　① 在初始状态时,放液体电磁阀 L7 打开,先放 5 s 液体后关闭,系统处于等待状态。

　　② 按下起动按钮 SB1 时,电磁阀 L4 打开,开始注入液体 A。

　　③ 当液面到达中液位 I 时,中液位传感器 I 为 ON,指示灯 L2 被点亮,电磁阀 L4 关闭,同时电磁阀 L6 打开,开始注入液体 B。

④ 当液面到达高液位 H 时,高液位传感器 H 为 ON,指示灯 L3 被点亮,电磁阀 L6 关闭,同时搅拌电动机 M 开始工作。

⑤ 5 s 后搅拌结束,放液体电磁阀 L7 打开,液面开始下降。

⑥ 当液面下降到 L 时,传感器 L 变为 OFF,再过 3 s 后液体放空,放液体电磁阀 L7 关闭,一周工作结束,电磁阀 L4 打开继续工作,重新开始加入液体 A,如此周期循环。

⑦ 按下总停止按钮 SB2 时,液体混合装置不管运行到哪一步,都立刻停止。

【知识储备】

一、状态继电器 S

状态继电器 S 是用于编制顺序控制程序的一种编程元件,是构成顺序功能图的重要软元件,它与后面的步进梯形指令配合使用,运用顺序功能图编制高效易懂的程序。状态继电器 S 与辅助继电器 M 一样,有无数对动合和动断触点,在顺序控制程序内可任意使用。

FX_{2N} 系列 PLC 内部的状态继电器从 S0 ~ S999 共 1 000 点,都用十进制数表示,状态继电器 S 分类见表 9-2。

表 9-2　状态继电器 S 分类表

类别	元件编号	个数	用途及特点
初始状态继电器	S0 ~ S9	10	用作顺序功能图的初始状态
回零状态继电器	S10 ~ S19	10	多运行模式控制当中,用作返回原点的状态
通用状态继电器	S20 ~ S499	480	用作顺序功能图的中间状态
掉电保持状态继电器	S500 ~ S899	400	具有停电保持功能,用于停电恢复后需继续执行的场合
信号报警状态继电器	S900 ~ S999	100	用作报警元件使用

说明:

① 状态的编号必须在规定的范围内选用。

② 各状态元件的触点,在 PLC 内部可以无数次使用。

③ 不用步进梯形指令时,状态继电器 S 可以作为辅助继电器使用。

④ 通过参数设置,可改变一般状态元件和掉电保持状态元件的地址分配。

⑤ 报警用的状态继电器,可用于外部故障诊断的输出。

二、顺序控制设计法

1. 顺序控制

所谓顺序控制,就是按照生产工艺所要求的动作规律,在各个输入信号的作用下,根据内部的状态和时间顺序,使生产过程的各个执行机构自动地、有序地进行操作。在顺序控制中,生产过程是按顺序、有步骤地连续工作,因此,可以将一个较复杂的生产过程分解成若干步骤,每一步对应生产过程中一个控制任务,也称一个工步(或一个状态)。在顺序控制的每个工步中,都应含有完成相应控制任务的输出执行机构和转移到下一工步的转移条件。

以星—三角减压起动运行过程为例来说明顺序控制过程,其顺序控制流程图如图 9-7

所示。按下起动按钮后,电动机以星形起动,起动 5 s 后,电动机自动转入三角形正常运行。

由图9-7可见,每个方框表示一步工序,方框之间用带箭头的统一线段相连,箭头方向表示工序转移的方向。按生产工艺过程,将转移条件写在线段旁边,若满足转移条件,则上一步工序完成,下一步工序开始。顺序控制流程图具有以下特点。

① 将复杂的顺序控制任务或过程分解为若干个工序(或状态),有利于程序的结构化设计。分解后的每步工序(或状态)都应分配一个状态控制元件,以确保顺序控制能按要求进行。

② 相对于某个具体的工序,简化了控制任务,使局部编程更方便。每步工序(或状态)都有驱动负载的能力,能使输出元件动作。

③ 整体程序是局部程序的综合。每步工序(或状态)在满足转移条件时,都会转移到下一步工序,并结束上一步工序。只要清楚各工序成立的条件、转移的条件和转移的方向,就可以进行顺序控制流程图的设计。

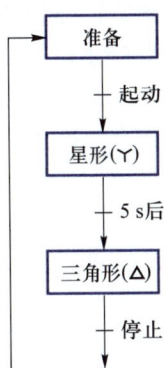

图 9-7　星—三角减压起动顺序控制流程图

2. 顺序功能图

顺序功能图又称状态转移图,它是描述控制系统的控制过程、功能和特性的一种图形,主要由步、有向连线、转换、转换条件和动作(或命令)组成。它是一种通用的技术语言,具有简单、直观等特点,是设计 PLC 顺序控制程序的一种有力工具。

微课:顺序功能图

顺序功能图不涉及所描述控制功能的具体技术,是一种通用的技术语言,可用于进一步设计和不同专业人员之间进行技术交流。国际电工委员会 1994 年 5 月公布的可编程控制器标准 IEC1131—3 中,将 SFC(Sequential Function Chart)确定为可编程控制器位居首位的编程语言。各个 PLC 厂家都开发了相应的顺序功能图。

顺序控制功能图设计法是指用转换条件控制代表各步的编程元件,让它们的状态按一定的顺序变化,然后用代表各步的编程元件去控制 PLC 的各输出继电器。

顺序功能图主要由步、有向连线、转换、转换条件和动作等要素组成。

(1) 步与动作

将系统的工作过程划分为若干个状态不变的阶段,这些阶段称为步。每一步用编程元件辅助继电器 M 或者状态器 S 来代表,并用方框表示。

"步"是控制过程中的一个特定状态,步又分为初始步和工作步,在每一步中要完成一个或多个特定的动作。

初始步表示一个控制系统的初始状态,一般是系统等待起动命令的相对静止的状态,在顺序功能图中用双线方框表示,一个控制系统至少应有一个初始步,初始步可以没有具体要完成的动作,根据系统的实际情况,用初始条件或 M8002 来驱动。

当系统正处于某一步所在的阶段时,该步处于活动状态,称该步处于"活动步"。步处于活动状态时,相应的动作被执行;处于不活动状态时,相应的非保持动作被停止执行;当活动步对应动作完成后,系统将进入下一步,即下一步将变成活动步,即活动步发生了转换。

所谓动作是指某一步是活动步时,PLC 向被控系统发出的命令或被控系统应执行的工作内容,也用方框表示,并在旁边用文字或符号表示,但并不隐含这些动作之间的任何顺序。

图 9-8 所示为送料小车的工作过程示意图和顺序功能图。小车的工作过程为:送料小

车最初停在左侧限位开关 X002 处,按下起动按钮 X000,Y002 变为 ON,打开储料斗的闸门,开始装料,同时定时器 T0 开始定时,10 s 后关闭储料斗的闸门,Y000 变为 ON,小车右行,碰到限位开关 X001 后,Y3 变为 ON,小车开始卸料,同时定时器 T1 开始定时,5 s 后,Y001 变为 ON,小车左行,碰到限位开关 X002 后返回初始状态,停止运行。

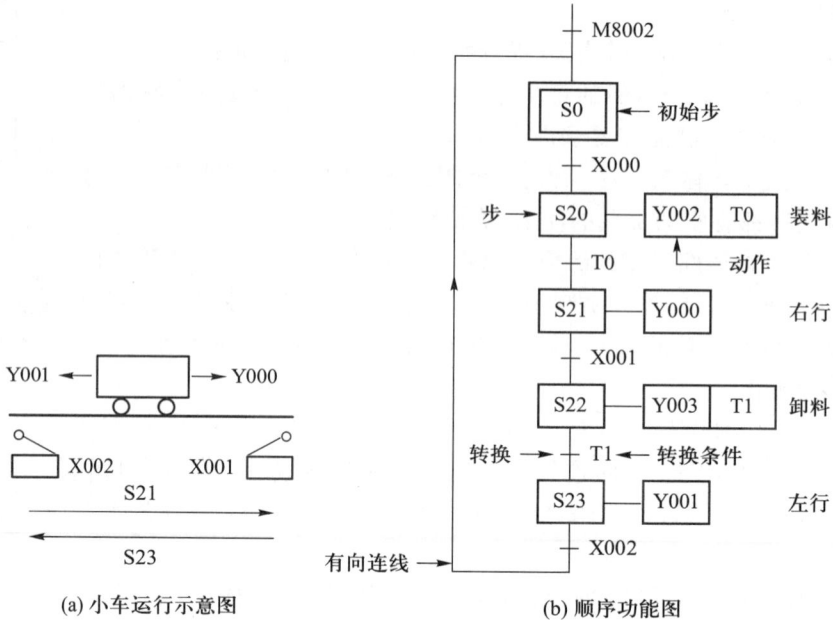

图 9-8　小车运行示意图及顺序功能图

根据上面的工作过程,小车一个工作周期可分为装料、右行、卸料和左行返回原位 4 个工作步,除了以上 4 个工作步以外,还应设置等待起动的初始步,分别用 S0、S20、S21、S22、S23 来代表这五步。

（2）有向连线、转换和转换条件

步与步之间用“有向连线”连接,用转换分隔,步的活动状态进展是按照有向连线规定的路线进行的。有向连线上无箭头标注时,其进展方向是从上到下,从左到右。不是上述方向时,应在有向连线上用箭头注明方向。

步的活动状态进展由转换来完成。转换用与有向连线垂直的短划线来表示,步与步之间不允许直接相连,必须有转换隔开。

转换条件是与转换相关的逻辑命题。转换条件可用文字语言、布尔代数表达式或图形符号标注在表示转换的短划线旁边。比如:转换条件 X 和 $\overline{X}$,分别表示当二进制逻辑信号 X 为“1”和“0”状态时条件成立;转换条件 X↓ 和 X↑ 分别表示 X 从“1”（接通）到“0”（断开）和从“0”（断开）到“1”（接通）状态变化时条件成立。

3. 顺序功能图中转换实现的基本规则

步与步之间实现转换应同时具备以下两个条件。

① 前级步必须是活动步。

② 对应的转换条件成立。

当同时具备以上两个条件时,才能实现步的转换,即所有有向连线与转换符号相连的后续步变为活动步,所有由有向连线与相应转换符号相连的前级步都变为不活动步。如果转换的前级步或后级步不止一个,则同步实现转换。

4. 顺序功能图的结构

根据步与步之间进展的不同情况,功能图有单序列、选择序列和并行序列等结构形式,如图9-9所示。

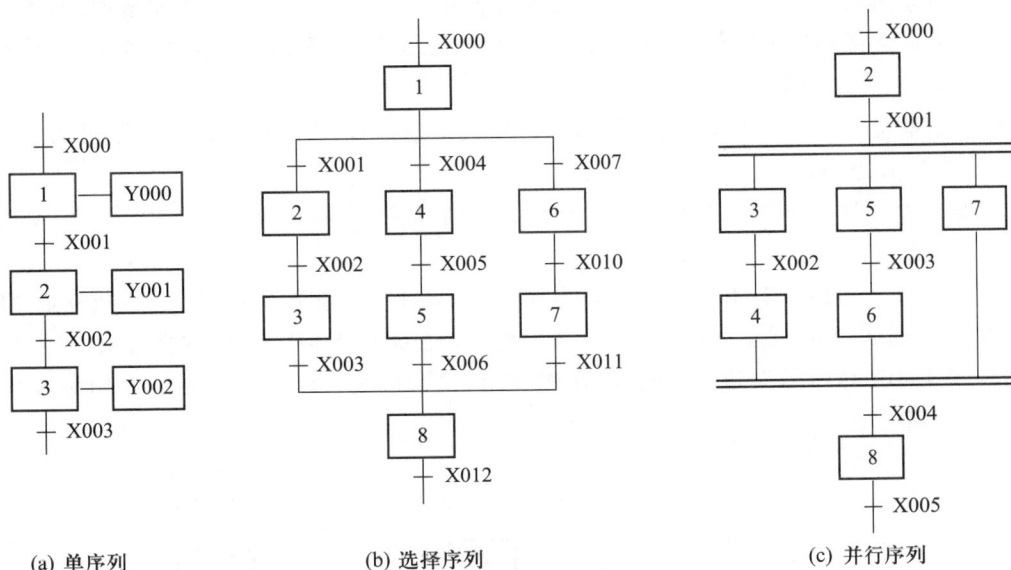

图9-9　顺序功能图的三种结构形式

(1) 单序列结构

顺序功能图的单序列结构形式最为简单,它由一系列按顺序排列、相继激活的步组成。每一步的后面只有一个转换,每一个转换后面只有一步,如图9-9所示。

(2) 选择序列结构

该序列结构的特点是某一步的转换条件由于需要超过一个,每个转换条件都有自己的后续步,而转换条件每时每刻只能有一个满足。

选择序列有开始和结束之分。选择序列开始称为分支,其结束称为合并。选择序列的分支是指一个前级步后面紧接着有若干个后续步要供选择,各分支都有各自的转换条件。分支中表示转换的短划线只能在水平线之下。

如图9-9的选择序列所示,假设步1为活动步,如果转换条件X001成立,则步1向步2实现转换;如果转换条件X004成立,则步1向步4实现转换;如果转换条件X007成立,则步1向步6实现转换。分支中一般只允许同时选择其中一个序列。

选择序列的合并是指几个选择分支合并到一个公共序列上。各分支也都有各自的转换条件,转换条件只能标在水平线之上。

(3) 并行序列

并行序列有开始和结束之分,也分别称为分支和合并。它是指当转换时,将同时使多个后续步激活。为了强调转换的同步实现,其有向连线的水平部分用双线表示。

如图9-9并行序列所示,当步2为活动步,且转换条件X001成立时,步3、5、7三步同时变成活动步,而步2变为非活动步。

注意:当步3、5、7三步被同时激活后,每一序列接下来的转换都将是独立的。

如图9-9并行序列所示,在分支合并时,当直接连在双线上的所有前级步4、6、7都成为活动步且转换条件X004成立时,才能实现往下一步的转换,即步8被激活,变为活动步,而步4、6、7均变为非活动步。

顺序功能图除以上三种基本结构外,在实际使用中还经常碰到一些特殊结构,如子步结构、跳步、重复和循环序列结构等,下面简单介绍跳步、重复和循环序列结构的顺序功能图。

(4)跳步、重复和循环序列

在实际系统中经常使用跳步、重复和循环序列。这些序列实际上都是选择序列的特殊形式,如图9-10所示。

① 如图9-10(a)所示为跳步序列。当步3为活动步时,若转换条件X005成立,则跳过步4和步5直接进入步6。

② 图9-10(b)所示为重复序列。当步6为活动步时,若转换条件X004不成立而X005成立,则重新返回步5,重复执行步5和步6。直到转换条件X004成立,重复结束,转入步7。

③ 图9-10(c)所示为循环序列,即在序列结束后,用重复的方式直接返回初始步0,形成序列的循环。

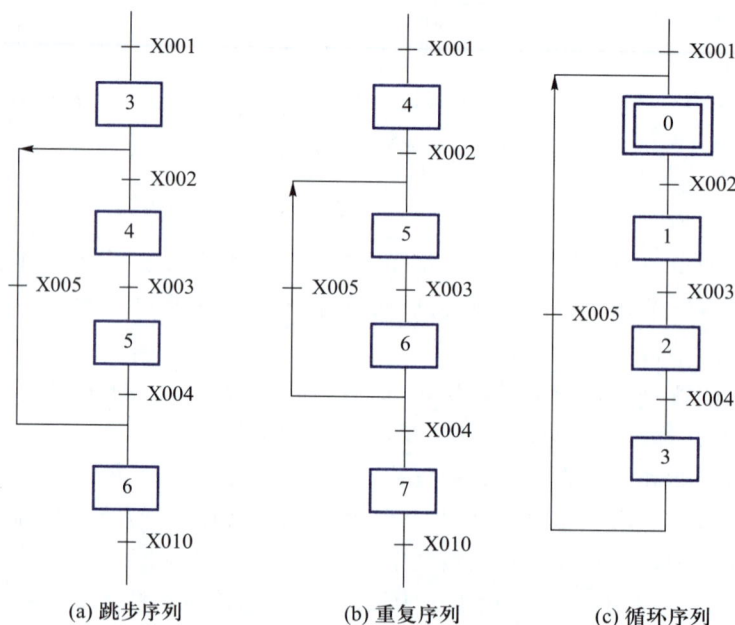

(a) 跳步序列   (b) 重复序列   (c) 循环序列

图9-10 跳步、重复和循环序列

三、步进梯形指令的编程方法

(1)步进梯形指令

步进梯形指令简称为STL指令。FX_{2N}系列PLC内部的步进梯形指令只有两条:步进开始指令STL和步进结束指令RET。

STL:步进触点指令,用于步进节点驱动,并将母线移至步进节点之后。

RET:步进返回指令,用于步进程序结束返回,将母线恢复原位,该指令没有操作元件。

STL 和 RET 这两条指令的程序步长均为 1 步。利用这两条指令,可以很方便地编制顺序控制梯形图程序。在步进控制程序中连续状态的转移需要用 SET 指令完成,因此 SET 指令在步进控制程序中必不可少。

步进梯形指令 STL 只有与状态继电器 S 配合才具有步进功能。使用 STL 指令的状态继电器只有动合触点,用符号"—|||—"表示,没有动断的 STL 触点。STL 指令的应用如图 9-11 所示,可以看出顺序功能图与梯形图的关系。

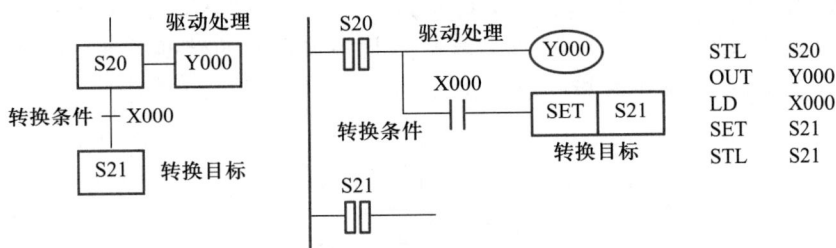

图 9-11　STL 指令的应用

用状态继电器 S 代表顺序功能图各步,每一步都具有三种功能:负载的驱动处理、指令转换条件和指令转换目标。

图 9-11 中 STL 指令的执行过程是:当步 S20 为活动步时,S20 的 STL 触点接通,负载 Y000 输出。如果转换条件 X000 满足,则后续步 S21 被置位变成活动步,同时前级步 S20 自动断开变成不活动步,输出 Y000 断开。

注意:

① 使用 STL 指令使新的状态置位时,前一状态自动复位。STL 触点接通后,与此相连的电路被执行;当 STL 触点断开时,与此相连的电路停止执行。

② STL 触点与左母线相连,同一状态继电器的 STL 触点只能使用一次(并行序列的合并除外)。

③ 与 STL 触点相连的起始触点要使用 LD、LDI 指令。使用 STL 指令后,LD 触点移至 STL 触点右侧,一直到出现下一条 STL 指令或者出现 RET 指令为止。RET 指令使 LD 触点返回左母线。

④ 梯形图中同一元件的线圈可以被不同的 STL 触点驱动,即应用 STL 指令时允许双线圈输出。

⑤ STL 触点可以直接驱动或通过别的触点驱动 Y、M、S、T 等元件的线圈和功能指令。

⑥ STL 触点右边不能使用进栈(MPS)指令。

⑦ STL 指令不能与 MC、MCR 指令一起使用。

⑧ STL 指令仅对状态继电器有效,当状态继电器不作为 STL 指令的目标元件时,就具有一般辅助继电器的功能。

⑨ STL 指令和 RET 指令是一对步进梯形指令(开始和结束)。在一系列步进梯形指令 STL 之后,加上 RET 指令,表明步进梯形指令功能的结束,LD 触点返回到原来母线。

⑩ 在由 STOP 状态切换到 RUN 状态时,可用初始化脉冲 M8002 将初始化状态继电器置为 ON,可用区间复位指令(ZRST)来将除初始步以外的其余各步的状态继电器复位。

（2）步进梯形指令的单序列功能图的编程

如图 9-12 所示为某小车的运动示意图，设小车在初始位置时停在右边，限位开关 X002 为 ON。按下起动按钮 X003 后小车向左运动，碰到限位开关 X001 时，变为右行。返回限位开关 X002 处变为左行，碰到限位开关 X000 时变为右行，返回初始位置后停止运动。

小车的工作周期可以分为一个初始步和四个运动步，分别用 S0、S20 ~ S23 来表示。起动按

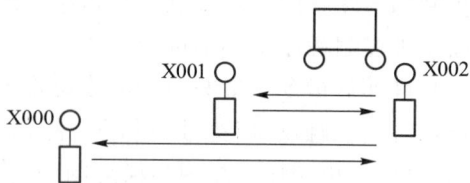

图 9-12　小车运动示意图

钮 X003、限位开关 X000、X001、X002 的动合触点是各步之间的转换条件。图 9-13 所示为该系统的顺序功能图、梯形图和指令语句表。

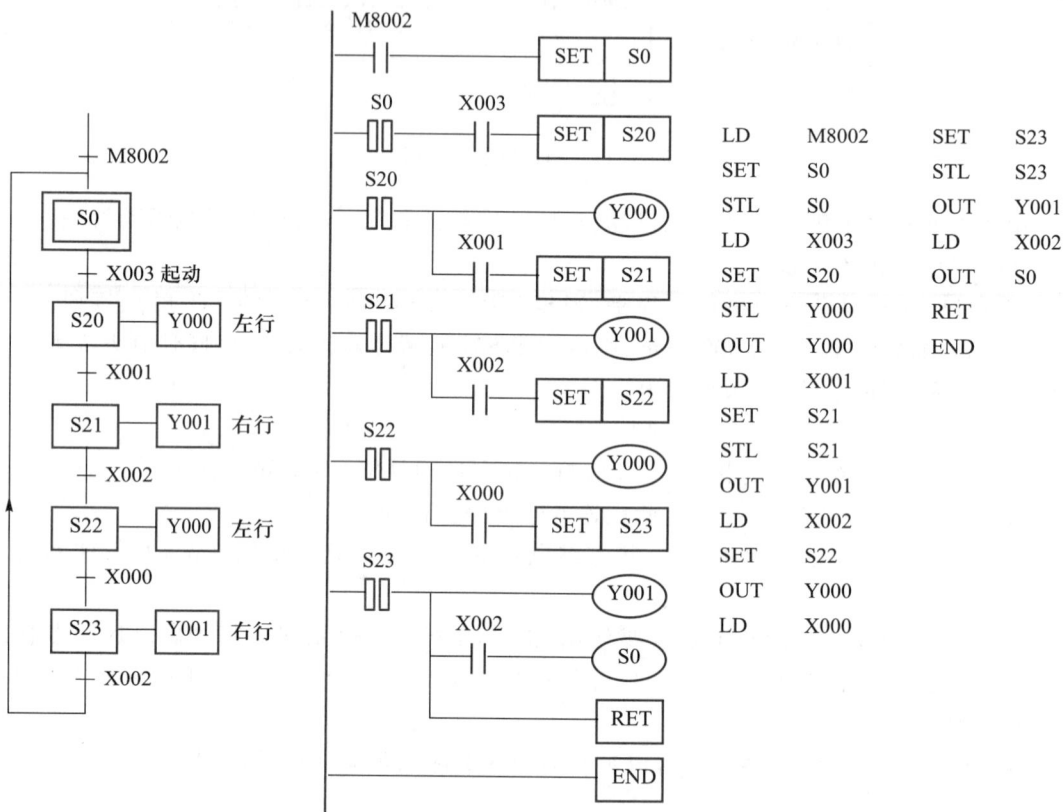

图 9-13　单序列顺序功能图和梯形图

在梯形图的第二行中，S0 的 STL 触点和 X003 的动合触点组成的串联电路代表转换实现的两个条件。当初始步 S0 为活动步，按下起动按钮 X003 时，转换实现的两个条件同时满足，指令 SET S20 被执行，后续步 S20 变为活动步，同时 S0 自动复位为不活动步。

S20 的 STL 触点闭合后，该步的负载被驱动，Y000 线圈通电，小车左行。限位开关 X001 动作时，转换条件得到满足，下一步的状态继电器 S21 被置位，同时 S0 被自动复位。系统将这样依次工作下去，直到最后返回到起始位置，碰到限位开关 X002 时，用 OUT S0 指令使 S0 变为 ON 并保持，系统返回并停在初始步。

在图9-13中梯形图的结束处,一定要使用RET指令,使LD触点回到左母线上,否则系统将不能正常工作。

（3）步进梯形指令的选择序列功能图的编程

自动门控制系统控制要求如下:人靠近自动门时,感应器X000为ON,Y000驱动电动机高速开门,碰到开门减速开关X001变为减速开门。碰到开门极限开关X002时电动机停转,开始延时。若在0.5 s内感应检测到无人,Y002起动电动机高速关门。碰到关门减速开关X004时,改为减速关门,碰到关门极限开关X005时电动机停转。在关门期间若感应器检测到有人,则停止关门,T1延时0.5 s后自动转换为高速开门。

图9-14所示为采用步进梯形指令编程的自动门控制系统的顺序功能图和梯形图。

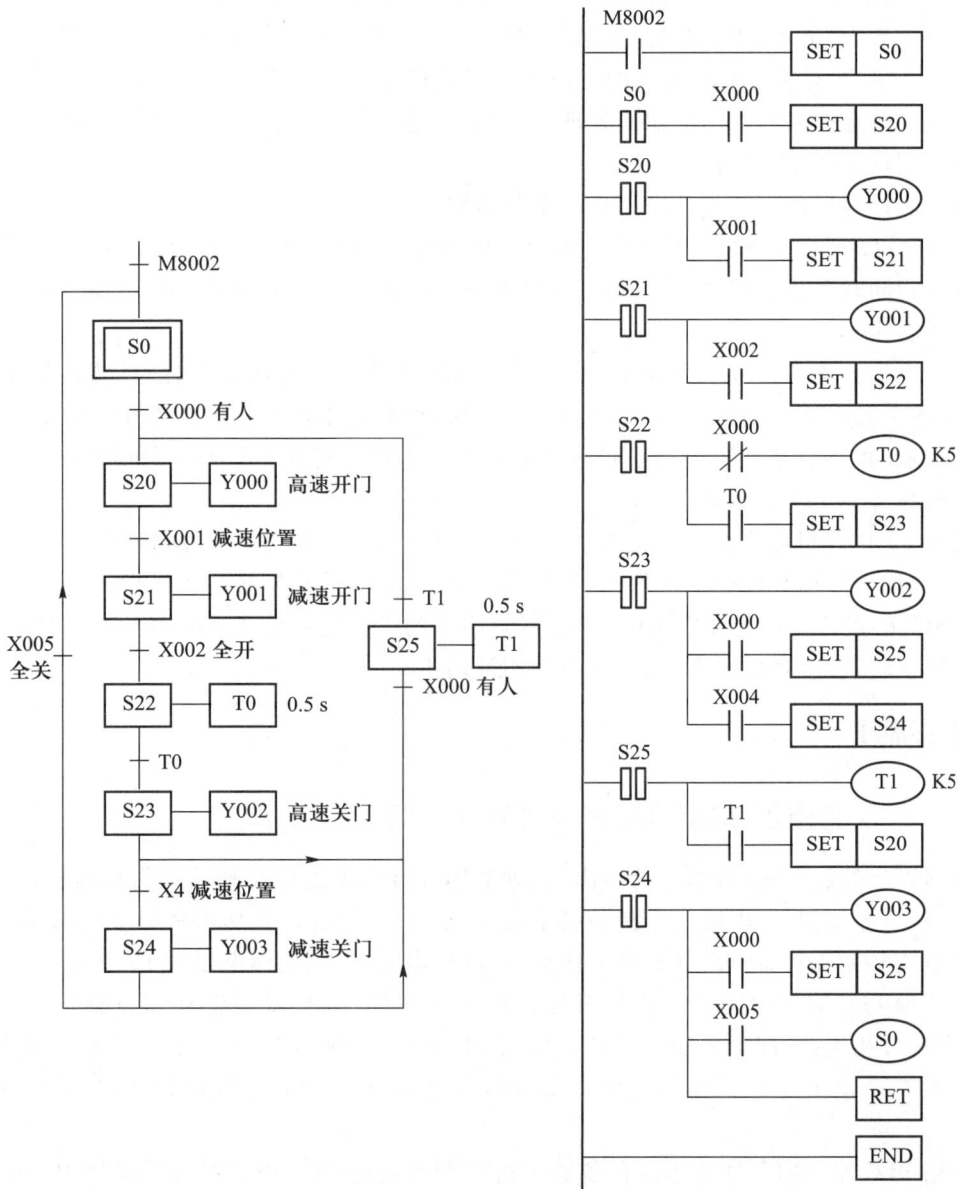

图9-14　选择序列顺序功能图和梯形图

① 选择序列分支的编程方法。图 9-14 中步 S23 之后有一个选择序列的分支。当 S23 为活动步时,如果转换条件 X000 满足,将转换到步 S25;如果转换条件 X004 满足,将转换到步 S24。

如果某一步的后面有 N 条选择序列的分支,则该步 STL 触点开始的电路块中应有 N 条分别指明转换条件和转换目标的并联电路。对于图 9-14 中步 S23 之后的这两条支路,有两个转换条件 X004 和 X000,可能进入步 S24 和步 S25,所以在 S23 的 STL 触点开始的电路块中,有两条分别由 X004 和 X000 作为置位条件的串联电路。

② 选择序列合并的编程方法。图 9-14 中步 S20 之前有一个由两条支路组成的选择序列的合并。当 S0 为活动步,转换条件 X000 得到满足时,或者步 S25 为活动步,转换条件 T1 得到满足时,都将使步 S20 变为活动步,同时将步 S0 或步 S25 变为不活动步。

在梯形图中,由 S0 和 S25 的 STL 触点驱动的电路块中均有转换目标 S20,对其置位是用 SET 指令实现的,对相应的前级步的复位是由系统程序自动完成的。在设计梯形图时,没有必要特别留意选择序列的合并如何处理,只要正确地确定每一步的转换条件和转换目标,就能自然地实现选择序列的合并。

(4)步进梯形指令的并行序列功能图的编程

如图 9-15 所示由 S22~S25 组成的两个单序列是并行工作的,设计梯形图时应保证这两个单序列同时工作和同时结束,即步 S22 和 S24 应同时变为活动步,步 S23 和 S25 应同时变为不活动步。

并行序列分支的处理较为简单,在图 9-15 中,当步 S21 是活动步时,且转换条件 Xl 满足时,步 S22 和 S24 同时变为活动步,两个序列同时开始工作。在梯形图中,用 S21 的 STL 触点和 X001 的动合触点组成的串联电路来控制 SET 指令对 S22 和 S24 同时置位,同时系统程序将前级步 S21 变为不活动步。

图 9-15 中并行序列合并处的转换有两个前级步 S23 和 S25。根据转换实现的基本规则,当它们均为活动步且转换条件满足时,将实现并行序列的合并。在梯形图中,用 S23 和 S25 的 STL 触点及转换条件 X004 的动合触点组成的串联电路使步 S26 置位变为活动步,同时系统程序将两个前级步 S23 和 S25 变为不活动步。

【任务实施】

一、PLC 的输入/输出分配表及外部接线图

根据以上控制要求,可以分析得出,多种液体混合装置运行控制系统用到的输入设备有起动按钮、总停按钮、高中低三个液位传感器共 5 个,输出设备有加液体 A 的电磁阀 L4、加液体 B 的电磁阀 L6、高中低三个液位指示灯、搅拌电动机、放液体电磁阀 L7 共 7 个。

要实现 PLC 对多种液体混合装置运行控制系统的控制,需要将外部设备与 PLC 的输入、输出端口相连接,即 5 个输入设备分别与 PLC 的 5 个输入端口连接,7 个输出设备分别与 PLC 的 7 个输出端口相连接。多种液体混合装置运行控制系统的输入/输出分配表见表 9-3。

采用 PLC 控制的多种液体混合装置运行控制系统的 PLC 外部接线图如图 9-16 所示。按照该接线图,将 5 个输入设备、7 个输出设备和电源分别与 PLC 进行接线,最后将 PLC 所

需的外部交流电源线接好,以备后面调试程序使用。

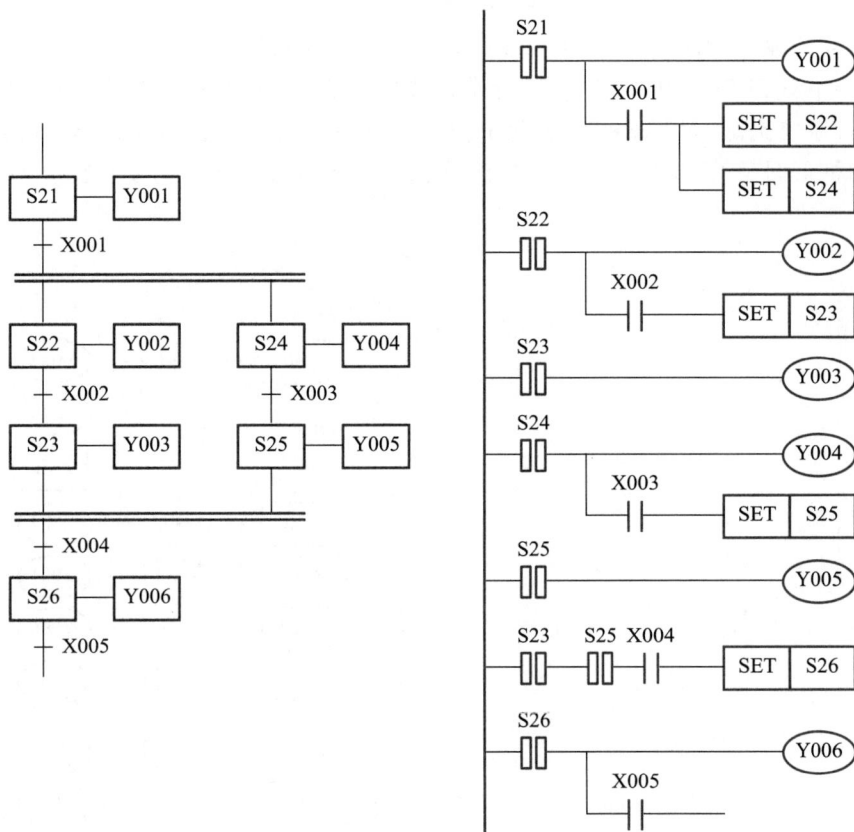

图9-15　并行序列顺序功能图与梯形图

表9-3　多种液体混合装置运行控制系统的输入/输出分配表

输入			输出		
名称	元件代号	PLC 的 I/O 点	名称	元件代号	PLC 的 I/O 点
起动按钮	SB1	X001	低液位指示灯	HL1	Y001
总停按钮	SB2	X004	中液位指示灯	HL2	Y002
低液位传感器	L	X005	高液位指示灯	HL3	Y003
中液位传感器	I	X006	液体 A 电磁阀	L4	Y004
高液位传感器	H	X007	搅拌电动机	M	Y005
			液体 B 电磁阀	L6	Y006
			放液体电磁阀	L7	Y007

二、程序设计

根据顺序控制设计法设计的多种液体混合装置运行控制系统的顺序功能图如图9-17所示。

三、多种液体混合装置运行控制系统的程序调试

打开三菱的编程软件 GX Developer,将图 9-17 所示的顺序功能图(SFC)输入软件,并转换成梯形图,下载到 PLC 中,将 PLC 运行模式选择开关拨到 RUN 位置,使 PLC 进入运行状态,开始进行系统调试,在调试程序过程中,观察程序运行情况,若出现故障,则应分别检查电路接线和梯形图是否有误,若进行了修改,则应重新调试,直至系统按照要求正常工作,最终实现以下要求。

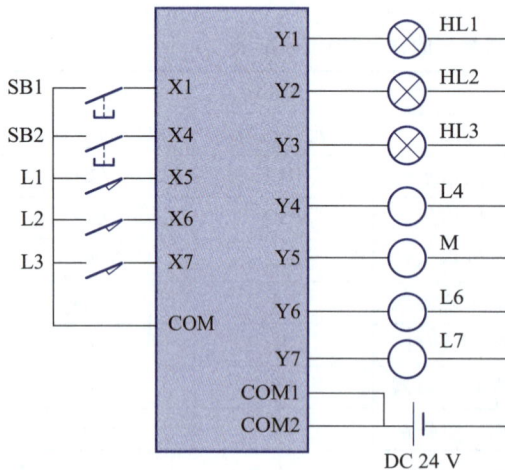

微课:多种
液体混合装
置PLC控制
系统的程序
设计

图 9-16　PLC 外部接线图

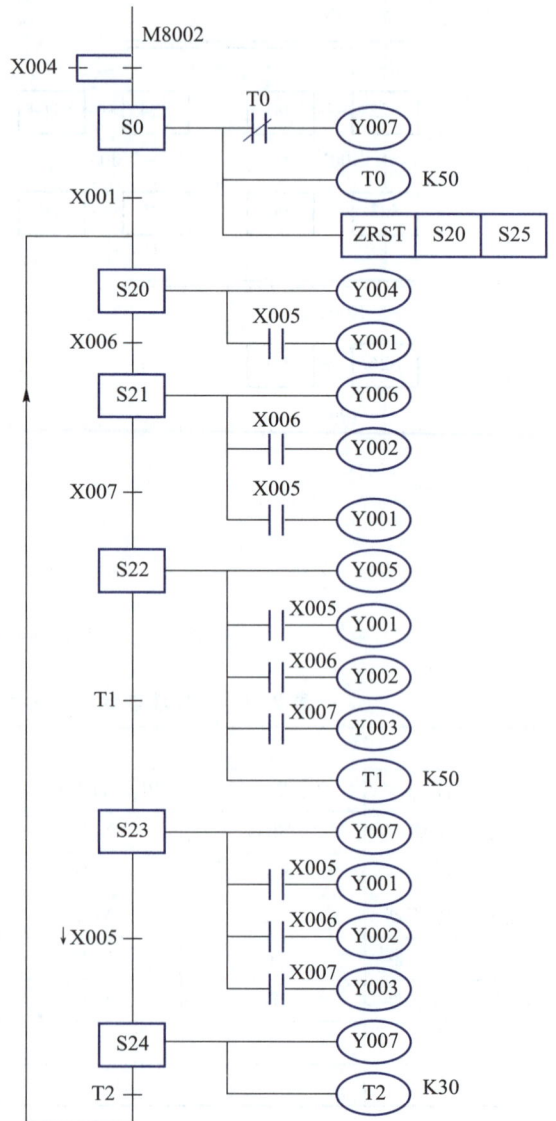

图 9-17　多种液体混合装置的顺序功能图

① 当运行开关打开时,放液体电磁阀 L7 打开,Y007 指示灯点亮,5 s 后 Y007 自动熄灭。

② 按下起动按钮 SB1(X001)时,电磁阀 L4 打开,Y004 指示灯点亮。

③ 当液面到达中液位 I 时,中液位传感器 I 为 ON,指示灯 Y002 被点亮,Y004 指示灯熄灭,同时电磁阀 L6 打开,Y006 指示灯点亮。

④ 当液面到达高液位 H 时,高液位传感器 H 为 ON,指示灯 Y003 被点亮,Y006 指示灯熄灭,同时 Y005 指示灯开始点亮。

⑤ 5 s 后 Y005 指示灯熄灭,放液体电磁阀 L7 打开,Y007 指示灯点亮。

⑥ 三个液位指示灯 Y003、Y002、Y001 从高到低依次熄灭,当 Y001 熄灭时,再过 3 s 后液体放空,放液体电磁阀 Y007 关闭,一周工作结束,Y004 打开继续工作,重新开始下一周期循环。

⑦ 按下总停止按钮 SB2(X004)时,混合装置不管运行到哪一步,都立刻停止。

【知识巩固】

1. 什么叫顺序功能图? 它由几部分组成? 顺序功能图可分为几类?

2. FX_{2N} 系列 PLC 的步进开始指令是(　　　),步进结束指令是(　　　)

    A. RET　　　　　　　　B. RST　　　　　　　　C. STL　　　　　　　　D. END

3. 初始步是由(　　　)驱动的。

    A. M8200　　　　　　B. M8020　　　　　　C. M8012　　　　　　D. M8002

4. 使用 STL 步进指令的顺序功能图中,S0 ~ S9 的功能是(　　　)

    A. 初始化　　　　　　B. 回原点　　　　　　C. 基本动作　　　　　　D. 通用型

5. 并行序列结构的顺序功能图在分支和合并上有什么特点,如何编程?

6. 顺序功能图中步与步之间实现转换应具备哪些条件?

7. 将下列顺序功能图转换成梯形图,如图 9-18 所示。

8. 三种液体混合装置的设计

    图 9-19 所示为三种液体混合装置示意图,SQ1、SQ2、SQ3 为液面传感器,液面淹没时接通,三种液体的输入和混合液体的流出阀门分别由 YA1、YA2、YA3、YA4 控制,M 为搅拌电动机。利用顺序控制设计法设计的梯形图,并调试成功。该液体混合装置需要完成的动作如下。

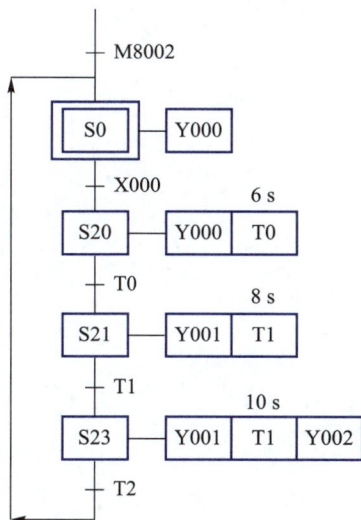

图 9-18　第 7 题图

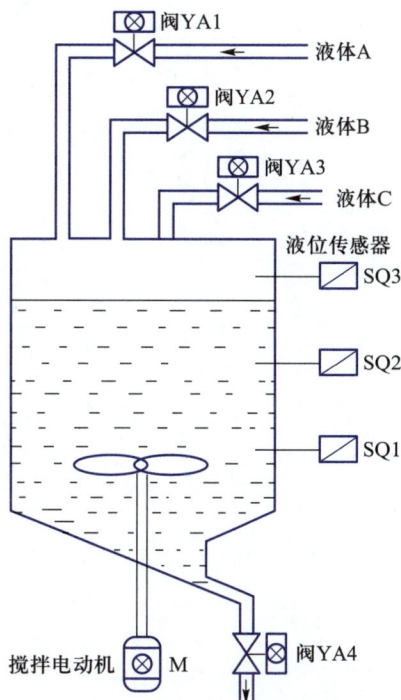

图 9-19　三种液体混合装置示意图

225

① 初始状态：当投入运行时，控制液体 A 、B 和 C 的阀门 YA1、YA2 和 YA3 关闭，放混合液体阀门 YA4 打开 20 s，将装置内残余放空后关闭。

② 起动操作：按下起动按钮 SB1，控制液体 A 的阀门打开，液体 A 流入装置，当液面升高到 SQ1 位置时，关闭阀门 YA1，打开控制液体 B 的阀门 YA2。当液面升高到 SQ2 位置时，关闭阀门 YA2，打开控制液体的 C 阀门 YA3。当液面升高到 SQ3 位置时关闭阀门 YA3，搅拌电动机开始转动，电动机工作 60 s 后，电动机停止运转，阀门 YA4 打开开始放出混合液体。当液面下降到 SQ1 时，SQ1 由接通变为断开，再经过 20 s 后，混合液体放空，阀门 YA4 关闭，开始下一周期操作。

③ 停止操作：按下停止按钮 SB2 后，在当前的混合操作周期处理完毕后，才停止操作，回到初始状态。

利用 *PLC* 和变频器实现皮带的多段速控制

⚙ 学习目标

【知识目标】

1. 了解变频器的基本原理。
2. 掌握变频器的参数设定和应用。
3. 掌握 PLC 与变频器配合使用的基本方法。
4. 掌握 PLC 与变频通信的方法。

【能力目标】

1. 会安装变频器的主电路和控制电路。
2. 会设置变频器的参数。
3. 能够利用变频器控制电动机的正反转运行。
4. 能够利用变频器控制电动机进行多段速运行。

【素质目标】

1. 能够遵章守纪,爱护公共财产。
2. 具有安全操作的意识。
3. 具有工匠精神和爱国意识。
4. 具有一定的创新能力、敏锐的观察力、准确的判断力、丰富的想象力。
5. 具备积极向上钻研新技术和新工艺的精神。

🔧 案例导入

随着工业自动化的发展,变频器广泛应用于石油、煤矿、冶金、机械、建筑、纺织、印刷、制药等各大领域,带来了显著的效益。变频器主要用于交流电动机转速的调节,以其调速范围广、调速精度高、起动制动性能好、节能环保、可靠性高的特点,成为交流电动机理想的调速方案。变频器调速技术已成为电气传动自动化的一项核心技术。那么变频器是如何实现对三相交流异步电动机调速的呢?变频器无法实现复杂的控制要求,所以对于复杂的控制要求,一般采用 PLC 和变频器的综合控制方法实现控制,那么 PLC 与变频器如何控制电动机实现不同速度的运转呢? PLC 与变频器又是如何连接的呢?

任务

PLC 和变频器控制皮带的多段速运行

【任务描述】

变频器是将固定频率的交流电变换为频率、电压连续可调的交流电的装置。变频器能够根据电动机的实际需要来提供其所需要电源的电压和频率,从而达到节能、调速的目的。变频调速已被公认为最理想、最有发展前途的调速方式之一,它的应用主要体现在节能、自动化系统及提高工艺水平和产品质量等方面,目前已经在数控机床、纺织、印刷、造纸、冶金、矿山以及工程机械等各个领域得到了广泛应用。

对变频器预设多种运行速度,同时用输入端子进行转换,可使变频器输出不同的频率值,从而使电动机以多种速度运行。这种通过控制频率达到调速目的的功能称为多段速控制功能。本任务就是通过应用变频器控制传送带运行,传送带示意图如图 10-1 所示。本任务的要求:应用变频器控制传送带按照表 10-1 设置的频率进行七段速运行,每隔 5 s 变化一次速度。

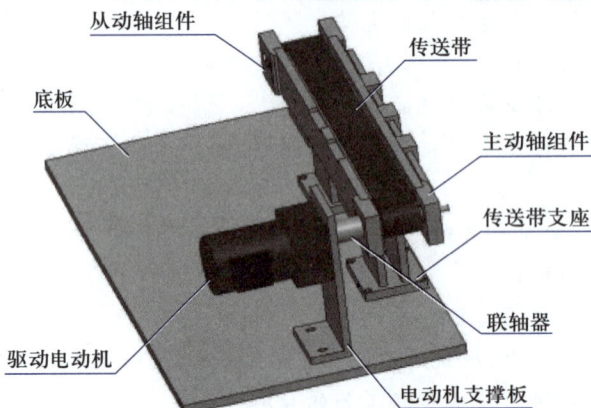

图 10-1　传送带示意图

表 10-1　七段速度设定值

七段速度	1 段	2 段	3 段	4 段	5 段	6 段	7 段
设定值/Hz	50	30	10	15	40	25	8

微课:三菱 FR-E740 系列变频器的认识与接线

【知识储备】

一、认识变频器

1. 变频器的基本调速原理

三相异步电动机的转速公式为

$$n = (1-s)\frac{60f}{p}$$

由上式可知,在电动机磁极对数 p 不变的情况下,转速 n 与频率 f 成正比,只要改变频率,即可改变电动机的转速。当频率 f 在 $0 \sim 50$ Hz 变化时,电动机转速调节范围非常宽。变频器通过改变电动机电源频率实现速度调节,是一种高效率、高性能的调速手段。

2. 变频器的基本工作原理

变频器的两个主要变换单元是整流器和逆变器,基本工作原理是将电网电压由输入端（R、S、T）输入到变频器,经整流器整流成直流电压,然后通过逆变器,将直流电压变换为交流电压。变换后的交流电压频率和电压大小受到控制,由输出端（U、V、W）输出到交流电动机。

3. 变频器的额定值

（1）输入侧的额定值

输入侧的额定值主要是电压和相数。在我国的中小容量变频器中,输入电压的额定值有:$380 \sim 400$ V/50 Hz、$200 \sim 230$ V/50 Hz 或 60 Hz。

（2）输出侧的额定值

① 输出额定电压 U_N。

② 输出额定电流 I_N。

③ 输出额定容量 $S_N(kV \cdot A)$。

④ 配用电动机功率 $P_N(kW)$。

二、三菱 FR–E740 变频器

1. 三菱 FR–E740 变频器的外形和型号

三菱变频器的产品型号有 FR-A700、FR-E700、FR-F700、FR-D700 系列。FR-A700 产品属于通用高性能型变频器,适用于各类对负载要求较高的设备,如起重、电梯、印包、印染、材料卷取及其他通用场合,该系列变频器具有高水准的驱动性能。FR-E700 系列属于经济通用型变频器,可实现高驱动性能的经济型产品,可应用于起重、电梯、包装、机械、抽压机等行业。FR-F700 变频器属于轻载节能型,除了应用在很多通用场合外,特别适合于风机、水泵、空调等行业,除与其他变频器具有相同的常规 PID 控制功能外,还扩充了多泵控制功能。FR-D700 系列产品为简易型、多功能产品,多用于起重、电梯、包装、机械、抽压机等行业。以下介绍三菱经济通用型变频器 FR-E740。

FR-E740-0.75K-CHT 型变频器属于三菱 FR-E700 系列变频器中的一员,该变频器额定电压等级为三相 400 V,适用于功率在 0.75 kW 及以下的电动机。FR-E700 系列变频器的外形和型号的定义如图 10-2 所示。

FR-E700 系列变频器是 FR-E500 系列变频器的升级产品,是一种小型、高性能变频器。两个系列变频器的常用功能基本上是一样的,我们在学习过程中所涉及的是使用通用变频器所必需的基本知识和技能,着重于变频器的接线、常用参数的设置等方面。

2. 连接三菱 FR–E740 变频器控制电动机的主电路

三菱 FR-E740 型变频器主电路的接线图如图 10-3 所示。图 10-3 有关说明如下。

① 端子 P1、P/+ 之间用以连接直流电抗器,不需连接时,两端子间短路。

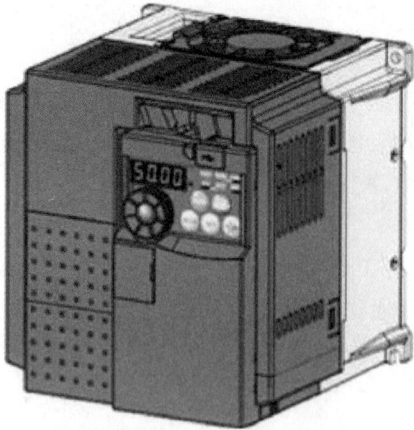

(a) FR-E700系列变频器外形　　　　　　　　(b) 变频器型号的定义

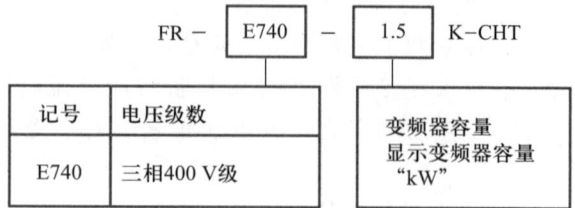

图 10-2　FR-E700 系列变频器

② P/+ 与 PR 之间连接制动电阻器。

③ P/+ 与 N/- 之间连接制动单元选件。

④ 交流接触器用作变频器的安全保护,注意不要通过此交流接触器来起动或停止变频器,否则可能降低变频器寿命。

⑤ 进行主电路接线时,应确保输入、输出端不能接错,即电源线必须连接至 R/L1、S/L2、T/L3,绝对不能接 U、V、W 端,否则会损坏变频器。

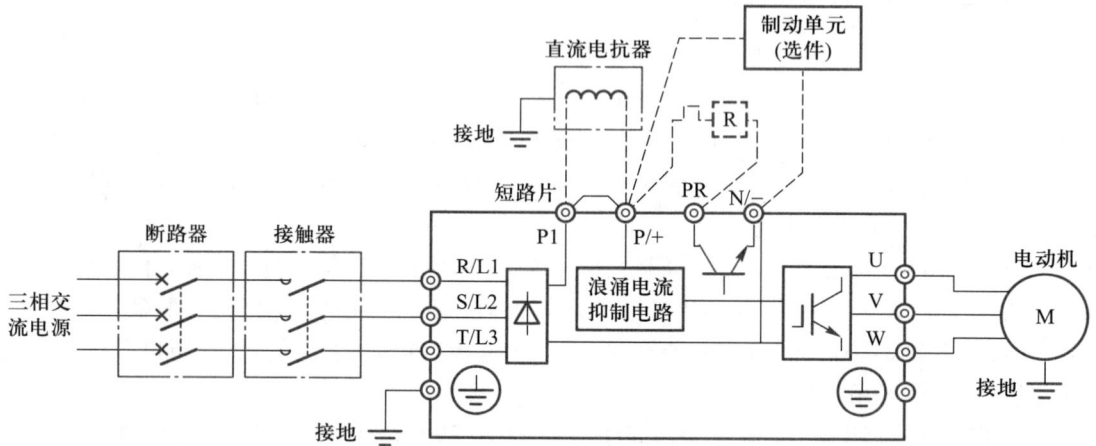

图 10-3　FR-E740 型变频器主电路的接线图

3. 连接三菱 FR-E740 变频器控制电路

FR-E740 型变频器控制电路的接线图如图 10-4 所示。图 10-4 中,控制电路端子分为控制输入、频率设定(模拟量输入)、继电器输出(异常输出)、集电极开路输出(状态检测)和模拟电压输出等五部分区域,各端子的功能可通过调整相关参数的值进行变更,在出厂初始值的情况下,各控制电路端子的功能说明见表 10-2 ~ 表 10-4。

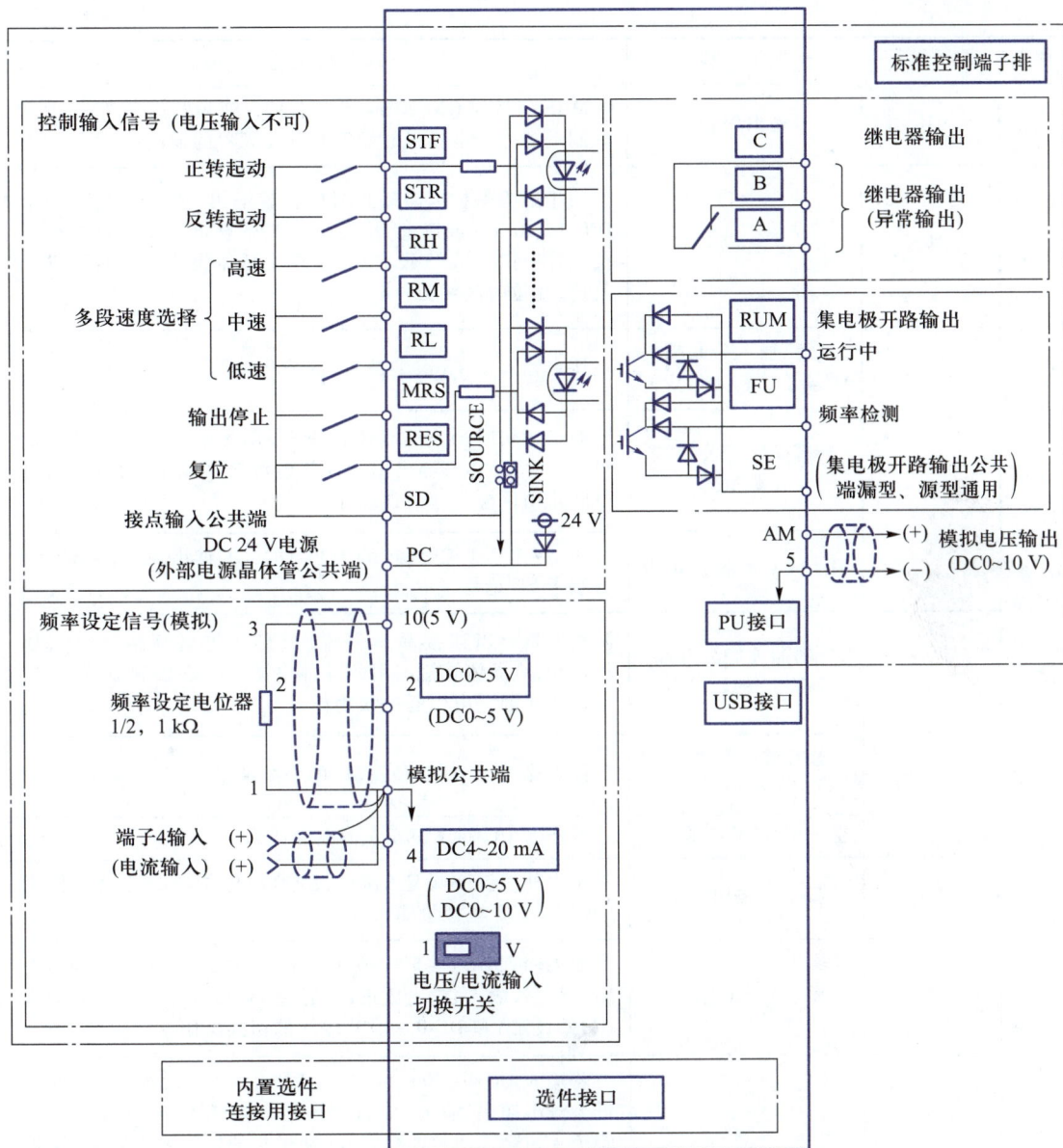

图 10-4 FR-E740 型变频器控制电路的接线图

表 10-2 控制电路输入端子的功能说明

种类	端子编号	端子名称	端子功能说明	
接点输入	STF	正转起动	STF 信号 ON 时为正转、OFF 时为停	STF、STR 信号同时 ON 时变成停止指令
	STR	反转起动	STR 信号 ON 时为反转、OFF 时为停止指令	
	RH、RM、RL	多段速度选择	用 RH、RM 和 RL 信号的组合可以选择多段速度	

续表

种类	端子编号	端子名称	端子功能说明
接点输入	MRS	输出停止	MRS信号为ON(20 ms或以上)时,变频器输出停止;用电磁制动器停止电动机时用于断开变频器的输出
	RES	复位	用于解除保护电路动作时的报警输出,使RES信号处于ON状态0.1 s或以上,然后断开初始设定为始终可进行复位,但进行了Pr.75设定后,仅在变频器报警发生时可进行复位,复位时间约为1 s
	SD	接点输入公共端(漏型)(初始设定)	接点输入端子(漏型逻辑)的公共端子
		外部晶体管公共端(源型)	源型逻辑时当连接晶体管输出(即集电极开路输出),如PLC时,将晶体管输出用的外部电源公共端接到该端子,可以防止因漏电引起的误动作
		DC 24 V电源公共端	DC 24 V 0.1 A电源(端子PC)的公共输出端子,与端子5及端子SE绝缘
	PC	外部晶体管公共端(漏型)(初始设定)	漏型逻辑时当连接晶体管输出(即集电极开路输出),如PLC时,将晶体管输出用的外部电源公共端接到该端子时,可以防止因漏电引起的误动作
		接点输入公共端(源型)	接点输入端子(源型逻辑)的公共端子
		DC 24 V电源	可作为DC 24 V、0.1 A的电源使用
频率设定	10	频率设定用电源	作为外接频率设定(速度设定)用电位器时的电源使用(按照Pr.73模拟量输入选择)
	2	频率设定(电压)	如果输入DC 0~5 V(或0~10 V),在5 V(10 V)时为最大输出频率,输入、输出成正比,通过Pr.73可进行DC 0~5 V(初始设定)和DC 0~10 V输入的切换操作
	4	频率设定(电流)	若输入DC 4~20 mA(或0~5 V,0~10 V),在20 mA时为最大输出频率,输入、输出成正比。只有AU信号为ON时端子4的输入信号才会有效(端子2的输入将无效)。通过Pr.267进行4~20 mA(初始设定)和DC 0~5 V、DC 0~10 V输入间的切换操作。电压输入(0~5 V/0~10 V)时,将电压/电流输入切换开关切换至"V"
	5	频率设定公共端	频率设定信号(端子2或4)及端子AM的公共端子,请勿接大地

表10-3 控制电路接点输出端子的功能说明

种类	端子记号	端子名称	端子功能说明
继电器	A、B、C	继电器输出(异常输出)	指示变频器因保护功能动作时输出停止。异常时,B—C间不导通(A—C间导通);正常时,B—C间导通(A—C间不导通)

续表

种类	端子记号	端子名称	端子功能说明
集电极开路	RUN	变频器正在运行	变频器输出频率大于或等于起动频率(初始值 0.5 Hz)时为低电平,已停止或正在直流制动时为高电平
	FU	频率检测	输出频率大于或等于任意设定的检测频率时为低电平,未达到时为高电平
	SE	集电极开路输出公共端	端子 RUN、FU 的公共端子
模拟	AM	模拟电压输出	可以从多种监视项目中选一种作为输出,变频器复位中不输出;输出信号与监视项目的大小成比例;输出项目为频率(初始设定)

表 10-4　控制电路网络接口的功能说明

种类	端子记号	端子名称	端子功能说明
RS-485	—	PU 接口	通过 PU 接口,可进行 RS-485 通信: 标准规格:EIA-485(RS-485); 传输方式:多站点通信; 通信速率:4 800 ~ 38 400 bit/s; 总长距离:500 m
USB	—	USB 接口	与计算机通过 USB 连接后,可以实现 FR Configurator 的操作: 接口:USB1.1 标准; 传输速度:12 Mbit/s; 连接器:USB 迷你-B 连接器(插座:迷你-B 型)

三、设定三菱 FR-E700 系列变频器的参数

微课:三菱 FR-E740 系列变频器的参数设置

1. 认识 FR-E700 系列的操作面板

使用变频器前,首先要熟悉其面板显示和键盘操作单元(或称控制单元),并且按使用现场的要求合理设置参数。操作面板如图 10-5 所示。其上半部为面板显示器,下半部为 M 旋钮和各种按键。它们的具体功能分别见表10-5 和表 10-6。

2. 清除参数

用户在使用变频器前,应先清除以前设置的参数,使参数恢复出厂时设置的值,避免对后面的调试产生影响。如果用户在参数调试过程中遇到问题,并且希望重新开始调试,也可用清除参数操作实现。即在 PU 运行模式下,设定 Pr.CL 和 ALLC 参数均设置为 "1",可使参数恢复为初始值(但如果设定 Pr.77 参数写入选择 = "1",则无法清除)。参数清除操作,需要在参数设定模式下,用 M 旋钮选择参数编号为 Pr.CL 和 ALLC,把它们的值均置为 1,按照如图 10-6 所示的操作步骤,清除变频器的参数。

运行模式指示灯
PU、EXT、NET 运行状态指示灯RUN

单位指示灯：Hz、A 监视模式指示MON

参数设定模式显示PRM

监视器(4位LED)

M旋钮：
用于变更频率、
参数的设定值

起动指令键 模式切换键 设定确定键 运行模式切换键 停止运行键

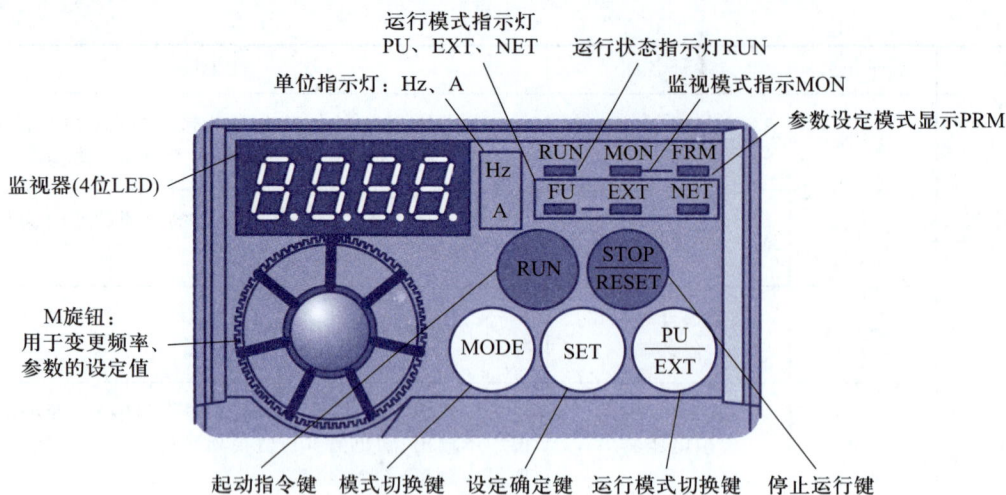

图 10-5 FR-E700 系列变频器的操作面板

表 10-5 旋钮和按键功能

旋钮和按键	功能
M 旋钮	用于变更频率、参数的设定值按下该旋钮可显示以下内容： ① 监视模式时的设定频率； ② 校正时的当前设定值； ③ 报警历史模式时的顺序
模式切换键 MODE	用于切换各设定模式,和运行模式切换键同时按下也可以用来切换运行模式,长按此键(2 s)可以锁定操作
设定确定键 SET	用于各设定的确定,此外当运行中按此键则监视器出现以下显示： 运行频率 → 输出电流 → 输出电压
运行模式切换键 PU/EXT	用于切换 PU/外部运行模式。使用外部运行模式(通过另接的频率设定电位器和起动信号起动运行)时请按此键,使表示运行模式的 EXT 处于亮灯状态。切换至组合模式时,可同时按 MODE 键 0.5 s,或者变更参数 Pr. 79
起动指令键 RUN	在 PU 模式下,按此键起动运行。通过 Pr. 40,可以选择旋转方向
停止运行键 PU/EXT	在 PU 模式下,按此键停止运转。保护功能(严重故障)生效时,也可以进行报警复位

表 10-6 运行状态显示

显示	功能
运行模式显示	PU:PU 运行模式时亮灯； EXT:外部运行模式时亮灯； NET:网络运行模式时亮灯
监视器(4 位 LED)	显示频率、参数编号等

续表

显示	功能
监视数据单位显示	Hz：显示频率时亮灯； A：显示电流时亮灯 （显示电压时熄灯，显示设定频率监视时闪烁）
运行状态显示 RUN	当变频器动作中亮灯或者闪烁；其中： 亮灯——正转运行中； 缓慢闪烁（1.4 s循环）——反转运行中。 下列情况下出现快速闪烁（0.2 s循环）： ① 按键或输入起动指令都无法运行时； ② 有起动指令，但频率指令在起动频率以下时； ③ 输入了MRS信号时
参数设定模式显示 PRM	参数设定模式时亮灯
监视器显示 MON	监视模式时亮灯

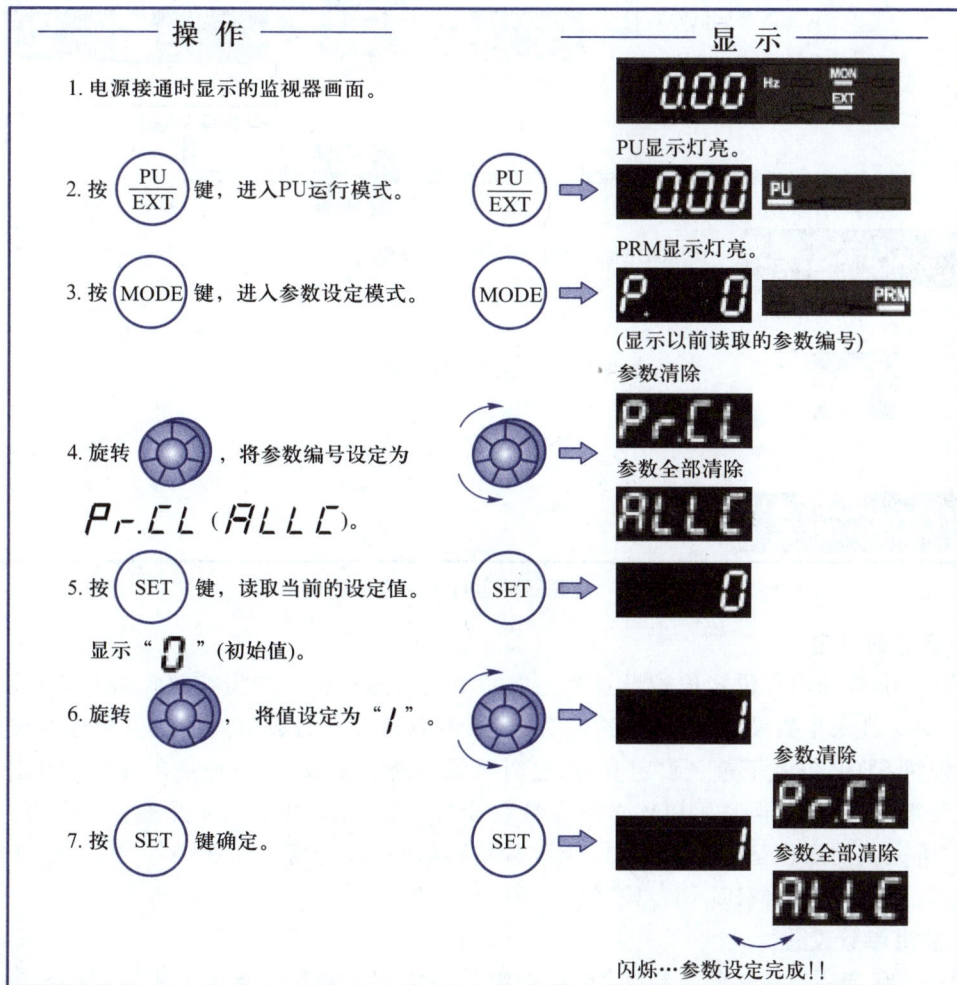

操作　　　　　　　　　　　　　　**显示**

1. 电源接通时显示的监视器画面。

2. 按 PU/EXT 键，进入PU运行模式。　　PU显示灯亮。

3. 按 MODE 键，进入参数设定模式。　　PRM显示灯亮。
（显示以前读取的参数编号）

4. 旋转 ，将参数编号设定为　　参数清除
Pr.CL（*ALLC*）。　　参数全部清除

5. 按 SET 键，读取当前的设定值。
显示 "*0*"（初始值）。

6. 旋转 ，将值设定为 "*1*"。　　参数清除

7. 按 SET 键确定。　　参数全部清除

闪烁…参数设定完成！！

图 10-6　参数清除/参数全部清除的操作步骤示意图

3. 更改变频器运行模式

图 10-7 所示是通过操作面板设定变频器参数 Pr.79 来更改变频器运行模式的一个例子。该例把变频器从固定外部运行模式变更为组合运行模式 1。按照图 10-7 所示进行操作，把变频器从固定外部运行模式更改为组合运行模式 1。

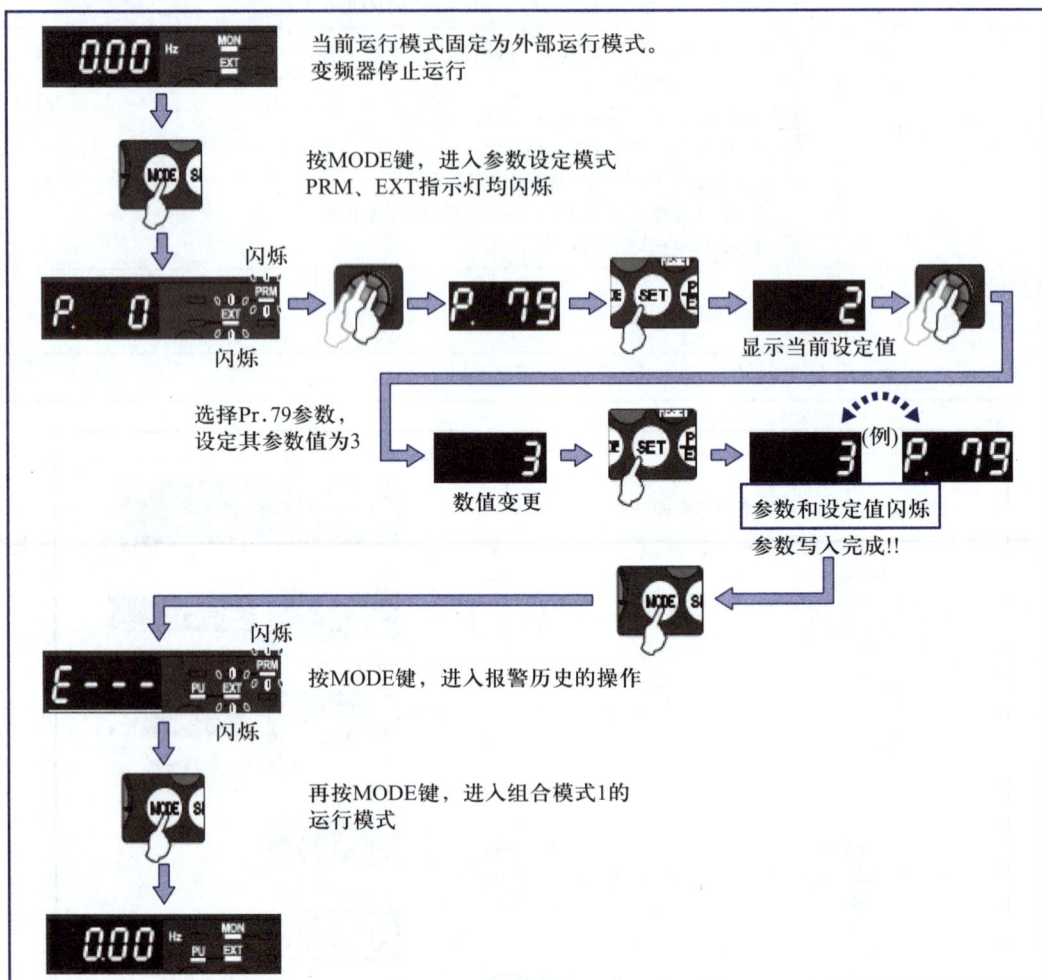

图 10-7　变频器的运行模式变更的例子

4. 参数的设定

变频器参数的出厂设定值被设置为完成简单的变速运行。如需按照负载和操作要求设定参数，则应进入参数设定模式，先选定参数号，然后设置其参数值。设定参数分两种情况：一种是停机 STOP 方式下重新设定参数，这时可设定所有参数；另一种是在运行时设定，这时只允许设定部分参数，但是可以核对所有参数号及参数。图 10-8 所示是参数设定过程的一个例子，所完成的操作是把参数 Pr.1（上限频率）从出厂设定值 120.0 Hz 变更为 50.0 Hz，假定当前运行模式为外部/PU 切换模式（Pr.79 = 0）。

5. 常用参数设置

FR-E700 变频器有几百个参数，实际使用时，只需根据使用现场的要求设定部分参数，其余按出厂设定即可。下面根据分拣单元工艺过程对变频器的要求，介绍一些常用参数的设定。

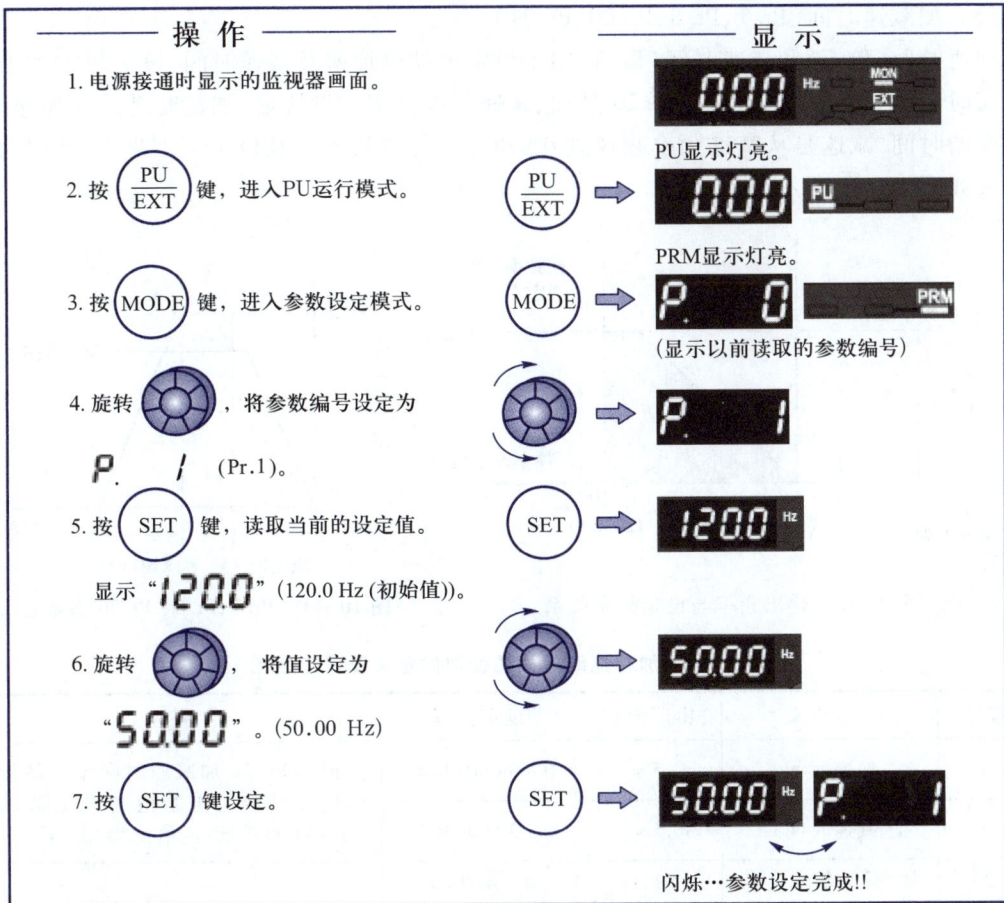

图 10-8 变更参数的设定值示例

（1）转矩提升（Pr. 0）

此参数主要用于设定电动机起动时的转矩大小,设定参数是通过补偿电压降以改善电动机在低速范围的转矩降。假定基底频率电压为100%,用百分数（%）设定 0 Hz 时的电压。设定过大将导致电动机过热;设定过小,起动转矩不够。基本原则是最大值大约为10%。该参数的意义如图10-9所示。

（2）输出频率的限制（Pr. 1、Pr. 2、Pr. 18）

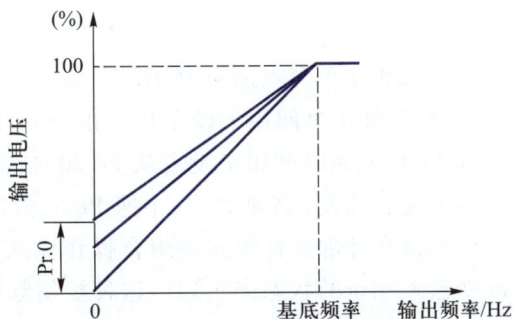

图 10-9 Pr. 0 参数意义示意图

为了限制电动机的速度,应对变频器的输出频率加以限制。用 Pr. 1"上限频率"和 Pr. 2"下限频率"来设定,这两个参数用于设定电动机运转上限和下限频率的参数,可以将输出频率的上限和下限进行钳位。电动机的运行频率就在此范围内设定。当在 120 Hz 以上运行时,用参数 Pr. 18"高速上限频率"用于设定高速输出频率的上限。

Pr. 1 与 Pr. 2 出厂设定范围为 0 ~ 120 Hz,出厂设定值分别为 120 Hz 和 0 Hz。Pr. 18 出厂设定范围为 120 ~ 400 Hz。输出频率和设定值的关系如图 10-10 所示。

（3）加减速时间（Pr. 7、Pr. 8、Pr. 20、Pr. 21）

加速时间（Pr. 7）和减速时间（Pr. 8）用于设定电动机加速及减速时间，设定越大则加、减速所需时间越长，越小则越短。Pr. 20 是加、减速基准频率。设置后，加速时是从 0 加速到基准频率的时间，减速是从基准频率减速到 0 的时间，各参数含义及设定范围见表 10-7，其参数意义如图 10-11 所示。

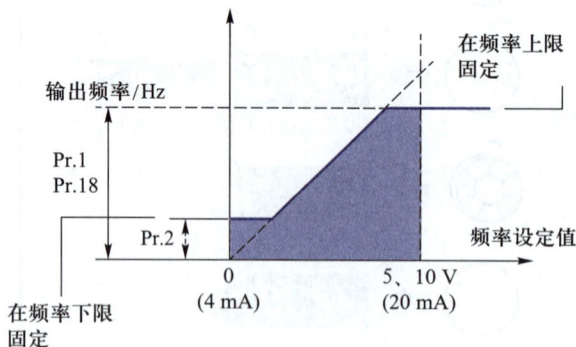

图 10-10　输出频率与设定频率关系

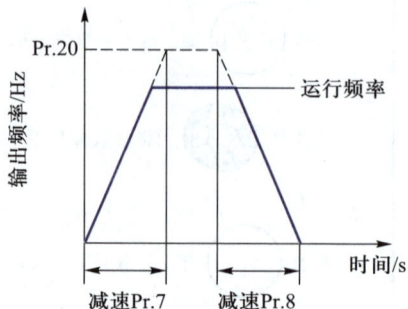

图 10-11　Pr. 7、Pr. 8、Pr. 20 参数意义

表 10-7　加减速时间相关参数的意义及设定范围

参数号	参数含义	出厂设定	设定范围	备注
Pr. 7	加速时间	5 s	0 ~ 3 600/360 s	根据 Pr. 21 加减速时间单位的设定值进行设定。初始值的设定范围为"0 ~ 3 600s"、设定单位为"0. 1s"
Pr. 8	减速时间	5 s	0 ~ 3 600/360 s	
Pr. 20	加/减速基准频率	50 Hz	1 ~ 400 Hz	
Pr. 21	加/减速时间单位	0	0/1	0：0 ~ 3 600 s；单位：0. 1 s 1：0 ~ 360 s；单位：0. 01 s

说明：

① Pr. 20 在我国就选为 50 Hz。

② Pr. 7 加速时间用于设定从停止到 Pr. 20 加减速基准频率的加速时间。

③ Pr. 8 减速时间用于设定从 Pr. 20 加减速基准频率到停止的减速时间。

（4）三段速度（高速 Pr. 4，中速 Pr. 5，低速 Pr. 6）及多段速度（Pr. 24 ~ Pr. 27）

变频器在外部操作模式或组合操作模式 2 下，变频器可以通过外接开关器件的组合通断改变输入端子的状态来实现。这种控制频率的方式称为多段速控制功能。

FR-E740 变频器的速度控制端子是 RH、RM 和 RL。通过这些开关的组合可以实现三段、七段的控制。

转速的切换：由于转速的档次是按二进制的顺序排列的，故三个输入端可以组合成 3 挡至 7 挡（0 状态不计）转速。其中，三段速由 RH、RM、RL 单个通断来实现，七段速由 RH、RM、RL 通断的组合来实现。

七段速的各自运行频率则由参数 Pr. 4 - Pr. 6（设置前三段速的频率）、Pr. 24 ~ Pr. 27（设置第四段速至第七段速的频率）。对应的控制端状态及参数关系如图 10-12 所示。

多段速度设定在 PU 运行和外部运行中都可以设定，运行期间参数值也能被改变。在 3

速设定的场合,2 速以上同时被选择时,低速信号的设定频率优先。最后指出,如果把参数 Pr.183 设置为 8,将 RMS 端子的功能转换成多速段控制端 REX,就可以用 RH、RM、RL 和 REX(由)通断的组合来实现 15 段速。

参数号	出厂设定	设定范围	备注
4	50 Hz	0~400 Hz	
5	30 Hz	0~400 Hz	
6	10 Hz	0~400 Hz	
24~27	9999	0~400 Hz, 9999	9999:未选择

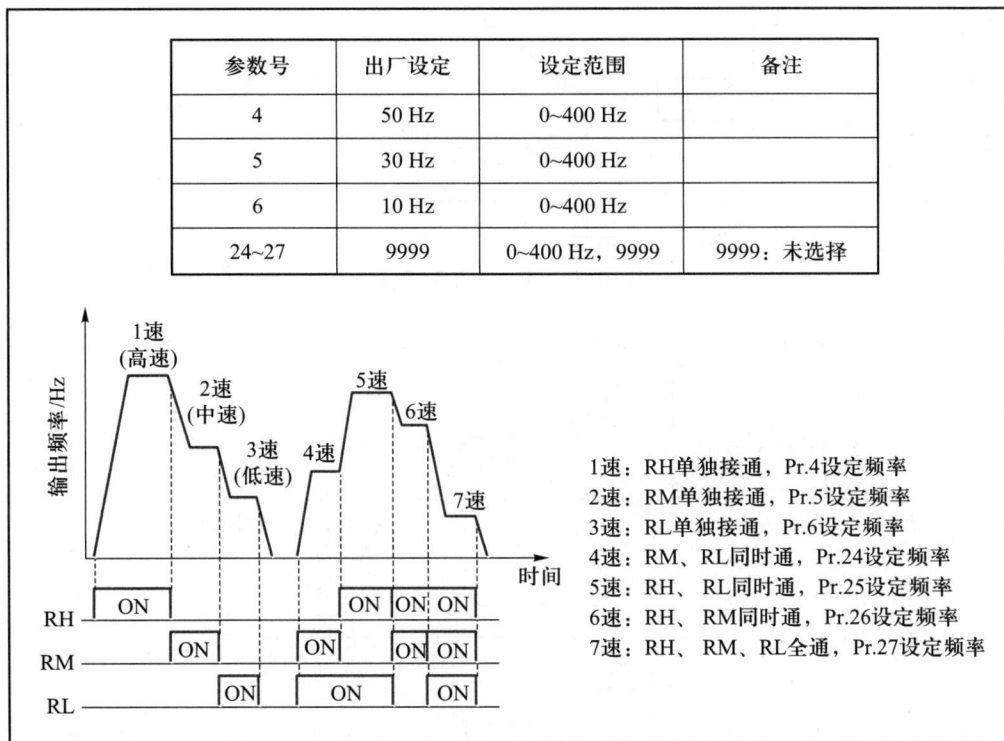

1速:RH单独接通,Pr.4设定频率
2速:RM单独接通,Pr.5设定频率
3速:RL单独接通,Pr.6设定频率
4速:RM、RL同时通,Pr.24设定频率
5速:RH、RL同时通,Pr.25设定频率
6速:RH、RM同时通,Pr.26设定频率
7速:RH、RM、RL全通,Pr.27设定频率

图 10-12　多段速控制对应的控制端状态及参数关系

(5)基底频率和基底频率电压(Pr.3、Pr.19)

此参数主要用于调整变频器输出到电动机的额定值,用标准电动机时,通常设定为电动机的额定频率。当需要电动机运行在工频电源与变频器切换时,请设定基波频率与电源频率相同。Pr.3 调整范围为 0 ~ 120 Hz(出厂设置 50 Hz),其底频率电压为电动机工作在基底频率的电压,由 Pr.19 设定。Pr.19 有以下三种选择。

① 0 ~ 1 000 V　　　　　用户设定,一般都不会超过电源电压。

② 9999(出厂设置):　　与电源电压相同。

③ 8888:　　　　　　　为电源电压的 95%。

(6)电子过电流保护(Pr.9)

用于设定电子过电流保护的电流值,以防止电动机的过热,一般设定为电动机的额定电流值。

(7)起动频率(Pr.13)

起动频率(Pr.13)参数设定为电动机起动时的频率。起动频率只能设定在 0 ~ 60 Hz,其参数意义如图 10-13 所示。

(8)点动运行频率(Pr.15)和点动加、减速时间(Pr.16)

点动运行频率(Pr.15)参数设定点动状态下的运行频率。点动加、减速时间(Pr.16)用于设定点动状态下的加、减速时间,其参数意义如图 10-14 所示。

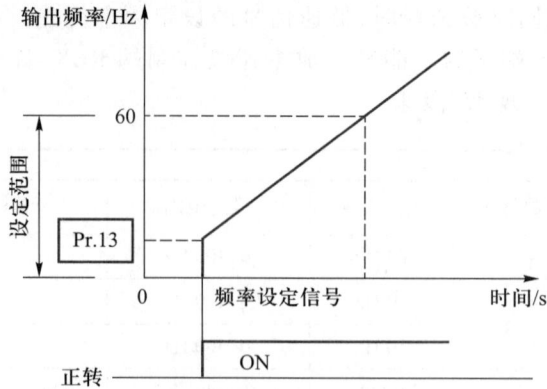

图 10-13　Pr. 13 参数意义

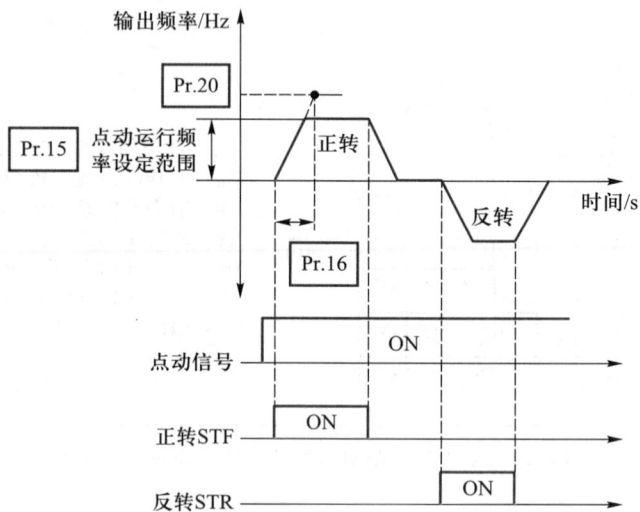

图 10-14　Pr. 15、Pr. 16 参数意义

（9）运行模式选择（Pr. 79）

用于选择变频器在什么模式下运行，具体内容见表 10-8。一般来说，使用控制电路端子、外部设置电位器和开关来进行操作是"外部运行模式"，使用操作面板或参数单元输入起动指令、设置频率是"PU 运行模式"，通过 PU 接口进行 RS-485 通信或使用通信选件是"网络运行模式（NET 运行模式）"。在进行变频器操作前，必须了解各种运行模式，才能进行相关的操作。

表 10-8　运行模式选择（Pr. 79）

Pr. 79 设定值	内容
0	外部/PU 切换模式，通过 PU/EXT 键可切换 PU 与外部运行模式。 注意：接通电源时为外部运行模式
1	固定为 PU 运行模式
2	固定为外部运行模式 可以在外部、网络运行模式间切换运行

续表

Pr. 79 设定值	内容	
3	外部/PU 组合运行模式 1	
	频率指令	起动指令
	用操作面板设定	外部信号输入 （端子 STF、STR）
4	外部/PU 组合运行模式 2	
	频率指令	起动指令
	外部信号输入	通过操作面板的 RUN 键、或通过参数单元的 FWD、REV 键来输入
6	切换模式 可以在保持运行状态的同时,进行 PU 运行、外部运行、网络运行的切换	
7	外部运行模式(PU 运行互锁)	

注:变频器出厂时,参数 Pr. 79 设定值为 0。当停止运行时用户可以根据实际需要修改其设定值。

【任务实施】

一、控制任务分析

根据本任务描述中的控制要求,分析皮带多段速运行的 PLC 控制系统会用到的输入/输出设备等元器件及其功能,并填入表 10-9 中。

表 10-9 皮带多段速运行的 PLC 控制系统中主要元器件及其功能

序号	名称	代号	作用	数量

二、PLC 的输入/输出接口分配

根据皮带多段速运行的 PLC 控制系统中的元器件及其功能,列出输入/输出分配表,填入表 10-10 中。绘制 PLC 输入、输出设备与 PLC 接口以及 PLC 接口与变频器之间的外部接线。

PLC 与变频器七段速运行外部接线示意图如图 10-15 所示。皮带多段速运行 PLC 控制系统可采用变频器的多段运行来控制,变频器的多段运行信号由图 10-15 可知,通过 PLC 的输出端子提供开关信号控制,即通过 PLC 控制变频器的 RL、RM、RH、STR、STF 与 SD 端子的通和断。其中 RL、RM、RH 控制多段速选择,STR、STF 控制电动机的正反转。

表 10-10　皮带多段速运行 PLC 控制系统的输入/输出分配表

输入			输出		
名称	元件代号	PLC 的 I/O 点	名称	元件代号	PLC 的 I/O 点

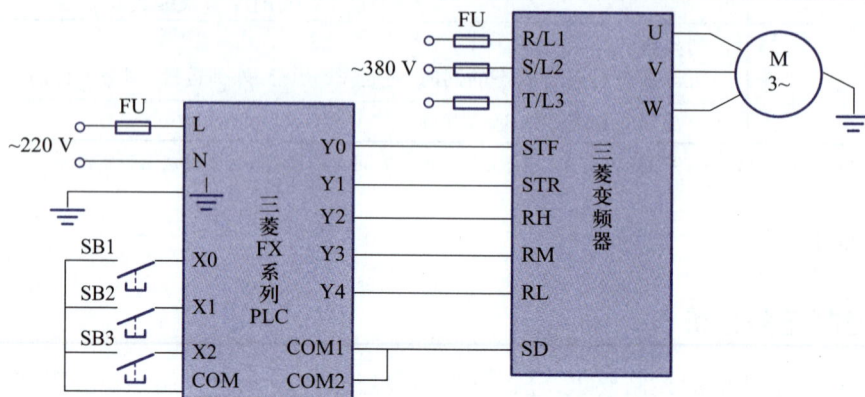

图 10-15　PLC 与变频器七段速运行的外部接线示意图

三、本任务中变频器的参数设定

根据控制要求可知,在 PU 操作模式下设定变频器的基本参数、操作模式选择参数和多段速度设定等,相应参数设定见表 10-11。

表 10-11　七段速度输出参数设定

参数名称	参数号	设定值
操作模式	Pr. 79	3
上限频率	Pr. 1	50 Hz
下限频率	Pr. 2	0 Hz
基底频率	Pr. 3	50 Hz
加速时间	Pr. 7	2.5 s
减速时间	Pr. 8	2.5 s
电子过电流保护	Pr. 9	电动机额定电流
第 1 段速度设定(高速)	Pr. 4	50 Hz
第 2 段速度设定(中速)	Pr. 5	30 Hz
第 3 段速度设定(低速)	Pr. 6	10 Hz
第 4 段速度设定	Pr. 24	15 Hz
第 5 段速度设定	Pr. 25	40 Hz
第 6 段速度设定	Pr. 26	25 Hz
第 7 段速度设定	Pr. 27	8 Hz

四、皮带多段速控制系统的程序设计

电动机、PLC 与变频器输入/输出接口的分配见表 10-5,变频器与 PLC 的输入/输出接线图如图 10-15 所示。根据系统控制要求,可设计出控制系统的状态流程如图 10-16 所示。将图 10-16 所示的状态流程转换成如图 10-17 所示的步进梯形图及指令语句。

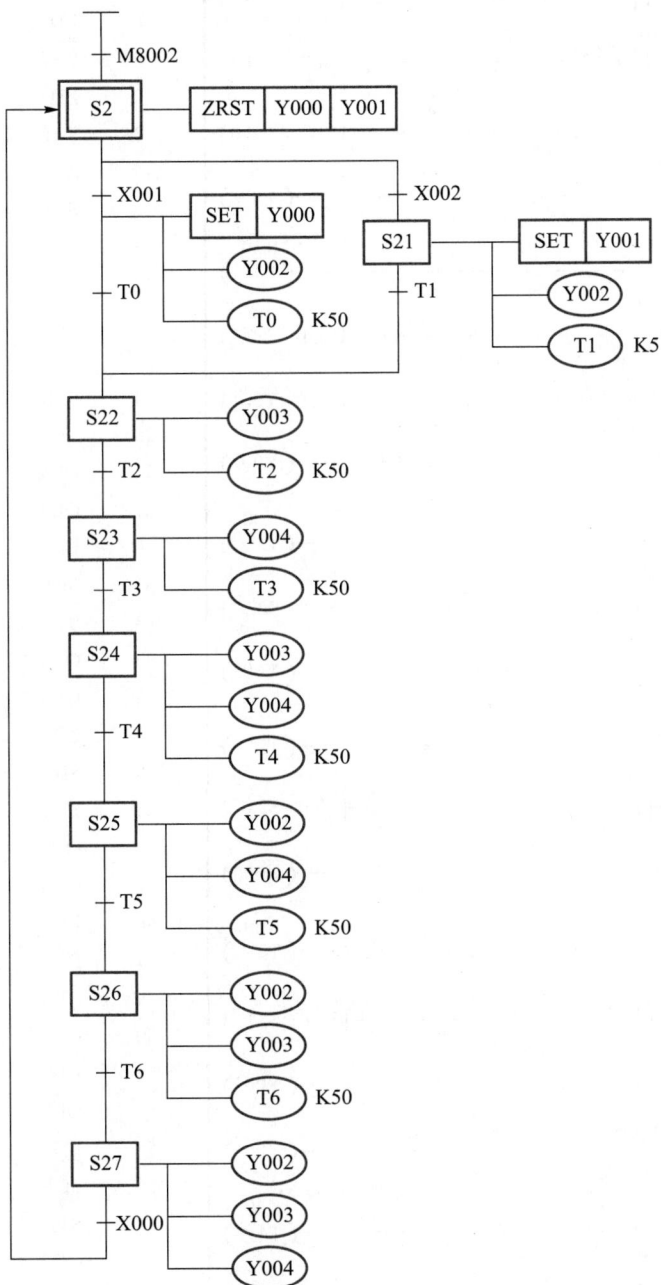

图 10-16　传送带七段速运行的控制系统状态流程

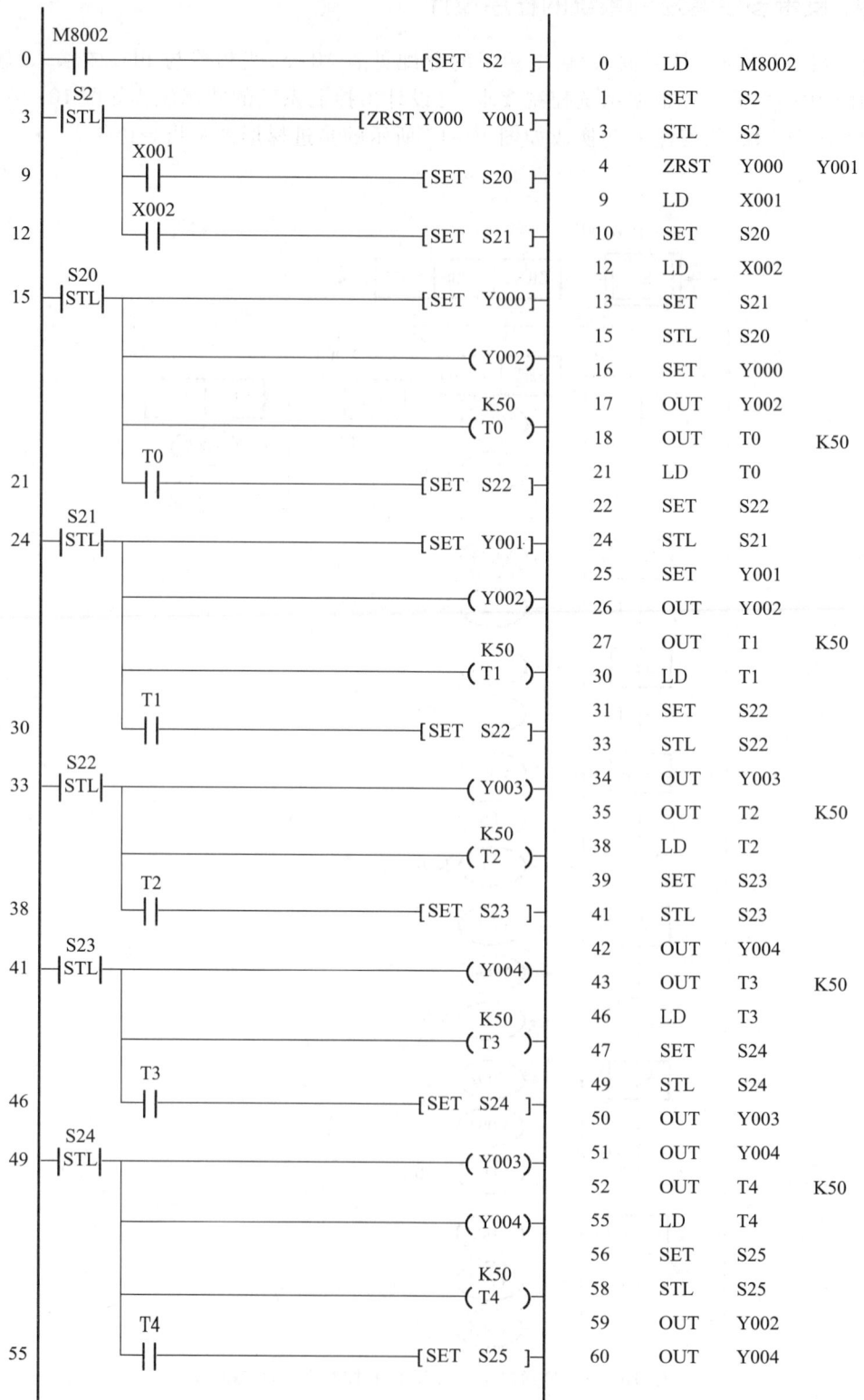

0	LD	M8002	
1	SET	S2	
3	STL	S2	
4	ZRST	Y000	Y001
9	LD	X001	
10	SET	S20	
12	LD	X002	
13	SET	S21	
15	STL	S20	
16	SET	Y000	
17	OUT	Y002	
18	OUT	T0	K50
21	LD	T0	
22	SET	S22	
24	STL	S21	
25	SET	Y001	
26	OUT	Y002	
27	OUT	T1	K50
30	LD	T1	
31	SET	S22	
33	STL	S22	
34	OUT	Y003	
35	OUT	T2	K50
38	LD	T2	
39	SET	S23	
41	STL	S23	
42	OUT	Y004	
43	OUT	T3	K50
46	LD	T3	
47	SET	S24	
49	STL	S24	
50	OUT	Y003	
51	OUT	Y004	
52	OUT	T4	K50
55	LD	T4	
56	SET	S25	
58	STL	S25	
59	OUT	Y002	
60	OUT	Y004	

61	OUT	T5	K50
64	LD	T5	
65	SEL	S26	
67	STL	S26	
68	OUT	Y002	
69	OUT	Y003	
70	OUT	T6	K50
73	LD	T6	
74	SET	S27	
76	STL	S27	
77	OUT	Y002	
78	OUT	Y003	
79	OUT	Y004	
80	LD	X000	
81	OUT	S2	
83	RET		
84	END		

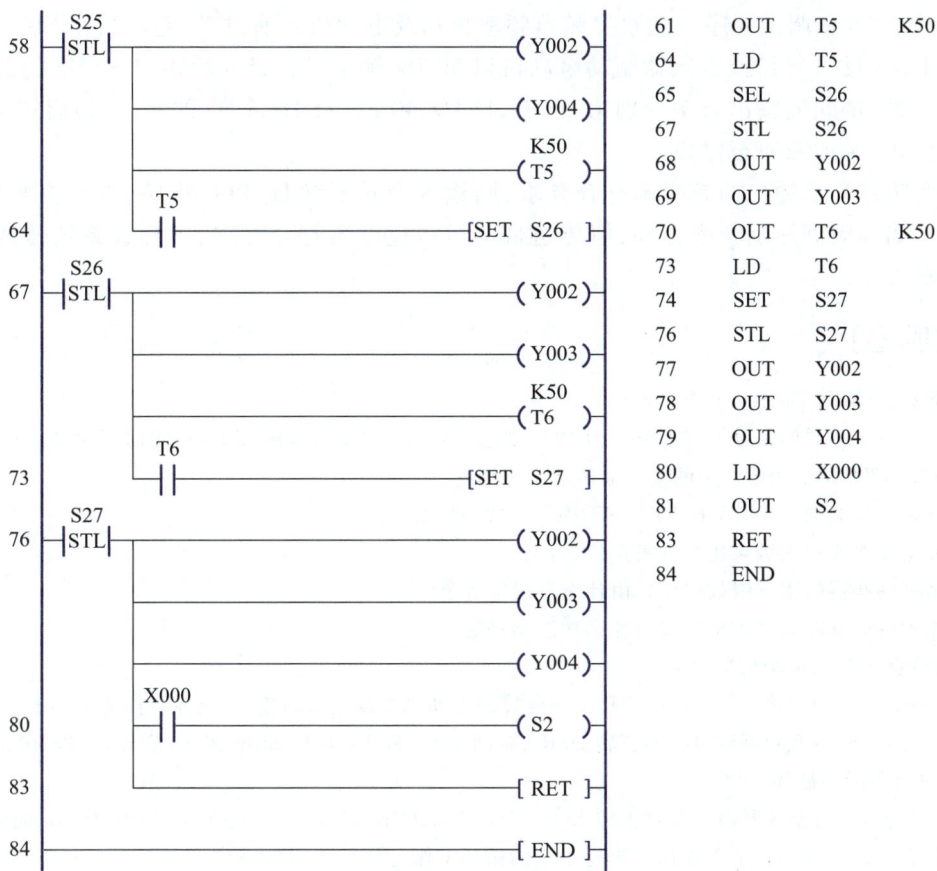

图 10-17　传送带七段速控制步进梯形图及指令语句

图 10-16 中的指令 ZRST 是区间复位指令,其功能是将指定的元件号范围内的同类元件成批复位,其目标操作元件有 Y、M、S、T、C、D。例如:ZRST Y000 Y007,就是把 Y000 到 Y007 的 8 个输出继电器一起复位。

五、皮带多段速控制系统的安装与调试

1. 电气接线

参照图 10-3,将变频器与电动机相连的主电路线路接好。

参照图 10-4,将变频器控制电路的线路接好。

参照图 10-15,将变频器与 PLC 的外部线路接好。

2. 设定变频器参数

电气接线完成后,给电路通电,设定变频器的相关参数。

3. 输入程序

参照【项目五任务 2 PLC 指挥单台电动机点动运行】中的安装调试步骤 1～5 步,将设计好的梯形图(见图 10-17)输入编程软件,并写入 PLC 的存储器中。

4. 程序调试

把控制程序下载到 PLC 后,将 PLC 运行模式选择开关拨到 RUN 位置,使 PLC 进入运行

微课:皮带
多段速运行
控制系统任
务实施

状态,开始运行和调试程序。观察变频器频率指示及电动机转速,按下起动按钮 SB2(SB3),传送带正向(反向)运行,变频器驱动电动机以 50 Hz 频率运行,5 s 后输出 30 Hz 的波形,以后分别以 5 s 的间隔输出频率分别为 10 Hz、15 Hz、40 Hz、25 Hz、8 Hz 的波形,最后按下 SB1,电动机在 0.5 s 内减速至停止。

若变频器显示输出的频率不符合要求,则检查变频器参数、PLC 程序,直至变频器按要求运行。如变频器显示频率正确,但传送带的运行速度不符合要求,则检查系统接线,直至运行正确为止。

【知识巩固】

1. 变频器有何作用? 简述其工作原理。

2. 已知某型号变频器的预设加速度时间为 10 s,则电动机从 30 Hz 加速到 45 Hz 所需时间为多少?

3. 三菱 FR-A700 型变频器常用的输入输出端子有哪些?

4. 变频器运行控制端子中,FWD、REV、STOP、JOG 代表什么?

5. 能够使电动机实现无级调速的方案是什么?

6. 三菱系列变频器的上下限频率设置由什么功能码决定?

7. 三菱系列变频器的点动频率设置由什么功能码决定?

8. PLC 和变频器控制电动机变速运行

使用学过的基础指令,实现用 PLC 和变频器控制电动机变速运行的控制,具体工作要求如下。

① 工作循环一:变频器输出按照正转 20 Hz,时间 3.5 s,停 3 s;反转 25 Hz,时间是 3.5 s,停 3 s 为一个工作循环,进行不断的循环工作。

② 工作循环二:变频器输出按照正转 25 Hz,时间 2 s,50 Hz,时间 3.5 s,停 3.5 s;反转 15 Hz,时间 2.5 s,40 Hz,时间 2 s,停 3 s 为一个工作循环进行不断的循环工作。

③ 起动时按下按钮 SB1,电动机以工作循环一的方式工作。SB2 为工作方式切换按钮,起动后每按一次 SB2,工作方式在工作循环一和工作循环二间切换一次。

④ 按下停止按钮 SB3,完成本次工作循环后,变频器停止输出。

⑤ 按下急停按钮 SB4,变频器停止输出。

【变频器参数要求】

① 上下限频率(最大限度频率为 50 Hz,下限频率为 5 Hz)。

② 设置基底频率和基底频率电压分别为 50 Hz 和 380 V。

③ 设置加速和减速时间分别为 1.5 s 和 1.8 s。

④ 设置过电流保护为 0.5 A。

⑤ 转矩提升设为 2。

参考文献

[1] 周文煜,苏国辉.PLC 综合应用技术[M].北京:机械工业出版社,2012.

[2] 陈红康,王兆晶.设备电器控制与 PLC 技术[M].济南:山东大学出版社,2006.

[3] 童泽.PLC 职业技能教程[M].北京:电子工业出版社,2012.

[4] 张永花,杨强.电机及控制技术[M].北京:中国铁道出版社,2010.

[5] 王廷才.变频器原理及应用[M].北京:机械工业出版社,2005.

[6] 史宜巧.PLC 技术及应用项目教程[M].北京:机械工业出版社,2012.

[7] 程宪平.机电传动与控制[M].武汉:华中科技大学出版社,2011.

[8] 周惠文.可编程控制器原理与应用[M].北京:电子工业出版社,2007.

[9] 蔡崧.传感器与 PLC 编程技术基础[M].北京:电子工业出版社,2005.

[10] 三菱电机株式会社.变频器原理与应用教程[M].北京:国防工业出版社,1998.

[11] 陈丽.PLC 控制系统编程与实现[M].北京:中国铁道出版社,2010.

[12] 王列准.电气控制与 PLC 应用技术[M].北京:机械工业出版社,2012.

[13] 初航.三菱 PLC 系列 PLC 编程及应用[M].北京:电子工业出版社.2011.

[14] 张文明,姚庆文.可编程控制器及网络控制技术[M].北京:中国铁道出版社.2012.

[15] 张晶,郑立平,王文一.电机与拖动技术[M].大连:大连理工出版社.2018.

[16] 王兴华,朱常青,王兴华.控制电机[M].北京:机械工业出版社.2020.

[17] 张文明,姚庆文.可编程控制器及网络控制技术[M].北京:中国铁道出版社.2012.

[18] 吴朝霞.控制电机及其应用[M].北京:北京邮电大学出版社.2012.

体系化设计 ● 模块化课程 ● 项目化资源

高等职业教育
智能制造专业群
新专业教学标准课程体系

机械设计方向专业

机械设计与制造 / 机械制造及自动化 / 数字化设计与制造技术 / 增材制造技术

机械制造工艺
机械 CAD/CAM 应用
工装夹具选型与设计
生产线数字化仿真技术
产品数字化设计与仿真

增材制造技术
产品逆向设计与仿真
增材制造设备及应用
增材制造工艺制订与实施

自动化方向专业

机电一体化技术 / 电气自动化技术 / 智能机电技术

机械产品数字化设计
可编程控制器技术
机电设备故障诊断与维修
电机与电气控制
自动控制原理

机电设备装配与调试
运动控制技术
自动化生产线安装与调试
工厂供配电技术
工业网络与组态技术

专业群平台课

机械制图与计算机绘图
机械设计基础
公差配合与测量技术
液压与气压传动
工程力学
工程材料及热成形工艺

电工电子技术
电气制图及 CAD
智能制造概论
工业机器人技术基础
传感器与检测技术
金工实习

机器人方向专业

工业机器人技术
智能机器人技术

工业机器人现场编程
智能视觉技术应用
工业机器人应用系统集成
协作机器人技术应用

工业机器人离线编程与仿真
数字孪生与虚拟调试技术应用
工业机器人系统智能运维

数控模具方向专业

数控技术
模具设计与制造

数控机床故障诊断与维修
数控加工工艺与编程
多轴加工技术
智能制造单元生产与管理

冲压工艺与模具设计
注塑成型工艺与模具设计
注塑模具数字化设计与智能制造

工业网络方向专业

工业互联网应用
智能控制技术

制造执行系统应用（MES）
工业网络技术
工业数据采集与可视化
工业互联网平台应用

工业互联网基础
工业互联网标识解析技术应用
工业 App 开发

郑重声明

高等教育出版社依法对本书享有专有出版权。任何未经许可的复制、销售行为均违反《中华人民共和国著作权法》,其行为人将承担相应的民事责任和行政责任;构成犯罪的,将被依法追究刑事责任。为了维护市场秩序,保护读者的合法权益,避免读者误用盗版书造成不良后果,我社将配合行政执法部门和司法机关对违法犯罪的单位和个人进行严厉打击。社会各界人士如发现上述侵权行为,希望及时举报,我社将奖励举报有功人员。

反盗版举报电话　(010) 58581999　58582371

反盗版举报邮箱　dd@ hep. com. cn

通信地址　北京市西城区德外大街 4 号
　　　　　高等教育出版社法律事务部

邮政编码　100120

读者意见反馈

为收集对教材的意见建议,进一步完善教材编写并做好服务工作,读者可将对本教材的意见建议通过如下渠道反馈至我社。

咨询电话　400-810-0598

反馈邮箱　gjdzfwb@ pub. hep. cn

通信地址　北京市朝阳区惠新东街 4 号富盛大厦 1 座
　　　　　高等教育出版社总编辑办公室

邮政编码　100029